서 기 2026년
단 기 4359년
배달기 5923년

병오년 음력절기표

(평년 355일)

십일득신 十日得辛　칠용치수 七龍治水
사우경전 四牛耕田　구마타부 九馬佗負

월건 月建	월의 대소 삼원백三元白	삭朔의 간지 양력일	절기명 節氣名	절기 소속달	양력일	간지 干支	음력일	절기드는 시 각	요일
경인 (庚寅)	정월 大 팔백(八白)	임술(壬戌)	입춘(立春)	正月節	02월 04일	기유(己酉)	12월 17일	05시 02분	수
		02월17일	우수(雨水)	正月中	02월 19일	갑자(甲子)	01월 03일	00시 52분	목
신묘 (辛卯)	2월 小 칠적(七赤)	임진(壬辰)	경칩(驚蟄)	二月節	03월 05일	무인(戊寅)	01월 17일	22시 59분	목
		03월19일	춘분(春分)	二月中	03월 20일	계사(癸巳)	02월 02일	23시 46분	금
임진 (壬辰)	3월 大 육백(六白)	신유(辛酉)	청명(淸明)	三月節	04월 05일	기유(己酉)	02월 18일	03시 40분	일
		04월17일	곡우(穀雨)	三月中	04월 20일	갑자(甲子)	03월 04일	10시 39분	월
계사 (癸巳)	4월 小 오황(五黃)	신묘(辛卯)	입하(立夏)	四月節	05월 05일	기묘(己卯)	03월19일	20시 48분	화
		05월17일	소만(小滿)	四月中	05월 21일	을미(乙未)	04월 05일	09시 36분	목
갑오 (甲午)	5월 小 사록(四綠)	경신(庚申)	망종(芒種)	五月節	06월 06일	신해(辛亥)	04월 21일	00시 48분	토
		06월15일	하지(夏至)	五月中	06월 21일	병인(丙寅)	05월 07일	17시 24분	일
을미 (乙未)	6월 大 삼벽(三碧)	기축(己丑)	소서(小暑)	六月節	07월 07일	임오([illegible]	[illegible]	[illegible]	[illegible]
		07월14일	대서(大暑)	六月中	07월 23일	무술([illegible]	[illegible]	[illegible]	[illegible]
병신 (丙申)	7월 小 이흑(二黑)	기미(己未)	입추(立秋)	七月節	08월 07일	계축(癸[illegible]	[illegible]	[illegible]	[illegible]
		08월13일	처서(處暑)	七月中	08월 23일	기사(己巳)	07월 11일	11시 18분	일
정유 (丁酉)	8월 大 일백(一白)	무자(戊子)	백로(白露)	八月節	09월 07일	갑신(甲申)	07월 26일	23시 41분	월
		09월11일	추분(秋分)	八月中	09월 23일	경자(庚子)	08월 13일	09시 05분	수
무술 (戊戌)	9월 小 구자(九紫)	무오(戊午)	한로(寒露)	九月節	10월 08일	을묘(乙卯)	08월 28일	15시 29분	목
		10월11일	상강(霜降)	九月中	10월 23일	경오(庚午)	09월 13일	18시 38분	금
기해 (己亥)	10월 大 팔백(八白)	정해(丁亥)	입동(立冬)	十月節	11월 07일	을유(乙酉)	09월 28일	18시 52분	토
		11월09일	소설(小雪)	十月中	11월 22일	경자(庚子)	10월 14일	16시 23분	일
경자 (庚子)	11월 大 칠적(七赤)	정사(丁巳)	대설(大雪)	十一月節	12월 07일	을묘(乙卯)	10월 29일	11시 52분	월
		12월09일	동지(冬至)	十一月中	12월 22일	경오(庚午)	11월 14일	05시 50분	화
신축 (辛丑)	12월 大 육백(六白)	정해(丁亥)	소한(小寒)	十二月節	2027년 1월 05일	갑신(甲申)	11월 28일	23시 10분	화
		2027년 01월08일	대한(大寒)	十二月中	2027년 1월 20일	기해(己亥)	12월 13일	16시 29분	수

八白	四綠	六白
七赤	九紫	二黑
三碧	五黃	一白

乙巳年
陰曆 12月 小
月建 己丑

병오년 1월 大(31일)

(양력 1일 ~ 15일)

서기 2026년 · 단기 4359년

음력 2025년 11월 13일부터
2025년 11월 27일까지

양력 날짜	간지 형상	음력 날짜	간지	오행	경축일 민속일	일출 일몰	월출 월몰	만조시각 물높이	일곱물때명 일반물때명	길한 행사 (불길한 행사)
1/1		11/13	을해 乙亥	火	신 정	07:48 17:26	14:50 05:24	축정丑正 미정未正	네매 무릎사리	제사, 수금, 제방, 축대, 목축 (기도, 후임자, 원행, 혼례, 이사, 진료, 수리, 상량, 개업, 출고투자, 도랑, 문안, 채용, 개방, 출산준비, 종자, 안장)
2		14	병자 丙子	水		07:48 17:26	15:51 06:38	인초寅初 신초申初	다섯매 배꼽사리	諸事不宜
3		15	정축 丁丑	水	●망(望)보름	07:48 17:27	17:02 07:44	인정寅正 신정申正	여섯매 가슴사리	제사, 기도, 친목회, 외출, 결혼, 채용, 이사, 개방, 진료, 수리, 상량, 지붕, 매매, 문서, 수금, 대청소, 종자, 가축, 안장(성인식, 사냥, 어로작업)
4		16	무인 戊寅	土		07:48 17:28	18:18 08:39	묘초卯初 유초酉初	일곱매 턱사리	친목회, 불공, 원행, 채용, 개방, 수리, 상량, 건강검진, 장담기, 개업, 문서, 수금, 축대, 종자, 목축 (제사, 문안, 혼례, 해외여행, 치병, 투자)
5		17	기묘 己卯	土		07:48 17:29	19:34 09:22	묘중卯中 유중酉中	여덟매 한사리	제사, 장갈무리, 지붕(후임자, 친목회, 성인식, 원행, 문안, 혼례, 채용, 치병, 이사, 가축매매, 제방, 수리제작, 상량, 축대보수, 공원정비, 종자)
				소한, 17시 23분, 을사년 12월의 절기, 월건 기축 적용.						
6		18	경진 庚辰	金		07:48 17:30	20:46 09:56	묘정卯正 유정酉正	아홉매 목사리	제사, 도로정비, 지붕(기도, 외출, 초대, 혼례, 이사, 상량, 술빚기, 개업, 문서, 매매, 수금, 도랑청소, 축대보수, 사냥, 안장)
7		19	신사 辛巳	金		07:48 17:31	21:53 10:25	진초辰初 술초戌初	열매 어깨사리	제사, 기도, 초대, 혼례, 이사, 터닦기, 상량, 문서, 매매, 수금 (외출, 수리제작, 축대보수, 어로작업, 진수식, 종자, 안장)
8		20	임오 壬午	木		07:48 17:32	22:57 10:50	진중辰中 술중戌中	한꺽기 허리사리	수신제가, 벌목, 민원접수, 사냥 (기도, 후임자, 외출, 초대, 혼인, 이사, 제방, 상량, 개업, 문서, 매매, 수금, 안장)
9		21	계미 癸未	木		07:48 17:33	23:58 11:13	진정辰正 술정戌正	두꺽기 한꺽기	제사, 헐기, 술거르기, 지붕 (기도, 외출, 친목회, 문안, 혼례, 수리, 상량, 개업, 문서, 매매, 수금, 투자, 어로작업, 안장)
10		22	갑신 甲申	水		07:48 17:34	–:– 11:35	사초巳初 해초亥初	아조 두꺽기	제사, 외출, 초대, 이사, 지붕, 상량, 술빚기, 개업, 수금, 벌목, 사냥, 터파기, 안장(기도, 후임자, 문서, 매매, 출고, 투자, 친목회)
11		23	을유 乙酉	水	◐하 현	07:48 17:35	00:58 11:59	사중巳中 해중亥中	조금 선조금	제사, 기도, 불공, 외출, 초대, 혼례, 이사, 수리, 상량, 개업, 문서, 매매, 수금, 터파기, 안장 (친목회, 사냥, 어로작업, 종자)
12		24	병술 丙戌	土		07:47 17:35	01:58 12:25	사정巳正 해정亥正	무시 앉은조금	제사, 정보, 민원접수, 사냥, 지붕 (기도, 외출, 초대, 혼례, 이사, 상량, 개업, 매매, 문서, 수금, 우물, 파옥, 파토, 안장)
13		25	정해 丁亥	土	퇴계이황탄일	07:47 17:36	02:59 12:54	자시子時 오시午時	한매 한조금	제사, 배움, 휴식, 술거르기, 장담기(기도, 외출, 초대, 혼례, 이사, 수리, 상량, 개업, 문서, 매매, 수금, 파옥, 벌목, 사냥, 어로작업, 이장)
14		26	무자 戊子	火		07:47 17:37	03:59 13:29	축초丑初 미초未初	두매 한매	제사, 불공, 지붕, 목욕 (기도, 외출, 초대, 혼례, 이사, 수리, 상량, 개업, 문서, 매매, 수금, 파옥)
15		27	기축 己丑	火		07:47 17:38	04:59 14:10	축중丑中 미중未中	세매 두매	불공, 예복(기도, 외출, 초대, 혼례, 이사, 수리, 상량, 우물, 파옥, 벌목, 사냥, 어로작업, 안장)

기념일

2025 을사년 음력 12월 기도일 찾기

- **祭祀吉凶日** - 모든 제사에 좋은 날과 나쁜 날.
  吉(길) = 11/17, 11/18, 11/19, 11/20, 11/23, 11/24, 11/29, 11/30, 12/1, 12/2, 12/5, 12/6, 12/12, 12/13, 12/14.
  흉(凶) = 12/7, 12/9.
- **祈禱吉凶日** - 모든 기도에 좋은 날과 나쁜 날.
  吉(길) = 11/17, 11/19, 11/20, 11/22, 11/26, 11/29, 12/1, 12/2, 12/4, 12/8, 12/11, 12/13, 12/16.
  흉(凶) = 12/9, 12/15.
- **佛供吉凶日** - 불공드리면 좋은 날과 나쁜 날.
  吉(길) = 11/23, 11/26, 11/27, 11/29, 12/2, 12/4, 12/11, 12/15.
  흉(凶) = 11/30, 12/14.

1월의 평균기온

서울 -2.4	인천 -2.1
대전 -1.0	전주 -0.5
목포 1.7	여수 2.4
부산 3.2	포항 1.8
대구 0.6	강릉 0.4
울릉도 1.4	제주도 5.7

1월의 주요약사 ＊1일 西紀公用(1962), ＊2일 의료보험실시(1977), 위변조 강화한 5천원권 유통(2006) ＊4일 병자호란(1637), 중고생 머리 자율화(1982) ＊5일 서재필 졸(1951), 야간 통행금지 해제(1982) ＊7일 초등학교 의무교육실시(1948) ＊8일 이봉창 의사 일황 저격(1932) ＊10일 충북선 철도 개통(1959) ＊11일 호남선 철도 개통(1914), 우리별 1호 발사(1992) ＊13일 이퇴계 탄일(1502), 이퇴계 졸(1571), 제1차 경제개발 5개년계획 발표(1962) ＊14일 무궁화 2호 발사(1996) ＊15일 국방경비대 창설(1946), 제2한강교 개통(1965) 16일 영월선 개통(1956) ＊17일 이율곡 탄일(1537), 부산 신항 개항(2006) ＊21일 무장공비 31명 서울 침투, 김신조 생포(1968) ＊22일 조선 고종황제 승하(1919), 김상옥 의사 의거(1923) ＊23일 미 정보함 프에블로호 공해상에서 피랍(1968) ＊24일 전주에서 동계유니버시아대회 개최(1997) ＊25일 황우석 교수 줄기세포조작사건 발표(2006) ＊26일 한미상호방위조약 조인(1950), 베트남 참전용사 고엽제배상 판결(2006) ＊29일 백남준 74세로 졸(2006) ＊30일 부산국제시장 화재(1953), 주한 미군 철수(1973) ＊31일 동해고속도로 개통(1979)

양력 날짜	요 일	음력 날짜	28 수	12 신	紫白 九星	주당周堂				역혈인 逆血刃	구랑성 九狼星	구성법 九星法	주요 길신 (주요 흉신)
						이사	결혼	신행	안장				
1/1	목	11/13	정 井	폐 閉	삼벽 三碧	살 殺	제 第	수 睡	여 女	정 丁	사관 寺觀	복덕 福德	大空亡日 天醫, 四相, 旺日, 全吉 (朱雀黑道, 遊禍, 重日, 血支, 山隔, 兵符)
2	금	14	귀 鬼	건 建	사록 四綠	부 富	조 竈	문 門	모 母	을 乙	중정 中庭	직성 直星	月忌日 金櫃黃道, 官日, 月空, 敬安, 鳴吠, 天聾, 全吉, 兵福 (月建, 地火, 月厭, 小時, 觸水龍, 轉殺, 白波)
3	토	15	류 柳	제 除	오황 五黃	사 師	부 婦	로 路	부 婦	곤 坤	인방주정 寅方廚井	복목 卜木	天德黃道, 月德合, 六合, 守日, 吉期, 普護, 陰德, 寶光, 不將, 大明, 全吉, 六空, 兵寶, 太陽 (復日, 瘟瘟, 天瘟, 鬼哭, 人隔)
4	일	16	성 星	만 滿	육백 六白	재 災	주 廚	주 廚	객 客	임 壬	동북방 東北方	각기 角己	相日, 時德, 福生, 五合, 天后, 天巫, 驛馬, 天馬, 回駕帝星 (白虎黑道, 歸忌, 五虛, 土瘟, 水隔, 黃砂, 喪門, 長星)
5	월	17	장 張	만 滿	칠적 七赤	안 安	부 夫	조 竈	부 父	을 乙	僧尼寺觀 後門	인전 人專	天德黃道, 天恩, 五合, 民日, 金堂, 寶光, 天巫, 天倉, 不將, 大明, 地啞, 送禮 (重喪, 復日, 披麻, 土瘟, 瘟瘟, 天瘟, 鬼哭, 天獄, 喪門, 重座, 長星)
			小寒, 17시 23분, 乙巳年 12月의 節入, 月建 己丑 適用.										
6	화	18	익 翼	평 平	팔백 八白	리 利	고 姑	당 堂	남 男	임 壬	사관 寺觀	입조 立早	天德, 月德, 天恩, 天馬, 不將, 回駕帝星, 太陰 (白虎黑道, 河魁, 月殺, 月虛, 天隔, 死神, 氷消瓦解)
7	수	19	진 軫	정 定	구자 九紫	천 天	당 堂	상 牀	손 孫	경 庚	천 天	요성 妖星	玉堂黃道, 月恩, 天恩, 地啞, 三合, 六儀, 時陰 (重日, 厭對, 招搖, 死氣, 九坎, 九焦, 枯焦, 焦坎, 官符)
8	목	20	각 角	집 執	일백 一白	해 害	옹 翁	사 死	사 死	계 癸	신묘 神廟	혹성 惑星	伏斷日 天恩, 解神, 敬安, 鳴吠, 大明, 地德, 天貴 (天牢黑道, 月害, 大時, 五虛, 大敗, 咸池, 小耗, 劍鋒, 地隔, 獨火, 土皇, 敗破)
9	금	21	항 亢	파 破	이흑 二黑	살 殺	제 第	수 睡	여 女	손 巽	수보정 水步井	화도 禾刀	大空亡日, 楊公忌日 天恩, 全吉, 普護, 皇恩大赦, 天貴, 天赦神 (玄武黑道, 月破, 大耗, 觸水龍, 九空, 四擊, 太虛, 歲破)
10	토	22	저 氐	위 危	삼벽 三碧	부 富	조 竈	문 門	모 母	경 庚	정청중정 正廳中庭	복덕 福德	大空亡日 司命黃道, 月空, 四相, 大明, 母倉, 五富, 福生, 陽德, 鳴吠, 龍德, 全吉, 地倉 (遊禍, 羅網, 五離, 土禁, 月刑, 太虛)
11	일	23	방 房	성 成	사록 四綠	사 師	부 婦	로 路	부 婦	손 巽	천 天	직성 直星	月忌日, 大空亡日 天德合, 月德合, 四相, 母倉, 天喜, 生氣, 鳴吠, 三合, 臨日, 萬通四吉 (勾陳黑道, 受死, 天火, 大殺, 五離, 山隔, 飛廉, 鬼火, 地囊, 神號, 太虛, 陰符, 短星)
12	월	24	심 心	수 收	오황 五黃	재 災	주 廚	주 廚	객 客	간 艮	천 天	복목 卜木	青龍黃道, 聖心, 全吉, 青龍, 福德 (天罡, 五虛, 地破, 八座, 天哭, 荒蕪, 滅亡)
13	화	25	미 尾	개 開	육백 六白	안 安	부 夫	조 竈	부 父	병 丙	巳方 大門僧寺	각기 角己	明堂黃道, 旺日, 時陽, 益後, 天后, 大明, 陰德, 驛馬 (重日, 天狗, 天賊, 地火, 月厭, 人隔, 弔客)
14	수	26	기 箕	폐 閉	칠적 七赤	리 利	고 姑	당 堂	남 男	신 辛	주조 廚竈	인전 人專	天醫, 不將, 官日, 六合, 續世(天刑黑道, 復日, 歸忌, 血忌, 血支, 土符, 天吏, 致死, 水隔, 轉殺, 地賊, 黃砂, 兵符)
15	목	27	두 斗	건 建	팔백 八白	천 天	당 堂	상 牀	손 孫	간 艮	인방주사 寅方廚舍	입조 立早	伏斷日 守日, 不將, 要安, 兵福 (朱雀黑道, 重喪, 復日, 往亡, 紅紗, 小時, 月建, 土府, 土忌, 白波)

- **山祭吉凶日 - 산신제나 입산 기도하면 좋은 날과 나쁜 날.**
  吉(길) = 11/17, 11/24, 11/29, 12/2, 12/3, 12/11, 12/15.
  흉(凶) = 12/1, 12/5, 12/7, 12/8.
- **水神祭祀吉凶日 - 水神에 제사지내면 좋은 날과 나쁜 날.**
  吉(길) = 11/17, 11/20, 11/28, 11/29, 12/2, 12/5, 12/11, 12/14.
  흉(凶) = 11/21, 11/22, 11/26.
- **地神祭祀吉凶日 - 地神에 제사지내면 좋은 날과 나쁜 날.**
  吉(길) = 11/22, 11/26, 12/3, 12/7, 12/15.
  흉(凶) = 11/18, 11/20, 11/25, 11/28, 12/2, 12/14, 12/13.
- **七星祈禱吉凶日 - 하늘과 산에 기도하면 좋은 날과 나쁜 날.**
  吉(길) = 11/25, 11/27, 11/28, 11/29, 12/3, 12/6, 12/7, 12/8, 12/10, 12/11, 12/12, 12/13, 12/15, 12/16.

八白	四綠	六白
七赤	九紫	二黑
三碧	五黃	一白

乙巳年
陰曆 12月 小
月建 己丑

丙午年 1月 大(31日)

(양력 16日 ~ 31日)

西紀 2026年 · 檀紀 4359年
陰曆 2025年 11月 28日부터
2025年 12月 13日까지

양력 날짜	간지 형상	음력 날짜	간지	오행	경축일 민속일	일출 일몰	월출 월몰	만조시각 물높이	일곱물때명 일반물때명	길한 행사 (불길한 행사)
1/16		11/28	경인 庚寅	木		07:46 17:40	05:56 14:59	축정丑正 미정未正	네매 무릎사리	혼례, 이사, 터닦기 지붕, 상량, 문서, 터파기, 안장 (제사, 원행, 진료, 건강검진, 창고수리, 출고, 투자, 사냥, 낚시)
17		29	신묘 辛卯	木	토왕용사	07:46 17:41	06:47 15:55	인초寅初 신초申初	다섯매 배꼽사리	제사, 불공, 장담기 (기도, 외출, 초대, 혼례, 이사, 수리, 상량, 개업, 문서, 매매, 수금, 우물, 파옥, 안장)
18		30	임진 壬辰	水	◌회(晦), 그믐	07:46 17:42	07:32 16:57	인정寅正 신정申正	여섯매 가슴사리	諸事不宜
19		12/1	계사 癸巳	水	삭(朔), 초하루	07:45 17:43	08:11 18:02	묘초卯初 유초酉初	일곱매 턱사리	친목회, 성인식, 채용, 예복, 수리, 상량, 건강검진, 문서, 매매, 수금, 가축(외출, 개방, 진료, 출산준비, 축대보수, 낚시, 배타기, 파옥, 안장)
20		2	갑오 甲午	金		07:45 17:44	08:43 19:07	묘중卯中 유중酉中	여덟매 한사리	제사, 불공, 수신제가, 예복, 벌목, 정보, 사냥(기도, 외출, 혼례, 이사, 수리, 상량, 개업, 문서, 매매, 수금, 물고기잡기, 안장)
				대한, 10시 45분, 을사년 12월의 중기.						
21		3	을미 乙未	金	납향(臘享)	07:44 17:45	09:12 20:13	묘정卯正 유정酉正	아홉매 목사리	제사, 개방, 헐기, 장갈무리, 지붕 (기도, 외출, 초대, 혼인, 이사, 수리, 상량, 개업, 문서, 매매, 수금, 벌목, 사냥, 물고기잡기, 안장)
22		4	병신 丙申	火		07:44 17:46	09:38 21:18	진초辰初 술초戌初	열매 어깨사리	제사, 불공, 개업, 수금, 출고, 투자, 벌목, 사냥, 터파기, 안장 (후임자, 친목회, 진료, 문서, 매매, 휴식, 개방)
23		5	정유 丁酉	火		07:43 17:47	10:02 22:23	진중辰中 술중戌中	한꺽기 허리사리	외출, 혼례, 이사, 수리, 상량, 술거르기, 장담기, 개업, 매매, 문서 (친목회, 이발)
24		6	무술 戊戌	木		07:43 17:48	10:26 23:30	진정辰正 술정戌正	두꺽기 한꺽기	제사, 정보검색, 민원접수, 사냥 (기도, 원행, 초대, 혼례, 이사, 수리, 상량, 개업, 문서, 매매, 수금, 헐기, 안장)
25		7	기해 己亥	木		07:42 17:49	10:52 --:--	사초巳初 해초亥初	아조 두꺽기	제사, 배움, 목욕, 술빚기, 장담기 (기도, 외출, 혼례, 수리, 상량, 소송, 개업, 문서, 매매, 수금, 파옥, 벌목, 사냥, 어로작업, 안장)
26		8	경자 庚子	土	◑상 현	07:41 17:50	11:22 00:39	사중巳中 해중亥中	조금 선조금	제사, 목욕, 예복, 술빚기, 안장 (이사, 해외여행, 진료, 제방, 수리, 출산준비, 담장정원손질, 도로정비, 사냥, 어로작업, 종자)
27		9	신축 辛丑	土		07:41 17:51	11:57 01:52	사정巳正 해정亥正	무시 앉은조금	제사, 기도, 예복, 지붕, 상량, 수금, 출고, 투자, 목축 (외출, 초대, 이사, 수리, 우물, 파옥, 벌목, 사냥, 터파기, 어로작업)
28		10	임인 壬寅	金		07:40 17:52	12:40 03:06	자시子時 오시午時	한매 한조금	외목욕, 대청소, 지붕 (제사, 외출, 진료, 재고관리, 출고, 투자, 개간)
29		11	계묘 癸卯	金		07:39 17:54	13:35 04:20	축초丑初 미초未初	두매 한매	제사, 불공, 장갈무리, 지붕(기도, 후임자, 원행, 초대, 혼례, 이사, 진료, 수리, 상량, 개업, 문서, 출고, 투자, 도랑, 축대, 종자, 가축, 안장)
30		12	갑진 甲辰	火		07:39 17:55	14:39 05:28	축중丑中 미중未中	세매 두매	諸事不宜
31		13	을사 乙巳	火		07:38 17:56	15:52 06:26	축정丑正 미정未正	네매 무릎사리	제사, 기도, 고사, 친목회, 성인식, 건강검진, 문안, 혼례, 채용, 이사, 개방, 수리, 상량, 출고, 투자, 문서, 수금, 가축 (외출, 진료, 제작보수, 축대보수, 사냥, 어로작업, 종자)

기념일

- 神祠祈禱日 - 神位 안치된 神堂 祠堂에 기도하면 좋은 날.
  吉(길) = 11/20, 11/22, 11/23, 11/25, 11/29, 11/30, 12/2, 12/3, 12/5, 12/10, 12/13, 12/14, 12/15, 12/16.
- 雕繪神像開光日 - 神像 조각하고 그리고 안치하면 좋은 날.
  吉(길) = 11/21, 11/23, 11/30, 12/3, 12/5, 12/7, 12/12, 12/14.
- 合房不吉日 - 합방해 태어난 자녀에게 나쁜 날.
  흉(凶) = 11/20, 11/23, 11/28, 11/29, 12/1, 12/7, 12/8, 12/15, 12/16, 日蝕, 月蝕, 폭염, 폭우, 짙은 안개, 천둥, 번개, 무지개, 지진, 本宮日.
- 地主下降日(지주하강일) - 이 곳을 범하면 흉한 날.

농사정보 ➲ **벼농사** 1. 올해 심을 볍씨는 지역에 맞는 우량종자 2~3종 미리 확보. 2. 객토할 논은 찰흙 함량 25% 이상인 산흙(황토) 확보. 3. 객토논 흙은 점토 함량 15% 이상인 것. 4. 객토논은 볏짚, 퇴비 등의 유기물과 규산질 비료를 뿌려 깊이갈이를 해준다. ➲ **밭농사** 1. 지역에 맞는 2~3가지의 품종은 영농설계교육 때 특성 알아보고 미리 확보. 2. 눈오면 밭보리는 수분공급과 보온으로 겨울나기 도움. 3. 논보리는 배수구를 정비해 눈 녹을 경우 습해 예방.4. 보리밭에 왕겨, 짚, 두엄을 덮어 동해 예방. ➲ **채소** 1. 시설원에는 피복재개선해 보온력강화, 온풍기손질로 난방에너지 절감. 2. 눈 많이 쌓일 땐 쓸어내리고, 시설물 주변 배수로 정비. 3. 육모 중인 열매 채소는 최저 12℃ 이상, 잎채소는 8℃ 이상 유지. 4. 마늘, 양파 등 월동채소 포장은 배수로 정비로 습해 예방. ➲ **과수** 1. 키 큰 과실수는 관리 편하게 3~4년 계획으로 키낮추기 전지. 2. 키 낮추기 전지는 꽃눈 있는 가지를 남기고 자른다. 3. 밀집된 과실수 가지 솎아 햇빛을 골고루 받을 수 있게 한다. ➲ **화훼** 1. 거베라는 잎이 많으면 꽃눈 발아가 안 된다. 잎따주기. 2. 거베라는 곁가지수가 많으면 좋다. 잎딸 때 곁가지 따지 않도록 주의. 3. 저온, 폭설 등 겨울철 난방점검, 눈 많이 올 땐 비닐하우스에 눈쓸어내린다. ➲ **축산** 1. 소나 돼지의 축사를 점검하고, 발굽을 살펴본다. 2. 언 사료를 먹이지 않도록 주의. 3. 눈비 올 때 피부가 젖지 않게 주의. 4. 축사환기를 자주해 호흡기질병을 예방. 5. 송아지는 저온에 민감하다. 볏짚을 깔아주고 축사 내에 환기를 신경써야 한다. ➲ **버섯, 약초, 잠업** 1. 버섯재배사 균상은 습도와 온도변화가 심하면 질병 발생. 2. 습도는 85%, 버섯의 표면 느낌이 촉촉하면 적당한 것이다.

양력 날짜	요 일	음력 날짜	28 수	12 신	紫白 九星	주당周堂				역혈인 逆血刃	구랑성 九狼星	구성법 九星法	주요 길신 (주요 흉신)
						이사	결혼	신행	안장				
1/16	금	11/28	우 牛	제 除	구자 九紫	해 害	옹 翁	사 死	사 死	신 辛	오방 午方	요성 妖星	金櫃黃道, 天德, 月德, 五合, 全吉, 送禮, 不將, 相日, 時德, 玉宇, 鳴吠, 吉期, 兵寶, 地倉, 太陽 (滅沒, 五虛)
17	토	29	여 女	만 滿	일백 一白	살 殺	제 第	수 睡	여 女	정 丁	천 天	혹성 惑星	伏斷日 天德黃道, 月恩, 五合, 天倉, 四季, 不將, 鳴吠, 民日, 金堂, 寶光, 天巫, 送禮 (披麻, 土瘟, 瘟瘽, 天瘟, 鬼哭, 天獄, 喪門)
18	일	30	허 虛	평 平	이흑 二黑	부 富	조 竈	문 門	모 母	건 乾	천 天	화도 禾刀	大空亡日 天馬, 大明, 天貴, 回駕帝星, 送禮, 全吉, 太陰 (白虎黑道, 河魁, 月殺, 月虛, 天隔, 死神, 氷消瓦解)
19	**월**	**12/1**	위 危	정 定	삼벽 三碧	천 天	부 婦	주 廚	모 母	갑 甲	대문승사 大門僧寺	직성 直星	大空亡日 玉堂黃道, 三合, 六儀, 時陰, 天貴, 四季, 送禮 (重日, 厭對, 招搖, 死氣, 九坎, 九焦, 枯焦, 焦坎, 官符)
20	화	2	실 室	집 執	사록 四綠	리 利	조 竈	로 路	여 女	정 丁	술해방 戌亥方	복목 卜木	大空亡日 月空, 四相, 敬安, 鳴吠, 解神, 地德 (天牢黑道, 月害, 大時, 五虛, 大敗, 咸池, 小耗, 劍鋒, 地隔, 獨火, 土皇, 敗破)
			大寒, 10시 45분, 乙巳年 12月의 中氣.										
21	수	3	벽 壁	파 破	오황 五黃	안 安	제 第	문 門	사 死	갑 甲	水步井 亥方	각기 角己	天德合, 月德合, 大明, 地啞, 全吉, 普護, 四相, 天赦神, 皇恩大赦 (玄武黑道, 月破, 地囊, 九空, 四擊, 大耗, 太虛, 歲破)
22	목	4	규 奎	위 危	육백 六白	재 災	옹 翁	수 睡	손 孫	임 壬	천 天	인전 人專	司命黃道, 母倉, 天聾, 五富, 福生, 陽德, 鳴吠, 地倉, 龍德 (遊禍, 五離, 土禁, 羅網, 月刑, 太虛)
23	금	5	루 婁	성 成	칠적 七赤	사 師	당 堂	사 死	남 男	을 乙	사관 寺觀	입조 立早	月忌日 天喜, 母倉, 地啞, 生氣, 鳴吠, 全吉, 三合, 臨日, 萬通四吉 (勾陳黑道, 受死, 天火, 五離, 大殺, 飛廉, 山隔, 鬼火, 太虛, 神號, 陰符)
24	토	6	위 胃	수 收	팔백 八白	부 富	고 姑	상 牀	부 父	곤 坤	州縣廳堂 城隍社廟	요성 妖星	伏斷日 青龍黃道, 聖心, 皆空, 五空, 六空, 青龍, 福德 (復日, 天罡, 五虛, 地破, 八座, 天哭, 滅亡, 荒蕪, 攀鞍)
25	일	7	묘 昴	개 開	구자 九紫	살 殺	부 夫	당 堂	객 客	임 壬	사관 寺觀	혹성 惑星	明堂黃道, 旺日, 時陽, 益後, 天后, 陰德, 驛馬, 地啞, 皆空, 送禮, 五空 (重喪, 復日, 重日, 天狗, 天賊, 地火, 月厭, 弔客, 重座, 人隔)
26	월	8	필 畢	폐 閉	일백 一白	해 害	주 廚	조 竈	부 婦	곤 坤	중정청 中庭廳	화도 禾刀	天德, 月德, 官日, 天醫, 六合, 續世, 鳴吠, 不將, 皆空, 五空, 六空, 天聾, 送禮, 全吉 (天刑黑道, 歸忌, 血忌, 血支, 土符, 天吏, 致死, 水隔, 地賊, 黃砂, 轉殺, 兵符)
27	화	9	자 觜	건 建	이흑 二黑	천 天	부 婦	주 廚	모 母	손 巽	천 天	복덕 福德	月恩, 五空, 不將, 守日, 要安, 地啞, 六空, 兵福, 送禮 (朱雀黑道, 月建, 往亡, 紅紗, 小時, 土府, 土忌, 白波, 長星)
28	수	10	참 參	제 除	삼벽 三碧	리 利	조 竈	로 路	여 女	경 庚	東北丑午方 廚竈橋門路	직성 直星	大空亡日 金櫃黃道, 大明, 五合, 六空, 相日, 時德, 吉期, 玉宇, 鳴吠, 全吉, 天貴, 兵寶, 地倉, 太陽 (滅沒, 五虛)
29	목	11	정 井	만 滿	사록 四綠	안 安	제 第	문 門	사 死	계 癸	천 天	복목 卜木	大空亡日 天德黃道, 民日, 金堂, 寶光, 天巫, 五合, 天倉, 鳴吠, 全吉, 天貴, 四季 (披麻, 土瘟, 瘟瘽, 天瘟, 天獄, 鬼哭, 喪門)
30	금	12	귀 鬼	평 平	오황 五黃	재 災	옹 翁	수 睡	손 孫	손 巽	승당사묘 僧堂寺廟	각기 角己	月空, 大明, 四相, 天馬, 回駕帝星, 太陰 (白虎黑道, 河魁, 月殺, 死神, 月虛, 天隔, 氷消瓦解)
31	토	13	류 柳	정 定	육백 六白	사 師	당 堂	사 死	남 男	계 癸	천 天	인전 人專	玉堂黃道, 天德合, 月德合, 四相, 大明, 三合, 六儀, 時陰, 四季, 送禮 (重日, 厭對, 招搖, 死氣, 九坎, 九焦, 枯焦, 焦坎, 官符)

흉(凶) = 1일 마당(庭).

- 竈王集會日(조왕집회일) - 조왕신 제사지내면 좋은 날.
  吉(길) = 11/18, 11/21, 12/6, 12/12.
- 竈王上天日(조왕상천일) - 부엌 수리하면 좋은 날.
  吉(길) = 11/17, 12/3.

♣ 음력 12월의 민간비법

1) 丑日에 머리를 감으면 무병하다.
2) 丑日 丑時에 소원을 빌면 성취할 수 있다.
3) 丑日 丑時에 무슨 일이든 시작을 하면 성취하게 된다.

七赤	三碧	五黃
六白	八白	一白
二黑	四綠	九紫

丙午年
陰曆 正月 大
月建 庚寅

병오년 2월 小(28일)

(양력 1일 ~ 15일)

서기 2026년 · 단기 4359년

음력 2025년 12월 14일부터
2025년 12월 28일까지

양력 날짜	간지 형상	음력 날짜	간지	오행	경축일 민속일	일출 일몰	월출 월몰	만조시각 물높이	일곱물때명 일반물때명	길한 행사 (불길한 행사)
2/1		12/14	병오 丙午	水		07:37 17:57	17:07 07:13	인초寅初 신초申初	다섯매 배꼽사리	벌목, 정보, 민원, 사냥(기도, 후임자, 친목회, 성인식, 외출, 문안, 혼례, 채용, 이사, 개방, 진료, 제방, 상량, 수리, 개업, 문서, 투자, 축대, 물고기잡기, 종자, 가축, 안장)
2		15	정미 丁未	水	●망(望),보름	07:36 17:58	18:21 07:51	인정寅正 신정申正	여섯매 가슴사리	諸事不宜
3		16	무신 戊申	土		07:35 17:59	19:32 08:22	묘초卯初 유초酉初	일곱매 턱사리	제사, 술거르기, 개업, 출고, 투자, 지붕, 대청소, 벌목, 사냥, 가축(기도, 후임자, 휴식, 개방, 진료, 문서, 매매)
4		17	기유 己酉	土		07:34 18:00	20:38 08:49	묘중卯中 유중酉中	여덟매 한사리	제사, 목욕, 지붕, 흙파기, 고기잡기, 안장(기도, 성인식, 외출, 약혼, 결혼, 이사, 수리, 상량, 술빚기, 개업, 문서, 벌목, 안장)
					입춘, 05시 02분, 병오년 정월의 절기, 월건 경인 적용.					
5		18	경술 庚戌	金		07:33 18:01	21:41 09:13	묘정卯正 유정酉正	아홉매 목사리	배움 시작, 술거르기, 장류갈무리 (기도, 성인식, 외출, 약혼, 결혼, 이사, 수리, 상량, 개업, 계약매매, 파옥, 벌목, 안장)
6		19	신해 辛亥	金		07:32 18:02	22:44 09:36	진초辰初 술초戌初	열매 어깨사리	제사, 기도, 외출, 약혼, 이사, 상량, 지붕, 개업, 문서, 장류갈무리(결혼식, 술빚기, 사냥, 어로작업)
7		20	임자 壬子	木		07:31 18:03	23:45 10:00	진중辰中 술중戌中	한꺽기 허리사리	제사, 기도, 외출, 동료초대, 약혼, 결혼, 이사, 수리, 상량, 개업, 투자, 장류갈무리기(벌목, 사냥, 어로작업)
8		21	계축 癸丑	木		07:30 18:05	-:- 10:25	진정辰正 술정戌正	두꺽기 한꺽기	諸事不宜
9		22	갑인 甲寅	水		07:29 18:06	10:53 05:17	사초巳初 해초亥初	아조 두꺽기	불공, 예복, 문서계약, 매매, 투자 (제사, 기도, 원행, 약혼, 결혼, 구인, 이사, 제방, 상량, 파옥, 벌목, 사냥, 어로작업, 안장)
10		23	을묘 乙卯	水	◐하 현	07:28 18:07	01:48 11:26	사중巳中 해중亥中	조금 선조금	친목회, 원행, 약혼식, 해제, 휴식, 치병, 대청소, 문서 (우물, 모종)
11		24	병진 丙辰	土		07:27 18:08	02:48 12:04	사정巳正 해정亥正	무시 앉은조금	제사, 기도, 불공, 후임자, 원행, 약혼, 이사, 치병, 문서, 수리, 상량, 목축 (청원, 사냥, 어로작업, 승선, 모종)
12		25	정사 丁巳	土		07:26 18:09	03:46 12:50	자시子時 오시午時	한매 한조금	제사, 주변정돈 도로정비 (기도, 후임자, 외출, 나눔, 치병, 복약, 사냥, 어로작업)
13		26	무오 戊午	火	율곡이이탄일	07:25 18:10	04:40 13:43	축초丑初 미초未初	두매 한매	제사, 기도, 후임자, 응모, 성인식, 이취임, 약혼, 결혼, 구인, 지붕, 친목회, 외출, 이사, 수리, 상량, 개업, 문서, 가축 (치병, 지붕, 수리, 출산준비, 종자)
14		27	기미 己未	火		07:24 18:11	05:27 14:43	축중丑中 미중未中	세매 두매	정보탐색수집, 어장관리, 술거르기 (약혼, 선물, 치병, 창고수리, 개업, 문서계약매매, 투자, 신상품출시)
15		28	경신 庚申	木		07:23 18:12	06:08 15:47	축정丑正 미정未正	네매 무릎사리	諸事不宜

기념일

10일 : 문화재 방재의 날

2026 병오년 음력 1월 기도일 찾기

• **祭祀吉凶日** - 모든 제사에 좋은 날과 나쁜 날.
吉(길) = 12/17, 12/18, 12/19, 12/23, 12/24, 12/26, 12/27, 12/29, 1/2, 1/4, 1/6, 1/7, 1/9, 1/10, 1/12, 1/14, 1/16.
흉(凶) = 12/20, 12/22, 1/5.

• **祈禱吉凶日** - 모든 기도에 좋은 날과 나쁜 날.
吉(길) = 12/17, 12/18, 12/21, 12/23, 12/24, 12/26, 12/27, 12/29, 1/4, 1/6, 1/7, 1/9, 1/10, 1/12, 1/16.
흉(凶) = 12/22, 12/28.

• **佛供吉凶日** - 불공드리면 좋은 날과 나쁜 날.
吉(길) = 12/21, 12/22, 12/29, 12/24, 1/3, 1/4, 1/5, 1/9, 1/13.
흉(凶) = 12/23, 1/6, 1/14.

2월의 평균기온	
서울 0.4	인천 0.3
대전 1.5	전주 1.5
목포 2.9	여수 4.0
부산 4.9	포항 3.8
대구 2.9	강릉 2.2
울릉도 2.2	제주도 6.4

2월의 주요약사 ＊1일 조선통감부 설치(1906), 경부고속도로 착공(1966), 정부 신 직제령 공포(1955) ＊2일 재개발사업에 관한 개발이익환수특별법 제정(2006) ＊3일 한·미 원자력협정 조인(1956), 울산공업센터 기공(1962), 한·미 자유무역협정(FTA) 공식협상 개시 선언(2006) ＊4일 얄타회담(1945), 과학기술연구소 발족(1966) ＊6일 미국, 북한과 이란을 잠재적 적대국가로 규정(2006) ＊7일 전라선 개통(1968), 하인즈워드 수퍼볼 MVP에 선정(2006) ＊8일 한·미 경제협정조인(1961), 홍성 지진 발생(1979) ＊11일 일제, 조선 창씨 개명 실시(1940), 거창양민학살사건(1951) ＊12일 유신헌법 찬반 국민투표(1975), 제12대 국회의원 총선거(1985) ＊13일 해안경비대창설(1946), 불란서 원폭시험 성공(1946) ＊14일 민주의원(미군정) 설치(1946) ＊15일 제1차 화폐개혁(1953), 조병옥박사 서거(1960) ＊16일 경성방송국 발족(1927), KAL기 납북(1958) ＊18일 거제도포로수용소 폭동(1952) ＊19일 동남아조약기구발족(1955) ＊20일 미, 유인인공위성발사 성공(1962), 구정을 민속의 날로 정하여 공휴일로 제정(1985) ＊23일 한국미술5천년전 일본 도쿄에서 개막(1976), 정진석 대주교 추기경 서품(2006) ＊25일 북한군 조종사 이웅평 상위, 미그19기 몰고 휴전선 넘어 귀순(1983), 제13대 노태우 대통령 취임(1988), 제14대 김영삼 대통령 취임(1993), 제15대 김대중 대통령 취임(1998), 제16대 노무현 대통령 취임(2002) 26일 한국 테니스팀이 스포츠 사상 최초로 중국에 입국(1984) ＊27일 이율곡 졸(1584), 정부 독도영유권 성명(1953), 제9대 국회의원 선거(1973) ＊28일 영산강하구언 완공(1981), 비정규직 관리법 국회 통과(2006) ＊29일 여자 탁구 서독 오픈 개인단식전에서 중국을 꺾고 우승(1976)

양력 날짜	요 일	음력 날짜	28 수	12 신	紫白 九星	주당周堂				역혈인 逆血刃	구랑성 九狼星	구성법 九星法	주요 길신 (주요 흉신)
						이사	결혼	신행	안장				
2/1	일	12/14	성 星	집 執	칠적 七赤	부 富	고 姑	상 牀	부 父	신 辛	천 天	입조 立早	月忌日 大明, 解神, 敬安, 嗚吠, 地德, 全吉 (天牢黑道, 月害, 大時, 五虛, 大敗, 咸池, 小耗, 四廢, 劍鋒, 獨火, 地隔, 土皇, 敗破)
2	월	15	장 張	파 破	팔백 八白	살 殺	부 夫	당 堂	객 客	간 艮	僧堂城隍 社廟	요성 妖星	伏斷日 普護, 皇恩大赦, 天赦神, 全吉 (玄武黑道, 月破, 九空, 四擊, 大耗, 太虛, 歲破, 八專)
3	화	16	익 翼	위 危	구자 九紫	해 害	주 廚	조 竈	부 婦	병 丙	중정청 中庭廳	혹성 惑星	司命黃道, 五富, 母倉, 地倉, 福生, 陽德, 龍德 (遊禍, 復日, 五離, 土禁, 羅網, 月刑, 太虛)
4	수	17	진 軫	위 危	일백 一白	천 天	부 婦	주 廚	모 母	신 辛	사관사묘 寺觀社廟	화도 禾刀	天恩, 大明, 福生, 龍德, 陰德, 除神, 嗚吠, 地虎不食, 不守塚 (玄武黑道, 紅紗, 天吏, 致死, 五虛, 荒蕪, 人隔, 五離, 劒鋒)
			立春, 05시 02분, 丙午年 正月의 節入, 月建 庚寅 適用.										
5	목	18	각 角	성 成	이흑 二黑	리 利	조 竈	로 路	여 女	병 丙	사묘 社廟	복덕 福德	司命黃道, 天恩, 大明, 生氣, 三合, 陽德, 天赦神, 皇恩大赦, 天喜, 麒麟 (受死, 復日, 陰錯, 水隔, 飛厭, 地火, 月厭, 神號, 太虛, 大殺, 四擊)
6	금	19	항 亢	수 收	삼벽 三碧	안 安	제 第	문 門	사 死	갑 甲	사관 寺觀	직성 直星	楊公忌日 月德合, 天恩, 大明, 母倉, 地啞, 五富, 六合, 福德, 聖心 (勾陳黑道, 重日, 河魁, 地破, 太虛, 八座, 土禁)
7	토	20	저 氐	개 開	사록 四綠	재 災	옹 翁	수 睡	손 孫	정 丁	천 天	복목 卜木	大空亡日 青龍黃道, 天德合, 天恩, 母倉, 四季, 天聾, 時陽, 益後, 月空, 嗚吠, 偸修, 十全, 青龍 (地賊, 天獄, 羅網, 天狗, 披麻, 天火, 災殺, 太虛)
8	일	21	방 房	폐 閉	오황 五黃	사 師	당 堂	사 死	남 男	건 乾	僧堂寺觀 社廟	각기 角己	明堂黃道, 續世, 天醫, 天恩, 四季, 地啞, 偸修, 全吉, 十全 (土符, 滅沒, 血忌, 血支, 月殺, 月虛, 五虛, 荒蕪, 歸忌, 滅亡, 八專, 觸水龍)
9	월	22	심 心	건 建	육백 六白	부 富	고 姑	상 牀	부 父	갑 甲	축방 丑方	인전 人專	五合, 天貴, 旺日, 兵福, 要安, 天倉, 嗚吠 (天刑黑道, 重喪, 復日, 月建, 小時, 土府, 八專, 白波, 陽錯, 往亡, 土忌, 天隔)
10	화	23	미 尾	제 除	칠적 七赤	살 殺	부 夫	당 堂	객 客	건 乾	천 天	입조 立早	月忌日 五合, 天貴, 官日, 兵寶, 太陽, 吉期, 玉宇, 嗚吠 (朱雀黑道, 大時, 大敗, 咸池, 轉殺)
11	수	24	기 箕	만 滿	팔백 八白	해 害	주 廚	조 竈	부 婦	곤 坤	인진방 寅辰方	요성 妖星	伏斷日 金櫃黃道, 月德, 天聾, 月恩, 四相, 守日, 金堂, 六儀, 天巫, 地虎不食, 全吉 (天賊, 土瘟, 地隔, 厭對, 九空, 招搖, 焦坎, 枯焦, 九坎, 九焦, 造廟破碎)
12	목	25	두 斗	평 平	구자 九紫	천 天	부 婦	주 廚	모 母	임 壬	전문 前門	혹성 惑星	天德黃道, 天德, 偸修, 四相, 相日, 玉帝赦日, 寶光, 送禮 (天罡, 遊禍, 重日, 獨火, 月刑, 月害, 造廟破碎, 太陰, 土皇, 五虛, 荒蕪, 死神, 氷消瓦解, 八風, 短星)
13	금	26	우 牛	정 定	일백 一白	리 利	조 竈	로 路	여 女	을 乙	戌亥方 併廚竈	화도 禾刀	萬通四吉, 民日, 臨日, 回駕帝星, 三合, 時德, 時陰, 天馬, 偸修, 地倉 (白虎黑道, 黃砂, 死氣)
14	토	27	여 女	집 執	이흑 二黑	안 安	제 第	문 門	사 死	곤 坤	정 井	복덕 福德	玉堂黃道, 地德, 敬安, 偸修, 全吉 (天瘟, 山隔, 瘟瘟, 小耗, 天哭, 八專)
15	일	28	허 虛	파 破	삼벽 三碧	재 災	옹 翁	수 睡	손 孫	을 乙	橋井門路 社廟	직성 直星	解神, 普護, 天后, 驛馬, 除神, 嗚吠, 皆空, 不守塚, 偸修, 送禮 (天牢黑道, 復日, 月破, 大耗, 四廢, 五離, 八專, 敗破)

- **山祭吉凶日 - 산신제나 입산 기도하면 좋은 날과 나쁜 날.**
  吉(길) = 12/17, 12/18, 12/22, 1/4, 1/6, 1/7, 1/11, 1/13, 1/14.
  흉(凶) = 12/20, 12/21, 12/26, 12/27, 1/2, 1/10.
- **水神祭祀吉凶日 - 水神에 제사지내면 좋은 날과 나쁜 날.**
  吉(길) = 12/23, 12/24, 12/27, 12/29, 1/6, 1/7, 1/9, 1/10, 1/12.
  흉(凶) = 12/28.
- **地神祭祀吉凶日 - 地神에 제사지내면 좋은 날과 나쁜 날.**
  吉(길) = 12/22, 12/26, 1/3, 1/15.
  흉(凶) = 12/24, 12/25, 12/28, 1/13.
- **七星祈禱吉凶日 - 하늘과 산에 기도하면 좋은 날과 나쁜 날.**
  吉(길) = 12/17, 12/22, 12/26, 12/27, 12/28, 12/29, 1/3, 1/7, 1/11, 1/12, 1/13, 1/14, 1/15.

七赤	三碧	五黃
六白	八白	一白
二黑	四綠	九紫

丙午年
陰曆 正月 大
月建 庚寅

丙午年 2月 小(28日)

(양력 16日 ~ 28日)

西紀 2026年 · 檀紀 4359年
陰曆 2025年 12月 29日부터
2026年 01月 12日까지

양력 날짜	간지 형상	음력 날짜	간지	오행	경축일 민속일	일출 일몰	월출 월몰	만조시각 물높이	일곱물때명 일반물때명	길한 행사 (불길한 행사)
2/16		12/29	신유 辛酉	木	제 석 ◯회(晦), 그믐	07:22 18:13	06:43 16:53	인초寅初 신정申正	5매/6매 일조부등	諸事不宜
17		1/1	임술 壬戌	水	삭(朔), 초하루 설 날	07:21 18:14	07:13 18:00	묘초卯初 유초酉初	일곱매 턱사리	제사, 기도, 친목회, 개통, 제방, 수리, 상량, 개업, 문서, 목축, 안장 (원행, 약혼, 결혼, 정보탐색, 치병, 사냥, 어로작업, 종자)
18		2	계해 癸亥	水		07:19 18:15	07:40 19:06	묘중卯中 유중酉中	여덟매 한사리	제사, 목욕 (결혼, 치병, 복약시작, 안장)
19		3	갑자 甲子	金	양둔중원	07:18 18:16	08:06 20:13	묘정卯正 유정酉正	아홉매 목사리	제사, 불공, 배움, 목욕 (성인식, 약혼, 결혼식, 구인, 치병, 술거르기, 장류갈무리, 창고개방, 안장, 부엌수리, 상량, 사냥, 물고기잡기)
				우수, 00시 52분, 병오년 정월의 중기.						
20		4	을축 乙丑	金		07:17 18:17	08:30 21:21	진초辰初 술초戌初	열매 어깨사리	諸事不宜
21		5	병인 丙寅	火		07:16 18:18	08:56 22:31	진중辰中 술중戌中	한꺽기 허리사리	제사, 불공, 약혼, 구혼, 문서, 상량, 수확, 창고개방, 안장 (원행, 제사, 결혼, 이사, 집수리, 사냥, 우물파기, 집헐기, 벌목, 모종심기, 물고기잡기)
22		6	정묘 丁卯	火		07:14 18:19	09:25 23:43	진정辰正 술정戌正	두꺽기 한꺽기	제사, 기도, 후임자, 원행, 관청민원, 동료보기, 약혼, 결혼, 이사, 상량, 창고수리, 문서, 모종, 가축, 안장 (이발, 도랑청소, 우물, 사냥, 물고기잡기)
23		7	무진 戊辰	木		07:13 18:21	09:58 —:—	사초巳初 해초亥初	아조 두꺽기	제사, 기도, 예복, 건강검진, 장갈무리 (약혼, 결혼식, 구인, 개업, 문서, 재물출납, 물고기잡기, 모종)
24		8	기사 己巳	木	◐ 상 현	07:12 18:22	10:38 00:56	사중巳中 해중亥中	조금 선조금	주변정돈, 도로정비 (기도, 성인식, 원행, 약혼, 결혼식, 부엌 수리, 제방, 상량, 술거르기, 개업, 계약매매투자, 파옥, 안장)
25		9	경오 庚午	土		07:10 18:23	11:28 02:10	사정巳正 해정亥正	무시 앉은조금	불공, 제사, 기도, 성인식, 원행, 약혼, 결혼, 이사, 상량, 술거르기, 개업, 문서, 안장(제방, 부엌수리, 지붕, 창고, 우물, 파옥, 모종)
26		10	신미 辛未	土		07:09 18:24	12:28 03:18	자시子時 오시午時	한매 한조금	제사, 기도, 문안, 혼인서약, 이사, 예복, 부엌수리, 흙, 상량, 지붕, 창고수리, 장담기, 모종, 안장(물고기작업, 사냥, 술빚기)
27		11	임신 壬申	金		07:08 18:25	13:36 04:18	축초丑初 미초未初	두매 한매	제사, 목욕, 구옥헐기, 장담기 (성인식, 기도, 원행, 약혼, 이사, 제방, 상량, 개업, 투자, 우물, 벌목, 사냥, 어로작업, 터파기, 안장)
28		12	계유 癸酉	金		07:06 18:26	14:49 05:08	축중丑中 미중未中	세매 두매	제사, 지붕, 흙파기, 어로작업, 안장, 술담기 (성인식, 목욕, 외출, 동료보기, 약혼, 결혼식, 이사, 제방, 상량, 개업, 문서)

◯기념일

28일 : 2.28민주운동기념일

- 神祠祈禱日 - 神位가 안치된 神堂이나 祠堂에 기도하면 좋은 날.
  吉(길) = 12/18, 12/25, 1/1, 1/3, 1/4, 1/7, 1/8, 1/14, 1/15, 1/16.
- 雕繪神像開光日(조회신상개광일) - 神像을 그리고 조각하고 세우고 안치하면 좋은 날.
  吉(길) = 12/18, 12/19, 12/22, 12/24, 12/26, 12/29, 1/7, 1/14.
- 合房不吉日 - 합방해 태어난 자녀에게 나쁜 날.
  흉(凶) = 12/17, 12/23, 12/28, 12/30, 1/1, 1/3, 1/8, 1/14, 1/15, 1/16, 日蝕, 月蝕, 폭염, 폭우, 짙은안개, 천둥, 번개, 무지개, 지진, 本宮日.
- 地主下降日(지주하강일) - 이 곳을 범하면 흉한 날.
  흉(凶) = 1일 부엌(竈).

농사정보

벼농사 1. 논둑, 제방의 풀 태워 월동 해충 없애기. 2. 이삭이 패는 시기가 다른 품종의 볍씨를 2~3종류를 미리 준비한다. **밭농사** 1. 제2차 들뜬 보리밭 밟아주기. 2. 논보리는 배수로정비 눈 인한 습해 예방. 3. 보리싹이 나온 후 10일 내 웃거름 준다. 4. 남부지방 감자 시설재배 할 농가 묘상관리. 5. 시설내 온도 14~23℃ 유지 한낮 환기작업. **채소** 1. 온풍기 가동 비닐하우스는 단계별 변온관리. 2. 열매채소 12℃ 이상, 잎채소 8~10℃를 유지. 3. 마늘, 양파 중순부터 웃거름준다. **과수** 1. 추위 심한 지역 과수는 동해대비 전지시기 다소 늦춘다. 2. 세력 강한 나무 긴 열매가지 위주 전지해 세력분산. 3. 포도나무, 감나무 등 과수목은 거친 껍질을 벗겨 낙엽과 같이 소각한다. 4. 사과나무나 배나무, 포도나무의 과실에 씌워 줄 봉지 준비. **화훼** 1. 졸업철 출하를 준비하는 농가는 마지막으로 비닐하우스 안에 환경관리를 철저히 한다. 2. 환경관리 잘해야 품질좋은 꽃이 생산된다. 3. 장미 20~30%, 안개꽃 80% 정도 개화 때 절화한다. 4. 여름 출하용 국화재배는 품종 선택하여 이달 중 아주심기. 5. 저온, 폭설 등 대비 난방과 눈 쓸어내리는 작업에 신경. **축산** 1. 송아지는 인공유를 충분히 먹여 성장을 촉진한다. 2. 송아지에게 부족한 비타민과 광물질 사료 투입, 근육주사. 3. 따뜻한 낮에 일광욕과 파부손질을 해줘 혈액순환을 돕는다. 4. 어미돼지 분만 준비. 5. 병아리 부화와 병아리 기르는 기구 준비. 6. 벌통의 저밀량 조사.. **버섯, 약초, 잠업** 1. 느타리버섯의 생육 한계온도는 5℃ 이하로 내려가지 않도록 보온을 해줘야 한다. 2. 습도는 느타리버섯의 균상이 마르지 않으면서 외부 신선한 공기를 항상 유입되도록 한다. 3. 뽕나무 가지를 정리해 주고 금비를 확보. 4. 잠실 설치 준비와 자재 준비 재검검.

양력날짜	요일	음력날짜	28수	12신	紫白九星	주당周堂				역혈인逆血刃	구랑성九狼星	구성법九星法	주요 길신 (주요 흉신)
						이사	결혼	신행	안장				
2/16	월	12/29	위 危	위 危	사록 四綠	사 師	당 堂	사 死	남 男	계 癸	오방 午方	복목 卜木	月德合, 地啞, 福生, 龍德, 陰德, 鳴吠, 偸修 (天玄武黑道, 天吏, 致死, 紅紗, 五虛, 荒蕪, 四廢, 五離, 人隔)
17	화	1/1	실 室	성 成	오황 五黃	안 安	부 夫	조 竈	부 父	손 巽	사관 寺觀	직성 直星	天德黃道, 天德, 偸修, 四相, 相日, 玉帝赦日, 寶光, 送禮 (受死, 地火, 月厭, 大殺, 飛厭, 水隔, 四擊, 神號, 太虛)
18	수	2	벽 壁	수 收	육백 六白	리 利	고 姑	당 堂	남 男	경 庚	선사방 船巳方	복목 卜木	伏斷日 母倉, 五富, 六合, 福德, 聖心 (勾陳黑道, 重日, 河魁, 地破, 土禁, 太虛, 八座)
19	목	3	규 奎	개 開	칠적 七赤	천 天	당 堂	상 牀	손 孫	계 癸	사묘 社廟	요성 妖星	青龍黃道, 天貴, 天恩, 母倉, 全吉, 益後, 時陽, 青龍, 地倉 (重喪, 復日, 羅網, 天狗, 披麻, 天火, 狼籍, 地賊, 天獄, 太虛)
			雨水, 00시 52분, 丙午年 正月의 中氣.										
20	금	4	루 婁	폐 閉	팔백 八白	해 害	옹 翁	사 死	사 死	경 庚	주 廚	혹성 惑星	大空亡日 明堂黃道, 天醫, 天貴, 天恩, 續世, 地啞, 四季, 全吉, 十全 (月殺, 月虛, 滅沒, 血忌, 血支, 土符, 歸忌, 滅亡, 五虛, 荒蕪)
21	토	5	위 胃	건 建	구자 九紫	살 殺	제 第	수 睡	여 女	병 丙	천 天	화도 禾刀	月忌日 天聾, 月德, 月恩, 旺日, 兵福, 要安, 四相, 天恩, 不將, 五合, 全吉, 鳴吠對 (天刑黑道, 往亡, 月建, 小時, 天隔, 土忌, 白波, 土府)
22	일	6	묘 昴	제 除	일백 一白	부 富	조 竈	문 門	모 母	신 辛	後門寅艮方 神廟道觀	복덕 福德	天德, 天恩, 地啞, 四相, 五合, 十全, 吉期, 四相, 官日, 鳴吠對, 玉宇, 不將, 太陽, 兵寶 (朱雀黑道, 大時, 大敗, 咸池, 轉殺)
23	월	7	필 畢	만 滿	이흑 二黑	사 師	부 婦	로 路	부 婦	간 艮	寅辰方 寺觀	직성 直星	金櫃黃道, 天恩, 天聾, 守日, 金堂, 六儀, 天巫 (天賊, 土瘟, 地隔, 厭對, 九空, 招搖, 焦坎, 枯焦, 九坎, 九焦, 長星)
24	화	8	자 觜	평 平	삼벽 三碧	재 災	주 廚	주 廚	객 客	병 丙	신방사관 申方寺觀	복목 卜木	全吉, 相日, 天德黃道, 寶光, 太陰 (天罡, 重日, 氷消瓦解, 死神, 土皇, 月害, 月刑, 獨火; 遊禍, 五虛, 荒蕪)
25	수	9	참 參	정 定	사록 四綠	안 安	부 夫	조 竈	부 父	경 庚	천 天	각기 角己	鳴吠, 萬通四吉, 民日, 回駕帝星, 三合, 時陰, 天馬, 臨日, 時德, 地倉 (黃砂, 地囊, 死氣, 白虎黑道, 復日)
26	목	10	정 井	집 執	오황 五黃	리 利	고 姑	당 堂	남 男	건 乾	천 天	인전 人專	月德合, 大明, 全吉, 敬安, 地德, 玉堂黃道 (瘟瘴, 天瘟, 山隔, 天哭, 小耗)
27	금	11	귀 鬼	파 破	육백 六白	천 天	당 堂	상 牀	손 孫	갑 甲	정청 正廳	입조 立早	伏斷日 天德合, 月空, 鳴吠, 地虎不食, 解神, 普護, 天后, 驛馬, 大明 (天牢黑道, 月破, 大耗, 五離, 敗破)
28	토	12	류 柳	위 危	칠적 七赤	해 害	옹 翁	사 死	사 死	정 丁	寅艮卯方 午方後門	요성 妖星	鳴吠, 全吉, 陰德, 福生, 龍德, 大明 (玄武黑道, 紅紗, 天吏, 致死, 五虛, 荒蕪, 五離, 劍鋒, 人隔)

- 竈王集會日(조왕집회일) - 조왕신 제사지내면 좋은 날.
  吉(길) = 12/18, 12/21, 1/6, 1/12.
- 竈王上天日(조왕상천일) - 부엌 수리하면 좋은 날.
  吉(길) = 12/17, 1/4.

♣ 음력 1월의 민간비법

1) 寅月에 매일 아침 소금물로 입안을 씻으면 감기에 안 걸린다.
2) 寅日 寅時에는 아무 일도 성사가 안된다.
3) 寅月에 발을 씻을 때 온수에 소금을 타서 닦으면 감기를 면한다.
3) 寅月에는 붕어 머리에 독기가 있다. 먹지 말라.

六白	二黑	四綠
五黃	七赤	九紫
一白	三碧	八白

丙午年
陰曆 2月 小
月建 辛卯

병오년 3월 大(31일)
(양력 1일 ~ 15일)

서기 2026년 · 단기 4359년
음력 2026년 01월 13일부터
2026년 01월 27일까지

양력 날짜	간지 형상	음력 날짜	간지	오행	경축일 민속일	일출 일몰	월출 월몰	만조시각 물높이	일곱물때명 일반물때명	길한 행사 (불길한 행사)
3/1		1/13	갑술 甲戌	火	삼 일 절	07:05 18:27	16:01 05:48	축정丑正 미정未正	네매 무릎사리	諸事不宜
2		14	을해 乙亥	火		07:04 18:28	17:12 06:21	인초寅初 신초申初	다섯매 배꼽사리	제사, 기도, 외출, 혼인서약, 예단, 이사, 상량, 개업, 문서, 투자, 어로작업 (결혼식, 병원진료, 치료시작, 모종)
3		15	병자 丙子	水	● 정월대보름	07:02 18:29	18:19 06:49	인정寅正 신정申正	여섯매 가슴사리	제사, 기도, 외출, 혼인서약, 결혼식, 이사, 예복, 집수리, 상량, 개업, 투자, 술거르기, 장류갈무리 (물고기작업, 사냥, 술빚기)
4		16	정축 丁丑	水		07:01 18:29	19:24 07:14	묘초卯初 유초酉初	일곱매 턱사리	제사, 지붕 (성인식, 고사, 약혼, 결혼, 이사, 예복, 대들보, 술빚기, 개업, 문서, 우물, 집헐기, 사냥, 안장)
5		17	무인 戊寅	土		07:00 18:30	20:27 07:38	묘중卯中 유중酉中	여덟매 한사리	불공, 예복, 제방, 수리, 술빚기, 문서, 수금, 축대, 종자, 목축, 안장 (제사, 기도, 후임자, 이사, 개방, 치병, 사냥, 어로작업)
					경칩, 22시 59분, 2월의 절기, 월건 신묘 적용.					
6		18	기묘 己卯	土		06:58 18:31	21:30 08:01	묘정卯正 유정酉正	아홉매 목사리	諸事不宜
7		19	경진 庚辰	金		06:57 18:32	22:32 08:25	진초辰初 술초戌初	열매 어깨사리	원행, 개방, 대청소 (기도, 친목회, 약혼, 선물, 결혼, 개방, 술빚기, 개업, 계약매매투자, 출고, 목축, 안장)
8		20	신사 辛巳	金		06:55 18:33	23:34 08:52	진중辰中 술중戌中	한꺽기 허리사리	제사, 기도, 친목회, 계획수립, 개업, 문서(외출, 약혼, 결혼, 치병. 이사, 제방, 터닦기, 재고정리, 창고개방, 사냥, 어로작업, 안장)
9		21	임오 壬午	木		06:54 18:34	–:– 09:23	진정辰正 술정戌正	두꺽기 한꺽기	제사, 주변정비, 도로정비 (기도, 친목회, 외출, 약혼, 결혼, 치병, 이사, 개방, 제방, 수리, 상량, 개업, 문서, 출고, 수로정비, 종자, 가축매매, 안장)
10		22	계미 癸未	木		06:52 18:35	00:35 10:00	사초巳初 해초亥初	아조 두꺽기	제사, 기도, 친목회, 결혼, 수리, 상량, 창고수리, 술거름, 문서 (개방, 치병, 침술, 어로작업, 승선, 해외출장, 종자)
11		23	갑신 甲申	水	◐ 하 현	06:51 18:36	01:35 10:42	사중巳中 해중亥中	조금 선조금	제사, 목욕, 대청소, 정보탐색, 민원접수, 지붕 (수리, 개업, 문서계약매매투자, 신상품출고, 사냥, 어로작업)
12		24	을유 乙酉	水		06:49 18:37	02:30 11:32	사정巳正 해정亥正	무시 앉은조금	諸事不宜
13		25	병술 丙戌	土		06:48 18:38	03:20 12:29	자시子時 오시午時	한매 한조금	제사, 어로작업, 술거르기, 지붕관리 (질병치료)
14		26	정해 丁亥	土		06:46 18:39	04:03 13:31	축초丑初 미초未初	두매 한매	제사, 기도, 친목회, 외출, 이사, 치병, 제방, 터다지기, 상량, 개업, 문서매매투자, 출고, 종자, 목축 (결혼식, 터파기, 안장)
15		27	무자 戊子	火		06:45 18:40	04:40 14:35	축중丑中 미중未中	세매 두매	諸事不宜

기념일

3일 : 납세자의 날
8일 : 여성의 날
8일 : 3.8민주의거기념일
11일 : 흙의 날
15일 : 3.15의거 기념일

2026 병오년 음력 2월 기도일 찾기

• 祭祀吉凶日 - 모든 제사에 좋은 날과 나쁜 날.
吉(길) = 1/19, 1/20, 1/21, 1/22, 1/23, 1/25, 1/26, 1/27, 2/1, 2/2, 2/3, 2/4, 2/5, 2/8, 2/9, 2/13, 2/14, 2/15, 2/16, 2/17.
흉(凶) = 1/28, 2/10.

• 祈禱吉凶日 - 모든 기도에 좋은 날과 나쁜 날.
吉(길) = 1/20, 1/22, 1/23, 1/26, 2/2, 2/4, 2/5, 2/8, 2/14, 2/16.
흉(凶) = 1/19.

• 佛供吉凶日 - 불공드리면 좋은 날과 나쁜 날.
吉(길) = 1/17, 1/28, 1/30, 2/12.
흉(凶) = 2/1, 2/15.

3월의 평균기온	
서울5.7	인천5.1
대전6.5	전주6.3
목포6.7	여수7.9
부산8.6	포항7.9
대구7.8	강릉6.3
울릉도5.4	제주도9.4

3월의 주요약사 *1일 3·1독립만세운동(1919), 부산~신의주 복선철도 준공(1945) *3일 정부 가정의례준칙 공포(1965), 전두환씨 제12대 대통령에 취임으로 제5공화국 출범(1981), 하이닉스반도체 간부 미국서 징역형(2006) *4일 제1회 뉴델리 아시아체육대회 개최(1951) *5일 이해찬 국무총리 사의 표명(2006) *6일 미, 월남전 참전 발표(1965) *7일 낙동강교 준공(1933) 9일 함백선 개통(1957) *10일 안창호 졸(1938) *11일 김연아 세계주니어대회 첫금메달 수상(2006) *14일 행주산성 대첩(1593) *15일 중앙선 개통(1941), 제4대 정부통령 선거(1960), 이 날의 부정선거로 마산학생 의거(1906) *16일 비둘기부대 월남 상륙(1956) *17일 상해, 대한민국 임시정부 수립을 선포(1919), 이 날부터 대한민국 연호 사용(1919), 새만금방조제(33km) 완성(2006) *20일 동활자 시주(1403) *21일 동학혁명기념일(1894) *22일 윤보선 씨 대통령직 사임(1962), 삼일고가도로 개통(1969), 전두환, 노태우 전 대통령의 서훈 취소(2006) *24일 제14대 국회의원 선거(1992) *25일 제11대 국회의원 선거(1981) *26일 안중근 의사 여순감옥에서 사형받아 순국(1910) *29일 인천국제공항 개항(2001) *30일 호남선(대전~익산) 복선 개통(1978) *31일 수려선 폐선(1924).

양력 날짜	요 일	음력 날짜	28 수	12 신	紫白 九星	주당周堂				역혈인 逆血刃	구랑성 九狼星	구성법 九星法	주요 길신 (주요 흉신)
						이사	결혼	신행	안장				
3/1	일	1/13	성 星	성 成	팔백 八白	살 殺	제 第	수 睡	여 女	건 乾	신묘주현 神廟州縣	혹성 惑星	大空亡日, 楊公忌日 全吉, 司命黃道, 天貴, 生氣, 天喜, 天赦神, 三合, 陽德, 皇恩大赦, 麒麟 (受死, 重喪, 復日, 飛厭, 月厭, 地火, 大殺, 水隔, 四擊, 太虛, 神號)
2	월	14	장 張	수 收	구자 九紫	부 富	조 竈	문 門	모 母	정 丁	사관 寺觀	화도 禾刀	月忌日, 大空亡日 天貴, 母倉, 五富, 六合, 聖心, 天願 (句陳黑道, 重日, 河魁, 地破, 八龍, 太虛, 八座, 土禁)
3	화	15	익 翼	개 開	일백 一白	사 師	부 婦	로 路	부 婦	을 乙	중정 中庭	복덕 福德	靑龍黃道, 鳴吠, 母倉, 月德, 四季, 四相, 月恩, 四相, 時陽, 益後, 不將, 天聾, 全吉, 靑龍 (地賊, 羅網, 天狗, 披麻, 觸水龍, 天火, 天獄, 太虛)
4	수	16	진 軫	폐 閉	이흑 二黑	재 災	주 廚	주 廚	객 客	곤 坤	인방주정 寅方廚井	직성 直星	明堂黃道, 天德, 四季, 全吉, 四相, 續世, 不將, 天醫, 大明 (月殺, 月虛, 滅沒, 血忌, 血支, 土符, 歸忌, 滅亡, 五虛, 荒蕪, 八風)
5	목	17	각 角	폐 閉	삼벽 三碧	안 安	부 夫	조 竈	부 父	임 壬	동북방 東北方	복목 卜木	靑龍黃道, 不將, 天醫, 天赦, 五合, 旺日, 五富, 靑龍, 普護 (遊禍, 黃砂, 地隔, 歸忌, 血支, 造廟破碎)
			驚蟄, 22시 59분, 2月의 節入, 月建 辛卯 適用.										
6	금	18	항 亢	건 建	사록 四綠	리 利	고 姑	당 堂	남 男	을 乙	僧尼寺觀 後門	각기 角己	明堂黃道, 月德合, 天恩, 五合, 官日, 福生, 兵福, 六儀, 大明, 地啞, 不守塚, 送禮 (月建, 天火, 厭對, 小時, 招搖, 白波, 轉殺)
7	토	19	저 氐	제 除	오황 五黃	천 天	당 堂	상 牀	손 孫	임 壬	사관 寺觀	인전 人專	天恩, 月空, 守日, 太陽, 吉期, 兵寶 (天刑黑道, 受死, 獨火, 滅亡, 土皇, 月害, 造廟破碎)
8	일	20	방 房	만 滿	육백 六白	해 害	옹 翁	사 死	사 死	경 庚	천 天	입조 立早	伏斷日 天德, 天德合, 天恩, 地啞, 相日, 天后, 聖心, 驛馬, 天巫, 地倉(朱雀黑道, 重日, 復日, 往亡, 紅紗, 飛廉, 土瘟, 土忌, 土府, 山隔, 大殺, 五虛, 荒蕪, 土符)
9	월	21	심 心	평 平	칠적 七赤	살 殺	제 第	수 睡	여 女	계 癸	신묘 神廟	요성 妖星	金櫃黃道, 民日, 天恩, 大明, 四季, 時德, 益後, 太陰, 鳴吠, 地虎不食, 不守塚 (河魁, 天吏, 致死, 死神, 短星)
10	화	22	미 尾	정 定	팔백 八白	부 富	조 竈	문 門	모 母	손 巽	수보정 水步井	혹성 惑星	大空亡日 天德黃道, 三合, 天恩, 續世, 陰德, 時陰, 寶光, 不守塚 (死氣, 血忌, 地囊, 人隔, 觸水龍)
11	수	23	기 箕	집 執	구자 九紫	사 師	부 婦	로 路	부 婦	경 庚	정청중정 正廳中庭	화도 禾刀	月忌日, 大空亡日 月德, 天貴, 大明, 全吉, 天馬, 解神, 要安, 地德, 鳴吠, 地虎不食, 不守塚 (白虎黑道, 小耗, 五籬, 天哭, 造廟破碎, 羅網, 水隔)
12	목	24	두 斗	파 破	일백 一白	재 災	주 廚	주 廚	객 客	손 巽	천 天	복덕 福德	大空亡日 玉堂黃道, 玉宇, 天貴, 鳴吠, 地虎不食 (重喪, 復日, 天賊, 披麻, 地火, 狼藉, 月破, 月厭, 大耗, 天獄, 劍鋒, 五離, 五虛, 荒蕪, 重座)
13	금	25	우 牛	위 危	이흑 二黑	안 安	부 夫	조 竈	부 父	간 艮	천 天	직성 直星	四相, 六合, 金堂, 龍德, 不將, 全吉 (天牢黑道, 瘟瘟, 天瘟, 月殺, 月虛, 四擊, 太虛, 敗破, 造廟破碎)
14	토	26	여 女	성 成	삼벽 三碧	리 利	고 姑	당 堂	남 男	병 丙	巳方 大門僧寺	복목 卜木	大明, 母倉, 月恩, 四相, 三合, 臨日, 天喜, 生氣, 萬通四吉, 地倉 (玄武黑道, 重日, 土禁, 神號, 太虛)
15	일	27	허 虛	수 收	사록 四綠	천 天	당 堂	상 牀	손 孫	신 辛	주조 廚竈	각기 角己	伏斷日 司命黃道, 不將, 母倉, 回駕帝星, 陽德, 福德, 麒麟 (天罡, 地賊, 地破, 氷消瓦解, 滅沒, 天隔, 月刑, 太虛, 大時, 大敗, 咸池, 八座)

- **山祭吉凶日 - 산신제나 입산 기도하면 좋은 날과 나쁜 날.**
  吉(길) = 1/19, 1/24, 1/25, 1/26, 1/30, 2/3, 2/4, 2/11, 2/12, 2/16.
  흉(凶) = 1/20, 1/22, 1/28, 2/1, 2/2, 2/8, 2/10, 2/14.
- **水神祭祀吉凶日 - 水神에 제사지내면 좋은 날과 나쁜 날.**
  吉(길) = 1/19, 1/20, 1/26, 2/1, 2/2, 2/8, 2/13, 2/14.
  흉(凶) = 1/21.
- **地神祭祀吉凶日 - 地神에 제사지내면 좋은 날과 나쁜 날.**
  吉(길) = 1/22, 1/26, 2/3, 2/7, 2/15.
  흉(凶) = 1/17, 1/18, 1/25, 1/28, 1/29, 2/11, 2/13.
- **七星祈禱吉凶日 - 하늘과 산에 기도하면 좋은 날과 나쁜 날.**
  吉(길) = 1/22, 1/26, 1/27, 1/28, 1/29, 1/30, 2/3, 2/7, 2/8, 2/11, 2/12, 2/13, 2/14, 2/15, 2/16.

六白	二黑	四綠
五黃	七赤	九紫
一白	三碧	八白

丙午年
陰曆 2月 小
月建 辛卯

丙午年 3月 大(31日)

(양력 16日 ~ 31日)

西紀 2026年 · 檀紀 4359年
陰曆 2026年 01月 28日부터
2026年 02月 13日까지

양력 날짜	간지 형상	음력 날짜	간지	오행	경축일 민속일	일출 일몰	월출 월몰	만조시각 물높이	일곱물때명 일반물때명	길한 행사 (불길한 행사)
3/16		1/28	기축 己丑	火		06:43 18:41	05:12 15:42	축정丑正 미정未正	네매 무릎사리	제사, 기도, 불공, 친목회, 외출, 약혼, 결혼, 이사, 진료, 수리, 상량, 개업, 술거름, 투자, 가축 (정보 민원, 벌목, 사냥, 어로작업, 종자)
17		29	경인 庚寅	木		06:42 18:42	05:41 16:48	인초寅初 신초申初	다섯매 배꼽사리	술빚기, 문서, 민원, 종자, 가축, 제방, 터파기, 이장 (제사, 기도, 친목회, 외출, 약혼, 결혼, 이사, 집수리, 상량, 개업, 우물)
18		30	신묘 辛卯	木	◯ 회(晦), 그믐	06:40 18:43	06:07 17:56	인정寅正 신정申正	여섯매 가슴사리	제사, 불공, 친목회, 외출, 문서 (술빚기, 약혼, 치병, 수리, 상량, 투자, 수도, 벌목, 물고기잡기)
19		2/1	임진 壬辰	水	삭(朔), 초하루	06:39 18:44	06:32 19:04	묘초卯初 유초酉初	일곱매 턱사리	외출, 동료보기, 목욕, 이발, 대청소 (기도, 약혼, 술빚기, 질병치료, 수리, 개업, 문서, 출고, 목축, 안장)
20		2	계사 癸巳	水		06:37 18:45	06:58 20:15	묘중卯中 유중酉中	여덟매 한사리	제사, 기도, 친목회, 개업, 문서, 매매, 투자, 장류갈무리, 지붕 (원행, 동료초대, 약혼, 투자, 사냥, 물고기잡기, 이사, 수리, 안장)
				춘분, 23시 46분, 2월의 중기.						
21		3	갑오 甲午	金		06:36 18:46	07:26 21:29	묘정卯正 유정酉正	아홉매 목사리	제사, 불공, 담장도색, 주변정리, 술거르기 (질병치료, 신상품출고, 투자, 사냥, 물고기잡이)
22		4	을미 乙未	金		06:34 18:46	07:58 22:44	진초辰初 술초戌初	열매 어깨사리	제사, 기도, 친목회, 예복, 건강검진, 술빚기, 재물관리 (외출, 치병, 수리, 상량, 이사, 개업, 문서, 정보, 종자, 가축, 안장)
23		5	병신 丙申	火		06:33 18:47	08:37 00:00	진중辰中 술중戌中	한꺽기 허리사리	제사, 불공, 대청소, 정보, 민원, 어로작업 (친목회, 외출, 약혼, 결혼, 치병, 이사, 터닦기, 상량, 술빚기, 개업, 문서, 파옥, 종자, 가축, 안장)
24		6	정유 丁酉	火	춘기 석전대제 (春期 釋奠大祭)	06:31 18:48	09:25 —:—	진정辰正 술정戌正	두꺽기 한꺽기	諸事不宜
25		7	무술 戊戌	木	춘사(春社)	06:30 18:49	10:22 01:11	사초巳初 해초亥初	아조 두꺽기	물고기잡이, 술거르기 (기도, 후임자, 원행, 문안인사, 개방, 치병, 제방, 상량, 수리, 조직개편, 출산준비, 도랑, 축대보수도색, 종자)
26		8	기해 己亥	木	◑ 상현	06:28 18:50	11:28 02:14	사중巳中 해중亥中	조금 선조금	제사, 기도, 외출, 후임자, 배움, 문안, 치병, 구인, 개방, 이사, 수리, 상량, 개업, 문서, 투자, 종자 (결혼, 사냥, 물고기잡이)
27		9	경자 庚子	土		06:27 18:51	12:38 03:06	사정巳正 해정亥正	무시 앉은조금	諸事不宜
28		10	신축 辛丑	土		06:25 18:52	13:50 03:49	자시子時 오시午時	한매 한조금	제사, 기도, 친목회, 원행, 치병, 이사, 수리, 상량, 우물, 가축 (술빚기, 개업, 문서, 신상품출고, 담장관리, 벌목, 사냥, 물고기잡기, 승선, 종자)
29		11	임인 壬寅	金		06:24 18:53	15:00 04:23	축초丑初 미초未初	두매 한매	예복, 술빚기, 문서계약매매, 종자선별, 가축 (제사, 기도, 친목회, 원행, 약혼, 결혼, 이사, 치병, 수리, 상량, 개업)
30		12	계묘 癸卯	金		06:22 18:54	16:07 04:52	축중丑中 미중未中	세매 두매	제사, 불공, 친목회, 원행, 문서계약, 매매 (약혼, 결혼, 치병, 수리, 상량, 신상품출고, 집헐기, 벌목, 물고기잡기, 승선, 안장)
31		13	갑진 甲辰	火		06:21 18:55	17:11 05:17	축정丑正 미정未正	네매 무릎사리	제사, 기도, 친목회, 외출, 약혼, 결혼, 이사, 수리, 상량, 대청소, 종자, 가축, 안장 (치병, 신상품출고, 투자, 사냥, 물고기잡기)

기념일

셋째 수요일 : 상공의 날
넷째금요일 : 서해수호의 날
24일 : 결핵예방의 날

- 神祠祈禱日 - 神位가 안치된 神堂이나 祠堂에 기도하면 좋은 날.
  吉(길) = 1/21, 1/23, 1/24, 1/26, 1/30, 2/1, 2/3, 2/4, 2/6, 2/11, 2/14, 2/15, 2/16, 2/17.
- 雕繪神像開光日(조회신상개광일) - 神像을 그리고 조각하고 세우고 안치하면 좋은 날.
  吉(길) = 1/21, 1/22, 1/28, 2/4, 2/5, 2/6, 2/12, 2/13.
- 合房不吉日 - 합방해 태어난 자녀에게 나쁜 날.
  흉(凶) = 1/23, 1/28, 1/29, 2/1, 2/2, 2/8, 2/15, 2/16, 日蝕, 月蝕, 폭염, 폭우, 짙은 안개, 천둥, 번개, 무지개, 지진, 本宮日.
- 地主下降日(지주하강일) - 이 곳을 범하면 흉한 날.
  흉(凶) = 1일 부엌(竈).

농사정보 ◆ **벼농사** 1. 못자리설치에 필요한 볍씨, 육모상자, 상토 등 농자재 준비. 2. 상토는 산도가 4.5~5.5% 정도인 흙을 준비. 3. 상토흙은 한 달 전 채취 모잘록병 등 병충해 예방약제 살포. 4. 규산질 비료는 재해 상습지에 일찍 뿌려 유기물 분해 촉진 ◆ **밭농사** 1. 보리밭에 배수구 정비 웃거름 주고 흙넣기. 2. 습해로 황화현상이 생기면 요소 2% 액을 잎에 뿌려주고 유안 줘 생육을 촉진한다. 3. 봄감자 육묘상은 아주심기 25일 전 햇볕이 좋고 배수 좋은 곳에 설치한다. ◆ **채소** 1. 육모상 고추모 온도는 낮 25~28℃, 밤 15~18℃ 유지, 고온, 저온장해 예방. 2. 고추모가 웃자라지 않게 온도와 습도관리 잘하고 질소질 비료 적정량 준다. 3. 시설재배채소 변온관리로 난방비 절감. 4. 열매채소는 밤기온이 12℃ 이상, 잎채소는 8℃ 유지. ◆ **과수** 1. 사과와 배나무의 거친껍질 속에 있는 해충들은 비닐을 깔고 거친껍질을 깨끗이 벗겨 소각한다. 2. 거친껍질 벗길 땐 나무 안쪽에 상처 안 나도록 조심. ◆ **화훼** 1. 7월 출하할 국화는 품종을 선택 삽목한다. 2. 삽목 때 온도 20℃가 적당, 25℃를 넘지 않도록. ◆ **축산** 1. 축사 붕괴가 우려되는 곳을 보수하고, 깨끗이 청소한 후 소독. 2. 젖소가 활력을 되찾는 시기다. 3. 겨울철 발정 없었던 암소는 운동과 일광욕을 해준다. 4. 일교차가 심하다. 닭장 안에 온도변화를 줄여준다. 5. 구제역과 돼지콜레라 등 질병 예방. 6. 매주 수요일은 전국 일제 소독날이다. 축사 주변을 구석구석 철저히 소독한다. ◆ **버섯 약초 잠업** 1. 느타리버섯 재배 농가는 우량균종을 미리 신청. 2. 느타리버섯 재배에 필요한 볏짚과 폐면 등 자재 미리 준비. 3. 당귀, 강활, 더덕, 시호 등 다음달 파종할 약용작물의 우량종자나 종묘 확보. 4. 누에 먹이인 뽕나무를 재배하기 위해 묘목 준비. 5. 조상육잠실을 만든다.

양력 날짜	요일	음력 날짜	28수	12신	紫白 九星	주당周堂 이사	결혼	신행	안장	역혈인 逆血刃	구랑성 九狼星	구성법 九星法	주요 길신 (주요 흉신)
3/16	월	1/28	위 危	개 開	오황 五黃	해 害	옹 翁	사 死	사 死	간 艮	인방주사 寅方廚舍	인전 人專	月德合, 四季, 十全, 不將, 皇恩大赦, 天赦神, 時陽, 天倉, 敬安 (勾陳黑道, 天狗, 九空, 五虛, 荒蕪, 九坎, 九焦, 焦坎, 枯焦)
17	화	29	실 室	폐 閉	육백 六白	살 殺	제 第	수 睡	여 女	신 辛	오방 午方	입조 立早	伏斷日 青龍黃道, 不將, 全吉, 五合, 月空, 旺日, 天醫, 五富, 普護, 鳴吠, 青龍, 送禮 (遊禍, 歸忌, 血支, 黃砂, 地隔, 造廟破碎)
18	수	30	벽 壁	건 建	칠적 七赤	부 富	조 竈	문 門	모 母	정 丁	천 天	요성 妖星	明堂黃道, 官日, 福生, 兵福, 六儀, 五合, 十全, 鳴吠, 送禮 (復日, 月建, 厭對, 小時, 招搖, 白波, 天火, 轉殺)
19	목	2/1	규 奎	제 除	팔백 八白	천 天	부 婦	주 廚	모 母	건 乾	천 天	화도 禾刀	大空亡日 大明, 守日, 吉期, 全吉, 太陽, 送禮 (玄天刑黑道, 受死, 滅亡, 獨火, 月害, 土皇)
20	금	2	루 婁	만 滿	구자 九紫	리 利	조 竈	로 路	여 女	갑 甲	대문승사 大門僧寺	복덕 福德	大空亡日 天德合, 相日, 天后, 聖心, 驛馬, 天巫, 送禮, 地倉(朱雀黑道, 重日, 往亡, 紅紗, 飛廉, 土瘟, 土忌, 土府, 山隔, 大殺, 五虛, 土符, 荒蕪)
			春分, 23시 46분, 2月의 中氣.										
21	토	3	위 胃	평 平	일백 一白	안 安	제 第	문 門	사 死	정 丁	술해방 戌亥方	직성 直星	大空亡日 金櫃黃道, 月德, 民日, 天貴, 時德, 益後, 太陰, 鳴吠, 不守塚 (河魁, 天吏, 致死, 死神)
22	일	4	묘 昴	정 定	이흑 二黑	재 災	옹 翁	수 睡	손 孫	갑 甲	水步井 亥方	복목 卜木	天德黃道, 大明, 全吉, 四季, 地啞, 天貴, 三合, 續世, 陰德, 時陰, 寶光, 不守塚 (重喪, 復日, 死氣, 五墓, 血忌, 人隔, 長星)
23	월	5	필 畢	집 執	삼벽 三碧	사 師	당 堂	사 死	남 男	임 壬	천 天	각기 角己	月忌日 天德, 天聾, 四相, 天馬, 解神, 要安, 地德, 鳴吠, 不守塚 (白虎黑道, 小耗, 五離, 羅網, 水隔, 造廟破碎)
24	화	6	자 觜	파 破	사록 四綠	부 富	고 姑	상 牀	부 父	을 乙	사관 寺觀	인전 人專	伏斷日 玉堂黃道, 月恩, 玉宇, 全吉, 地啞, 四相, 鳴吠, 不守塚 (天賊, 月破, 月厭, 五虛, 荒蕪, 天獄, 披麻, 荒蕪, 劍鋒, 大耗, 地火, 五離)
25	수	7	참 參	위 危	오황 五黃	살 殺	부 夫	당 堂	객 客	곤 坤	州縣廳堂 城隍社廟	입조 立早	六空, 不將, 六合, 金堂, 龍德 (天牢黑道, 天瘟, 瘟瘴, 月殺, 月虛, 四擊, 太虛, 敗破)
26	목	8	정 井	성 成	육백 六白	해 害	주 廚	조 竈	부 婦	임 壬	사관 寺觀	요성 妖星	月德合, 母倉, 臨日, 地啞, 五空, 皆空, 三合, 萬通四吉, 天喜, 生氣, 送禮, 地倉(玄武黑道, 重日, 土禁, 神號, 太虛, 造廟破碎)
27	금	9	귀 鬼	수 收	칠적 七赤	천 天	부 婦	주 廚	모 母	곤 坤	중정청 中庭廳	혹성 惑星	司命黃道, 母倉, 全吉, 六空, 天聾, 月空, 陽德, 福德, 麒麟, 不將, 回駕帝星, 鳴吠, 五空, 皆空, 送禮 (天罡, 地賊, 地破, 氷消瓦解, 滅沒, 天隔, 月刑, 大時, 大敗, 咸池, 太虛, 八座)
28	토	10	류 柳	개 開	팔백 八白	리 利	조 竈	로 路	여 女	손 巽	천 天	화도 禾刀	地啞, 五空, 六空, 天赦神, 時陽, 皇恩大赦, 天倉, 敬安, 送禮 (勾陳黑道, 復日, 天狗, 九坎, 五虛, 荒蕪, 焦坎, 九空, 九焦, 枯焦)
29	일	11	성 星	폐 閉	구자 九紫	안 安	제 第	문 門	사 死	경 庚	東北丑午方 廚竈僑門路	복덕 福德	大空亡日, 楊公忌日 青龍黃道, 大明, 全吉, 五合, 六空, 旺日, 天醫, 五富, 青龍, 普護, 鳴吠 (遊禍, 黃砂, 地隔, 歸忌, 血支, 造廟破碎)
30	월	12	장 張	건 建	일백 一白	재 災	옹 翁	수 睡	손 孫	계 癸	천 天	직성 直星	大空亡日 明堂黃道, 官日, 福生, 全吉, 兵福, 五合, 十全, 六儀, 鳴吠, 不守塚 (天火, 月建, 厭對, 小時, 招搖, 轉殺, 白波)
31	화	13	익 翼	제 除	이흑 二黑	사 師	당 堂	사 死	남 男	손 巽	승당사묘 僧堂寺廟	복목 卜木	月德, 天貴, 大明, 守日, 吉期, 太陽, 兵寶 (天刑黑道, 受死, 獨火, 月害, 滅亡, 土皇, 造廟破碎)

- 竈王集會日(조왕집회일) - 조왕신에 제사지내면 좋은 날.
  吉(길) = 1/18, 1/21, 2/6, 2/12.
- 竈王上天日(조왕상천일) - 부엌 수리하면 좋은 날.
  吉(길) = 1/18, 2/4.

♣ 음력 2월의 민간비법

1) 초하루는 노래기 부적을 붙이고, 집안을 깨끗이 쓸고 닦으며 대청소를 했으며, 머슴날, 풍신제, 콩볶이도 했다.
2) 경칩날 담을 쌓거나 벽을 바르는 등 흙일을 했다.
3) 卯月 卯日 卯時에 아무 일도 안한다.
4) 卯月에 10일 이내 壬日이 들었으면 家業 繁昌日이라 한다. 흙벽을 바르면 좋다.

五黃	一白	三碧
四綠	六白	八白
九紫	二黑	七赤

丙午年
陰曆 3月 大
月建 壬辰

병오년 4월 小(30일)

(양력 1일 ~ 15일)

서기 2026년 · 단기 4359년
음력 2026년 02월 14일부터
2026년 02월 28일까지

양력 날짜	간지 형상	음력 날짜	간지	오행	경축일 민속일	일출 일몰	월출 월몰	만조시각 물높이	일곱물때명 일반물때명	길한 행사 (불길한 행사)
4/1		2/14	을사 乙巳	火		06:19	18:14	인초寅初	다섯매	제사, 기도, 친목회, 개업, 문서계약매매, 투자
						18:55	05:41	신초申初	배꼽사리	(외출, 약혼, 결혼, 치병, 이사, 수리, 우물, 파옥, 사냥, 물고기잡기, 종자, 안장)
2		15	병오 丙午	水	● 망(望), 보름	06:18	19:16	인정寅正	여섯매	제사, 도색정비, 주변정비, 장류갈무리
						18:56	06:04	신정申正	가슴사리	(친목회, 외출, 치병, 수리, 상량, 개업, 문서, 종자, 목축, 안장)
3		16	정미 丁未	水		06:16	20:18	묘초卯初	일곱매	제사, 기도, 불공, 친목회, 외출, 동료보기, 이사,수리, 상량, 지붕, 술빚기, 문서 (약혼, 결혼, 개방, 치병, 종자)
						18:57	06:27	유초酉初	턱사리	
4		17	무신 戊申	土		06:15	21:20	묘중卯中	여덟매	대청소, 주변탐색, 정보관리, 물고기잡기(원행, 약혼, 결혼, 치병, 이사, 수리, 상량, 소송, 개업, 문서, 집헐기, 종자, 목축, 안장)
						18:58	06:53	유중酉中	한사리	
5		18	기유 己酉	土	식목일	06:13	22:23	묘정卯正	아홉매	제사, 고사, 기도, 대청소, 지붕관리, 어로작업, 안장
						18:59	07:23	유정酉正	목사리	(개업, 문서계약매매, 투자, 우물, 수리, 집헐기, 터파기)
				청명, 03시 40분, 3월의 절기, 월건 임진 적용.						
6		19	경술 庚戌	金	한식	06:12	23:23	진초辰初	열매	제사, 고사, 개방, 치병, 집헐기, 정돈 (원행, 이사, 수리, 상량, 개업, 문서, 수금, 우물, 벌목, 어로작업, 안장)
						19:00	07:57	술초戌初	어깨사리	
7		20	신해 辛亥	金		06:11	–:–	진중辰中	한꺽기	친목회, 수금, 지붕관리, 어로작업, 종자, 목축
						19:01	08:37	술중戌中	허리사리	(기도, 외출, 결혼, 개방, 치병, 술빚기, 터파기, 안장)
8		21	임자 壬子	木		06:09	00:20	진정辰正	두꺽기	제사, 고사, 기도, 개업, 문서, 투자, 외출, 수리, 상량
						19:02	09:24	술정戌正	한꺽기	(이사, 장거리여행, 사냥, 어로작업)
9		22	계축 癸丑	木		06:08	01:12	사초巳初	아조	제사, 고사, 불공, 채용, 수금, 정보, 민원, 가축
						19:03	10:18	해초亥初	두꺽기	(원행, 이사, 수리, 상량, 소송, 개업, 문서, 어로작업, 안장)
10		23	갑인 甲寅	水	◐ 하현	06:06	01:57	사중巳中	조금	불공, 외출, 이사, 수리, 상량, 지붕, 개업, 장류갈무리, 문서계약매매, 우물 (침술, 벌목, 사냥, 어로작업)
						19:04	11:17	해중亥中	선조금	
11		24	을묘 乙卯	水		06:04	02:36	사정巳正	무시	축대보수, 담장도색
						19:05	12:19	해정亥正	앉은조금	(기도, 원행, 이사, 수리, 상량, 술빚기, 개업, 문서, 수금, 우물, 안장)
12		25	병진 丙辰	土		06:03	03:10	자시子時	한매	제사, 고사, 불공
						19:05	13:23	오시午時	한조금	(외출, 이사, 수리, 상량, 술빚기, 개업, 문서, 수금, 우물)
13		26	정사 丁巳	土		06:02	03:39	축초丑初	두매	제사, 고사, 기도, 친목회, 이사, 수리, 상량, 장류갈무리, 개업, 문서, 수금 (원행, 치병, 사냥, 어로작업)
						19:06	14:29	미초未初	한매	
14		27	무오 戊午	火		06:01	04:06	축중丑中	세매	제사, 고사
						19:07	15:35	미중未中	두매	(친목회, 외출, 이사, 수리, 상량, 개업, 문서, 수금, 터파기, 집헐기)
15		28	기미 己未	火		05:59	04:31	축정丑正	네매	諸事不宜
						19:08	16:42	미정未正	무릎사리	

기념일

1일 : 수산인의 날
3일 : 4.3희생자추념일
첫째금요일 : 예비군의 날
5일 : 식목일
7일 : 보건의 날
11일 : 임정수립기념일
11일 : 도시농업의 날

2026 병오년 음력 3월 기도일 찾기

- **祭祀吉凶日** - 모든 제사에 좋은 날과 나쁜 날.
  吉(길) = 2/18, 2/21, 2/22, 2/24, 2/26, 2/27, 2/28, 3/1, 3/4, 3/5, 3/7, 3/9, 3/10, 3/11, 3/12, 3/13, 3/16, 3/17.
  흉(凶) = 2/20, 2/23, 3/6, 3/15, 3/18.

- **祈禱吉凶日** - 모든 기도에 좋은 날과 나쁜 날.
  吉(길) = 2/18, 2/21, 2/24, 2/26, 2/27, 2/29, 3/1, 3/4, 3/7, 3/9, 3/12, 3/13, 3/16.
  흉(凶) = 2/28, 3/11.

- **佛供吉凶日** - 불공드리면 좋은 날과 나쁜 날.
  吉(길) = 2/22, 2/23, 2/25, 3/1, 3/4, 3/5, 3/6, 3/10, 3/14, 3/18.
  흉(凶) = 2/24, 3/7, 3/15.

4월의 평균기온

서울 12.5	인천 11.3
대전 13.0	전주 12.8
목포 12.3	여수 13.2
부산 13.6	포항 13.8
대구 14.3	강릉 12.9
울릉도 11.1	제주도 13.8

4월의 주요약사 *1일 여의도 비행장 개장(1929), 향토예비군 창설(1968), 인터넷 통한 원경학부 운영 의결(2006) *2일 화성 연쇄살인사건 공소시효 말료(2006) *3일 제주폭동 일어남(1948), 농지개혁(1950) *6일 거제대교 개통(1971) *7일 독립신문 창간(1894) *8일 서울 전차 개통(1899), 와우아파트 붕괴(1970), 박태환 세계선수권대회에서 은메달 획득(2006) *10일 종로에 첫 전등불 들어옴(1900), 한국여자탁구팀 세계 제패(1973) *11일 제15대 국회의원 선거(1996), 신상옥 감독 80세로 졸(2006) *12일 서울지하철 제1호선 기공(1971) *13일 대한민국 임시정부 수립일(1919), 제16대 국회의원 선거(2000) *14일 세종문화회관 개관(1978) *19일 보스턴 마라톤대회에서 서윤복 씨 우승(1947), 3 · 15부정선거를 규탄하는 학생 시위가 전국 각처에서 일어남, 이 날을 4 · 19혁명기념일로 지정(1960) 고르바초프 대통령 제주도 방문(1991) *20일 조선산업박람회 개최(1935), 한명숙 첫 여성 총리 탄생(2006) *23일 용비어천가 간행(1445) *25일 천도교 창설(1860) *26일 부정선거로 이승만 씨 대통령직 하야성명(1960), 제13대 국회의원 선거(1988) *27일 증권시장 공영화(1963), 제7대 대통령 선거, 박정희 후보 당선(1971) *28일 대구 지하철공사장 가스폭발사고(1995), 정몽구 회장 구속(2006), 이랜드 프랑스계 할인점 까르푸 인수(2006).

양력 날짜	요일	음력 날짜	28수	12신	紫白 九星	주당周堂				역혈인 逆血刃	구랑성 九狼星	구성법 九星法	주요 길신 (주요 흉신)
						이사	결혼	신행	안장				
4/1	수	2/14	진 軫	만 滿	삼벽 三碧	부 富	고 姑	상 牀	부 父	계 癸	천 天	각기 角己	月忌日 天德合, 大明, 十全, 天貴, 相日, 天后, 聖心, 驛馬, 天巫, 送禮, 地倉 (朱雀黑道, 重喪, 復日, 重日, 往亡, 紅紗, 飛廉, 土瘟, 土忌, 土禁, 山隔, 大殺, 五虛, 荒蕪, 土符)
2	목	15	각 角	평 平	사록 四綠	살 殺	부 夫	당 堂	객 客	신 辛	천 天	인전 人專	伏斷日 金櫃黃道, 大明, 全吉, 四相, 民日, 時德, 益後, 太陰, 死神, 嗚吠, 不守塚(河魁, 天吏, 致死)
3	금	16	항 亢	정 定	오황 五黃	해 害	주 廚	조 竈	부 婦	간 艮	僧堂 城隍社廟	입조 立早	天德黃道, 三合, 續世, 月恩, 全吉, 陰德, 時陰, 寶光, 四相, 不守塚 (血忌, 死氣, 八專, 人隔)
4	토	17	저 氐	집 執	육백 六白	천 天	부 婦	주 廚	모 母	병 丙	중정청 中正廳	요성 妖星	解神, 要安, 地德, 天馬, 不守塚 (白虎黑道, 小耗, 五離, 羅網, 水隔, 天哭, 造廟破碎)
5	일	18	방 房	집 執	칠적 七赤	리 利	조 竈	로 路	여 女	신 辛	사관사묘 寺觀社廟	혹성 惑星	天德黃道, 天恩, 大明, 普護, 六合, 寶光, 地德, 不將, 嗚吠, 地倉 (重喪, 復日, 土符, 大時, 五虛, 大敗, 咸池, 小耗, 五離, 劍鋒, 天哭, 重座)
			淸明, 03시 40분, 3月의 節入, 月建 壬辰 適用.										
6	월	19	심 心	파 破	팔백 八白	안 安	제 第	문 門	사 死	병 丙	사묘 社廟	화도 禾刀	月恩, 天恩, 天馬, 大明, 解神, 福生 (白虎黑道, 月破, 九空, 九坎, 九焦, 大耗, 焦坎, 四擊, 枯焦, 天隔, 太虛, 造廟破碎, 短星)
7	화	20	미 尾	위 危	구자 九紫	재 災	옹 翁	수 睡	손 孫	갑 甲	사관 寺觀	복덕 福德	玉堂黃道, 天恩, 大明, 母倉, 地啞, 龍德 (受死; 遊禍, 重日, 地賊, 滅沒, 土禁, 太虛, 造廟破碎)
8	수	21	기 箕	성 成	일백 一白	사 師	당 堂	사 死	남 男	정 丁	천 天	직성 直星	大空亡日 天德, 月德, 天恩, 母倉, 十全, 天瑞, 四季, 天聾, 三合, 聖心, 天喜, 生氣, 天倉, 嗚吠, 偸修 (天牢黑道, 敗破, 黃砂, 歸忌, 地隔, 太虛, 神號)
9	목	22	두 斗	수 收	이흑 二黑	부 富	고 姑	상 牀	부 父	건 乾	僧堂寺觀 社廟	복목 卜木	伏斷日 天恩, 四季, 地啞, 偸修, 全吉, 十全, 福德, 益後 (玄武黑道, 河魁, 紅紗, 五虛, 八專, 八座, 荒蕪, 觸水龍, 地破, 氷消瓦解)
10	금	23	우 牛	개 開	삼벽 三碧	살 殺	부 夫	당 堂	객 客	갑 甲	축방 丑方	각기 角己	月忌日 司命黃道, 五合, 旺日, 皇恩大赦, 天后, 六儀, 時陽, 全吉, 續世, 陽德, 驛馬, 天倉, 嗚吠, 天貴, 回駕帝星(天賊, 血忌, 厭對, 招搖, 八專, 地囊, 天狗, 造廟破碎)
11	토	24	여 女	폐 閉	사록 四綠	해 害	주 廚	조 竈	부 婦	건 乾	천 天	인전 人專	伏斷日 天醫, 要安, 六空, 官日, 天貴, 嗚吠, 地倉 (勾陳黑道, 血支, 致死, 天吏, 山隔, 土皇, 月害, 獨火)
12	일	25	허 虛	건 建	오황 五黃	천 天	부 婦	주 廚	모 母	곤 坤	인진방 寅辰方	입조 立早	靑龍黃道, 月空, 四相, 天聾, 全吉, 守日, 玉宇, 兵福, 天赦神, 靑龍, 地虎不食 (月建, 月刑, 小時, 瘟瘟, 天瘟, 白波)
13	월	26	위 危	제 除	육백 六白	리 利	조 竈	로 路	여 女	임 壬	전문 前門	요성 妖星	明堂黃道, 天德合, 月德合, 四相, 相日, 五富, 金堂, 吉期, 陰德, 兵寶, 太陽, 送禮 (重日, 羅網, 八風, 人隔, 五虛, 荒蕪, 造廟破碎)
14	화	27	실 室	만 滿	칠적 七赤	안 安	제 第	문 門	사 死	을 乙	戌亥方 倂廚竈	혹성 惑星	民日, 時德, 天巫, 偸修 (天刑黑道, 復日, 天火, 大殺, 披麻, 土瘟, 天獄, 飛廉, 水隔)
15	수	28	벽 壁	평 平	팔백 八白	재 災	옹 翁	수 睡	손 孫	곤 坤	정 井	화도 禾刀	偸修, 全吉, 太陰 (朱雀黑道, 重喪, 復日, 天罡, 月殺, 月虛, 滅亡, 死神, 八專)

- **山祭吉凶日** - 산신제나 입산 기도하면 좋은 날과 나쁜 날.
  吉(길) = 2/18, 2/19, 2/20, 3/4, 3/5, 3/9, 3/12, 3/14, 3/15, 3/16.
  흉(凶) = 2/21, 2/26, 3/2, 3/6, 3/18.
- **水神祭祀吉凶日** - 水神에 제사지내면 좋은 날과 나쁜 날.
  吉(길) = 2/18, 2/21, 2/26, 3/1, 3/4, 3/9, 3/11, 3/14, 3/16.
  흉(凶) = 2/29, 3/15.
- **地神祭祀吉凶日** - 地神에 제사지내면 좋은 날과 나쁜 날.
  吉(길) = 2/22, 2/26, 3/3, 3/7, 3/15.
  흉(凶) = 2/21, 2/25, 2/28, 3/4, 3/13, 3/16.
- **七星祈禱吉凶日** - 하늘과 산에 기도하면 좋은 날과 나쁜 날.
  吉(길) = 2/18, 2/22, 2/26, 2/27, 2/28, 2/29, 3/1, 3/3, 3/7, 3/8, 3/12, 3/13, 3/14, 3/15, 3/16.

五黃	一白	三碧
四綠	六白	八白
九紫	二黑	七赤

丙午年
陰曆 3月 大
月建 壬辰

丙午年 4月 小(30日)

(양력 16日 ~ 30日)

西紀 2026年 · 檀紀 4359年

陰曆 2026年 02月 29日부터
2026年 03月 14日까지

양력 날짜	간지 형상	음력 날짜	간지	오행	경축일 민속일	일출 일몰	월출 월몰	만조시각 물높이	일곱물때명 일반물때명	길한 행사 (불길한 행사)
4/16		2/29	경신 庚申	木	회(晦), 그믐	05:58 19:09	04:57 17:52	인초寅初 신정申正	5매/6매 일조부등	제사, 고사, 목욕, 대청소 (원행, 이사, 수리, 상량, 술빚기, 개업, 문서계약매매, 수금, 우물, 집헐기, 벌목, 사냥, 어로작업, 안장)
17		3/1	신유 辛酉	木	삭(朔), 초하루 토왕용사	05:56 19:10	05:24 19:06	묘초卯初 유초酉初	일곱매 턱사리	제사, 고사, 불공, 수신제가, 지붕, 대청소, 정보 (원행, 이사, 제방, 상량, 술빚기, 개업, 문서계약매매, 어로작업, 안장)
18		2	임술 壬戌	水		05:55 19:11	05:55 20:22	묘중卯中 유중酉中	여덟매 한사리	제사, 고사, 개방, 치병, 집수리 (친목회, 원행, 이사, 수리, 상량, 술빚기, 개업, 문서계약매매, 수금, 사냥, 어로작업)
19		3	계해 癸亥	水	삼짇날	05:54 19:12	06:32 21:40	묘정卯正 유정酉正	아홉매 목사리	목욕 (후임자, 원행, 결혼, 개방, 치병, 수리, 출고, 투자, 안장)
20		4	갑자 甲子	金	양둔하원	05:52 19:13	07:17 22:57	진초辰初 술초戌初	열매 어깨사리	제사, 기도, 불공, 원행, 상량, 지붕, 개업, 문서, 목축 (약혼, 결혼, 이사, 제방 수리, 출고, 투자, 정보탐색, 정비, 헌집헐기, 종자, 안장)
					곡우, 10시 39분, 3월의 중기.					
21		5	을축 乙丑	金		05:51 19:14	08:13 -:-	진중辰中 술중戌中	한꺽기 허리사리	제사, 고사, 불공, 채용, 수금, 정보, 물고기잡기, 목축 (친목회, 외출, 이사, 수리, 상량, 술빚기, 개업, 문서, 안장)
22		6	병인 丙寅	火		05:50 19:14	09:18 00:05	진정辰正 술정戌正	두꺽기 한꺽기	원행, 친목회, 약혼, 선물, 치병, 이사, 수리, 상량, 개업, 문서, 신상품출고, 투자 (제사, 고사, 침술, 벌목, 사냥, 어로작업, 승선)
23		7	정묘 丁卯	火		05:48 19:15	10:29 01:02	사초巳初 해초亥初	아조 두꺽기	제사, 예복, 축대담장보수, 술거르기, 장류갈무리 (치병, 침술, 사냥, 물고기잡기)
24		8	무진 戊辰	木	상 현	05:47 19:16	11:42 01:48	사중巳中 해중亥中	조금 선조금	諸事不宜
25		9	기사 己巳	木		05:46 19:17	12:52 02:25	사정巳正 해정亥正	무시 앉은조금	목욕, 대청소, 지붕손질 (기도, 친목회, 원행, 혼인서약, 이사, 수리, 상량, 우물, 파옥, 안장)
26		10	경오 庚午	土		05:45 19:18	13:59 02:55	자시子時 오시午時	한매 한조금	제사, 불공, 술거르기 (원행, 혼인서약, 예복, 수리, 상량, 이사, 술담기, 개업)
27		11	신미 辛未	土		05:43 19:19	15:04 03:21	축초丑初 미초未初	두매 한매	諸事不宜
28		12	임신 壬申	金		05:42 19:20	16:06 03:45	축중丑中 미중未中	세매 두매	제사, 목욕, 집안대청소 (외출, 문안, 약혼, 결혼, 채용, 치병, 이사, 벌목, 사냥, 어로작업, 종자)
29		13	계유 癸酉	金		05:41 19:21	17:07 04:08	축정丑正 미정未正	네매 무릎사리	제사, 고사, 기도, 결혼, 치병, 대청소, 어로작업, 안장 (친목회, 수리, 개업, 문서, 투자, 출고, 정보, 도랑정비, 도로정비, 집헐기, 종자)
30		14	갑술 甲戌	火		05:40 19:22	18:08 04:31	인초寅初 신초申初	다섯매 배꼽사리	제사, 불공, 목욕, 치병, 구옥헐기 (후임자, 성인식, 원행, 문안, 약혼, 결혼, 채용, 이사, 수리, 상량, 술담기, 개업, 종자, 물고기잡기, 벌목, 승선, 안장)

기념일

19일 : 4.19혁명기념일
20일 : 장애인의 날
21일 : 과학의 날
22일 : 정보통신의 날
22일 : 자전거의 날
22일 : 새마을의 날
23일 : 세계 책의 날
25일 : 법의 날
28일 : 충무공 탄신일

• 神祠祈禱日(신사기도일) - 神位가 안치된 神堂이나 祠堂에 기도하면 좋은 날.
吉(길) = 2/19, 2/26, 3/2, 3/4, 3/5, 3/8, 3/9, 3/15, 3/16, 3/17.

• 雕繪神像開光日(조회신상개광일) - 神像을 그리고 조각하고 세우고 안치하면 좋은 날.
吉(길) = 2/19, 2/20, 2/25, 2/26, 2/27, 3/4, 3/11.

• 合房不吉日 - 합방해 태어난 자녀에게 나쁜 날.
흉(凶) = 2/23, 2/28, 2/29, 2/30, 3/1, 3/4, 3/8, 3/9, 3/15, 3/17, 日蝕, 月蝕, 폭염, 폭우, 짙은 안개, 천둥, 번개, 무지개, 지진, 本宮日.

• 地主下降日(지주하강일) - 이 곳을 범하면 흉한 날.
흉(凶) = 1일 부엌(竈).

농사정보 ◆ **벼농사** 1. 볍씨는 소금물에 담궈 충실하게 여문 것으로 골라 소독. 2. 밤에도 보온 가능한 곳에 일주일 정도 씨 담그기. 3. 씨 담그기가 끝난 볍씨는 1~2㎜정도 싹을 틔워 파종. 4. 볍씨로 전염되는 병을 예방 위해 씨담그기 전 꼭 소독. 5. 객토논은 서둘러 볏짚과 퇴비 등 유기물 투입 토양개량 제살포, 객토효과 증대. ◆ **밭농사** 1. 봄감자는 늦서리시기 감안 적당시기에 정식. 2. 고구마 육묘상은 한낮에 2~3시간 정도 창문열어 고온장해 예방. ◆ **채소** 1. 고추씨 파종 뒤 한 달 이상 지난 육묘상은 낮 23~28℃, 밤15℃ 이하 내려가지 않도록. 2. 고추모판 흙이 마르지 않게 20℃의 미지근한 물을 오전 10~12시 사이 뿌려준다. 3. 논 재배 마늘과 양파는 배수구 정비 습해 예방. ◆ **과수** 1. 과수의 꽃봉오리, 꽃 솎아 주기를 실시. 2. 꽃봉오리 솎기는 한 손으로 가지 끝을 잡고 다른 손 엄지와 검지로 훑어주는 방법이 효과적이다. 3. 개화기 전후로 늦서리에 대비. 4. 동해피해가 우려되면, 온수 스프링클러를 가동하여 동해피해를 줄인다. ◆ **화훼** 1. 장미는 일조량 불량이나 밤기온 14℃ 이하면 블라인드 현상. 2. 정원수를 심을 땐 물충분히 줘 뿌리와 흙사이 틈이 생기기 않게. ◆ **축산** 1. 소에게 볏짚, 담근먹이를 주다 갑자기 푸른 풀을 주면 고창증과 설사가 온다. 2. 설사를 막으려면 말린 조사료와 푸른풀 섞어 먹인다. 3. 젖소 산유량이 증가하면 충분한 에너지를 공급한다. 4. 과도한 체중감소는 번식장애가 있다. 5. 바이러스병원균 활동이 왕성해 진다. 축사위생과 청결을 철저히. ◆ **버섯 약초 잠업** 1. 버섯재배사 주위와 바닥에 버섯파리 방제 살충제 살포. 2. 맥문동 등 약초는 제때 파종하고 약초 특성에 따라 물주기. 3. 뽕나무 묘목은 퇴비 넣은 땅에 심고, '에바구미' 방제용 BHC를 살포.

양력 날짜	요 일	음력 날짜	28 수	12 신	紫白 九星	주당周堂 이사	 결혼	 신행	 안장	역혈인 逆血刃	구랑성 九狼星	구성법 九星法	주요 길신 (주요 흉신)
4/16	목	2/29	규 奎	정 定	구자 九紫	사 師	당 堂	사 死	남 男	을 乙	橋井門路 社廟	복덕 福德	金櫃黃道, 月恩, 三合, 臨日, 時陰, 敬安, 鳴吠, 皆空, 偸修, 萬通四吉, 送禮 (往亡, 月厭, 地火, 死氣, 四廢, 五離, 八專, 陰錯, 土忌, 土府, 造廟破碎)
17	금	3/1	루 婁	집 執	일백 一白	안 安	부 夫	조 竈	부 父	계 癸	오방 午方	복목 卜木	天德黃道, 六合, 普護, 地德, 寶光, 普護, 地啞, 鳴吠, 地倉, 偸修 (大時, 大敗, 咸池, 小耗, 四廢, 五離, 五虛, 荒蕪, 天哭, 土符, 劍鋒)
18	토	2	위 胃	파 破	이흑 二黑	리 利	고 姑	당 堂	남 男	손 巽	사관 寺觀	각기 角己	伏斷日 天德, 月德, 天馬, 解神, 福生 (白虎黑道, 焦坎, 月破, 九空, 九坎, 九焦, 大耗, 四擊, 天隔, 枯焦, 太虛, 造廟破碎)
19	일	3	묘 昴	위 危	삼벽 三碧	천 天	당 堂	상 牀	손 孫	경 庚	선사방 船巳方	인전 人專	玉堂黃道, 母倉, 龍德 (遊禍, 受死, 重日, 地賊, 滅沒, 土禁, 太虛, 造廟破碎)
20	월	4	필 畢	성 成	사록 四綠	해 害	옹 翁	사 死	사 死	계 癸	사묘 社廟	화도 禾刀	天恩, 母倉, 全吉, 天喜, 天貴, 不將, 生氣, 天倉, 三合, 聖心 (天牢黑道, 黃砂, 地囊, 八龍, 地隔, 歸忌, 太虛, 敗破, 神號)
			穀雨, 10시 39분, 3月의 中氣.										
21	화	5	자 觜	수 收	오황 五黃	살 殺	제 第	수 睡	여 女	경 庚	주 廚	복덕 福德	大空亡日, 月忌日 天恩, 四季, 地啞, 全吉, 十全, 不將, 天貴, 福德, 益後, 玉帝赦日 (玄武黑道, 河魁, 地破, 氷消瓦解, 紅紗, 五虛, 荒蕪, 八座)
22	수	6	참 參	개 開	육백 六白	부 富	조 竈	문 門	모 母	병 丙	천 天	직성 直星	司命黃道, 月空, 全吉, 四相, 五合, 天恩, 天聾, 回駕帝星, 皇恩大赦, 天赦神, 天后, 大儀, 時陽, 續世, 驛馬, 麒麟, 陽德, 旺日, 鳴吠 (天賊, 血忌, 天狗, 厭對, 招搖, 造廟破碎, 長星)
23	목	7	정 井	폐 閉	칠적 七赤	사 師	부 婦	로 路	부 婦	신 辛	後門寅艮方 神廟道觀	복목 卜木	天德合, 月德合, 四相, 五合, 十全, 天恩, 天醫, 地啞, 鳴吠, 要安, 官日, 地倉 (勾陳黑道, 山隔, 土皇, 血支, 獨火, 月害, 天吏, 致死)
24	금	8	귀 鬼	건 建	팔백 八白	재 災	주 廚	주 廚	객 客	간 艮	寅辰方 寺觀	각기 角己	青龍黃道, 天恩, 天聾, 兵福, 守日, 玉宇, 天赦神, 青龍 (復日, 月建, 瘟瘟, 天瘟, 月刑, 小時, 五墓, 白波, 造廟破碎)
25	토	9	류 柳	제 除	구자 九紫	안 安	부 夫	조 竈	부 父	병 丙	신방사관 申方寺觀	인전 人專	楊公忌日 明堂黃道, 相日, 五富, 金堂, 吉期, 兵寶, 陰德, 全吉, 太陽 (重喪, 復日, 重日, 羅網, 五虛, 荒蕪, 造廟破碎, 人隔, 重座)
26	일	10	성 星	만 滿	일백 一白	리 利	고 姑	당 堂	남 男	경 庚	천 天	입조 立早	月恩, 全吉, 民日, 時德, 天巫, 鳴吠, 不守塚 (天刑黑道, 土瘟, 披麻, 飛廉, 水隔, 天火, 災殺, 天獄, 大殺)
27	월	11	장 張	평 平	이흑 二黑	천 天	당 堂	상 牀	손 孫	건 乾	천 天	요성 妖星	伏斷日 大明, 不守塚, 全吉, 太陰 (朱雀黑道, 天罡, 月殺, 月虛, 滅亡, 死神)
28	화	12	익 翼	정 定	삼벽 三碧	해 害	옹 翁	사 死	사 死	갑 甲	정청 正廳	혹성 惑星	金櫃黃道, 天德, 月德, 大明, 三合, 臨日, 時陰, 萬通四吉, 敬安, 鳴吠 (五離, 往亡, 土忌, 月厭, 地火, 死氣, 土府, 月建)
29	수	13	진 軫	집 執	사록 四綠	살 殺	제 第	수 睡	여 女	정 丁	寅艮卯方 午方後門	화도 禾刀	天德黃道, 六合, 普護, 寶光, 地德, 鳴吠, 地虎不食, 大明, 全吉, 地倉 (土符, 大時, 五虛, 大敗, 咸池, 小耗, 五籬, 劍鋒, 天哭)
30	목	14	각 角	파 破	오황 五黃	부 富	조 竈	문 門	모 母	건 乾	신조주현 神廟州縣	복덕 福德	大空亡日, 月忌日 天貴, 天馬, 不將, 解神, 福生, 全吉 (白虎黑道, 天隔, 月破, 九空, 焦坎, 四擊, 枯焦, 大耗, 九坎, 九焦, 太虛)

• 竈王集會日(조왕집회일) - 조왕신 제사지내면 좋은 날.
吉(길) = 2/21, 3/6, 3/12, 3/18.

• 竈王上天日(조왕상천일) - 부엌 수리하면 좋은 날.
吉(길) = 2/18, 3/5.

♣ 음력 3월의 민간비법

1) 辰月 辰日 辰時에는 일이 되질 않는다.
2) 배춧꽃을 요 밑에 두면 좋다.
3) 복숭아 잎을 응달에 말려 아침마다 다려서 복용하면 가슴아리병을 피할 수 있다.

四綠	九紫	二黑
三碧	五黃	七赤
八白	一白	六白

丙午年
陰曆 4月 小
月建 癸巳

병오년 5월 大(31일)

(양력 1일 ~ 15일)

서기 2026년 · 단기 4359년
음력 2026년 03월 15일부터
2026년 03월 29일까지

양력 날짜	간지 형상	음력 날짜	간지	오행	경축일 민속일	일출 일몰	월출 월몰	만조시각 물높이	일곱물때명 일반물때명	길한 행사 (불길한 행사)
5/1		3/15	을해 乙亥	火	● 망(望), 보름	05:39 19:23	19:10 04:56	인정寅正 신정申正	여섯매 가슴사리	휴식, 목욕, 물고기잡기, 가축매매(원행, 혼약, 결혼, 채용, 개방, 치병, 개업, 문서계약매매, 수금, 출고, 종자선별, 안장)
2		16	병자 丙子	水		05:37 19:23	20:12 05:24	묘초卯初 유초酉初	일곱매 턱사리	제사, 고사, 기도, 약혼, 결혼, 치병, 개방, 제방, 수리, 상량, 술거름, 장류, 개업, 문서, 수금, 이장 (이사, 장거리여행, 어로작업, 승선, 진수식)
3		17	정축 丁丑	水		05:36 19:24	21:23 05:57	묘중卯中 유중酉中	여덟매 한사리	제사, 기도, 친목회, 원행, 동료돌봄, 약혼, 결혼, 이사, 수리, 상량, 장담기, 안장 (성인식, 치병, 사냥, 어로작업)
4		18	무인 戊寅	土		05:35 19:25	22:12 06:35	묘정卯正 유정酉正	아홉매 목사리	불공, 원행, 친목회, 약혼, 결혼, 치병, 이사, 개방, 수리, 상량, 개업, 술거름, 장담기, 문서, 도랑정비, 종자 (고사, 침술, 벌목, 사냥, 어로작업)
5		19	기묘 己卯	土	어린이날	05:34 19:26	23:05 07:19	진초辰初 술초戌初	열매 어깨사리	제사, 배움시작, 술거르기, 장류갈무리, 지붕 (치병, 수리, 파옥, 벌목, 사냥, 어로작업, 종자선별, 안장)
				입하, 20시 48분, 4월의 절기, 월건 계사 적용.						
6		20	경진 庚辰	金		05:33 19:27	23:53 08:10	진중辰中 술중戌中	한꺽기 허리사리	제사, 지붕 (친목회, 외출, 동료초대, 약혼, 결혼, 이사, 치병, 수리, 상량, 소송, 개업, 문서계약, 매매, 수금, 파옥, 사냥, 안장)
7		21	신사 辛巳	金		05:32 19:28	-:- 09:07	진정辰正 술정戌正	두꺽기 한꺽기	제사, 기도, 친목회, 동료초대, 약혼, 결혼, 치병, 개방, 이사, 상량 (외출, 수리, 우물, 파옥, 벌목, 사냥, 어로작업, 종자)
8		22	임오 壬午	木		05:31 19:29	00:34 10:08	사초巳初 해초亥初	아조 두꺽기	제사, 고사, 기도, 친목회, 원행, 동료초대, 치병, 집안대청소, 안장(지붕손질, 하천정비)
9		23	계미 癸未	木	◐ 하 현	05:30 19:30	01:08 11:10	사중巳中 해중亥中	조금 선조금	제사, 술거르기, 장담기(친목회, 외출, 동료초대, 치병, 수리, 이사, 상량, 개업, 문서계약매매, 수금, 벌목, 파옥, 어로작업)
10		24	갑신 甲申	水		05:29 19:31	01:39 12:14	사정巳正 해정亥正	무시 앉은조금	제사, 집안대청소, 도로정비, 지붕 (외출, 수리, 상량, 우물, 파옥, 어로작업)
11		25	을유 乙酉	水		05:28 19:32	02:05 13:17	자시子時 오시午時	한매 한조금	제사, 고사, 기도, 불공, 원행, 약혼, 결혼, 이사, 수리, 상량, 장담기, 개업, 문서, 수금, 안장(친목회, 치병, 사냥, 어로작업, 종자)
12		26	병술 丙戌	土		05:27 19:32	02:31 14:22	축초丑初 미초未初	두매 한매	제사, 고사, 기도, 친목회, 장담기, 지붕 (원행, 이사, 수리, 상량, 개업, 문서계약매매, 사냥, 어로작업, 안장)
13		27	정해 丁亥	土		05:26 19:33	02:55 15:29	축중丑中 미중未中	세매 두매	목욕, 파옥, 담장도색(기도, 친목회, 동료초대, 치병, 수리, 상량, 개업, 문서계약매매, 수금, 벌목, 우물, 사냥, 어로작업, 안장)
14		28	무자 戊子	火		05:25 19:34	03:21 16:40	축정丑正 미정未正	네매 무릎사리	제사, 불공, 친목회, 예복, 술거르기, 지붕 (기도, 외출, 약혼, 이사, 수리, 상량, 개업, 문서, 매매, 수금)
15		29	기축 己丑	火	세종대왕탄신일 스승의 날	05:25 19:35	03:50 17:54	인초寅初 신초申初	다섯매 배꼽사리	제사, 기도, 불공, 원행, 수리, 상량, 술빚기, 장담기, 개업, 수금, 지붕 (성인식, 결혼식, 이사, 해외여행, 어로작업, 승선)

기념일
1일 : 근로자의 날
8일 : 어버이 날
10일 : 바다식목일
10일 : 한부모가족의 날
11일 : 동학농민혁명기념일
11일 : 입양의 날
14일 : 식품안전의 날
15일 : 세종대왕 탄신일
15일 : 스승의 날

2026 병오년 음력 4월 기도일 찾기

- **祭祀吉凶日** - 모든 제사에 좋은 날과 나쁜 날.
  吉(길) = 3/20, 3/22, 3/23, 3/25, 3/26, 3/29, 4/1, 4/2, 4/4, 4/5, 4/7, 4/8, 4/14, 4/15, 4/17, 4/18, 4/19, 4/20.
  흉(凶) = 3/21, 4/3, 4/9.
- **祈禱吉凶日** - 모든 기도에 좋은 날과 나쁜 날.
  吉(길) = 3/18, 3/20, 3/22, 3/23, 3/25, 3/26, 3/29, 4/1, 4/2, 4/4, 4/5, 4/7, 4/8, 4/10, 4/11, 4/14, 4/16, 4/17, 4/19, 4/20.
  흉(凶) = 3/24, 4/3.
- **佛供吉凶日** - 불공드리면 좋은 날과 나쁜 날.
  吉(길) = 3/25, 3/28, 3/29, 4/1, 4/4, 4/6, 4/13, 4/17.
  흉(凶) = 4/2, 4/16.

5월의 평균기온	
서울 17.8	인천 16.4
대전 18.2	전주 18.2
목포 17.3	여수 17.5
부산 17.5	포항 18.2
대구 19.1	강릉 17.6
울릉도 15.5	제주도 17.8

5월의 주요약사 *1일 경부선 복선철도 개통(1936), 영친왕 졸(1970), 미 법원, 서재석 탈북자 정치적 망명 승인(2006) *2일 제4대 민의원 선거(1958) *3일 제6대 대통령 선거(1967), 교황 바오로2세 방한(1984) *5일 신익희 민주당 대통령후보 서거(1956), 어린이헌장 선포(1957), 어린이대공원 개원(1973), *7일 집현전 설치(1410) *8일 어버이날로 제정(1956) *10일 초대 민의원 총선(1948) *11일 바르샤바조약 조인(1955) *12일 남산 케이블카 운행 개시(1962) *13일 안창호 흥사단 조직(1913) *15일 제3대 정부통령 선거, 이승만 씨 당선(1956) *16일 5·16 쿠데타(1961) *17일 서대문 청량리 간 전차 개통(1898) *20일 남로당 국회 프락지 사건 적발(1949), 제3대 민의원 선거(1954), 박근혜 씨 유세현장서 테러 당함(2006) *22일 아산만방조제 완공(1974) *23일 임진왜란 발단(1592), 신해양요(1871) *24일 팔당댐 준공(1974) *25일 제8대 국회의원 선거(1971) *26일 군산, 마산, 성진 개항(1898), 개헌파동(1952) *30일 제2대 민의원 선거(1950) *31일 이화학당 설립(1886), 제17회 2002피파 월드컵 개최 한국 4강 진출(2002).

양력 날짜	요일	음력 날짜	28수	12신	紫白 九星	주당周堂 이사	결혼	신행	안장	역혈인 逆血刃	구랑성 九狼星	구성법 九星法	주요 길신 (주요 흉신)
5/1	금	3/15	항 亢	위 危	육백 六白	사 師	부 婦	로 路	부 婦	정 丁	사관 寺觀	직성 直星	大空亡日 玉堂黃道, 天貴, 母倉, 全吉, 龍德 (遊禍, 受死, 重日, 地賊, 滅沒, 咸池, 土禁, 八龍, 太虛)
2	토	16	저 氐	성 成	칠적 七赤	재 災	주 廚	주 廚	객 客	을 乙	중정 中庭	복목 卜木	母倉, 四季, 天聾, 三合, 聖心, 天喜, 生氣, 月空, 四相, 不將, 天倉, 嗚吠, 全吉(天牢黑道, 地隔, 歸忌, 觸水龍, 太虛, 敗破, 神號, 短星)
3	일	17	방 房	수 收	팔백 八白	안 安	부 夫	조 竈	부 父	곤 坤	인방주정 寅方廚井	각기 角己	天德合, 月德合, 四相, 福德, 益後, 不將, 大明, 四季 (玄武黑道, 河魁, 地破, 氷消瓦解, 紅紗, 五虛, 八風, 八座)
4	월	18	심 心	개 開	구자 九紫	리 利	고 姑	당 堂	남 男	임 壬	동북방 東北方	인전 人專	司命黃道, 天赦, 天瑞, 五合, 旺日, 皇恩大赦, 回駕帝星, 天后, 六儀, 續世, 陽德, 驛馬, 時陽, 不守塚 (復日, 天賊, 厭對, 天狗, 招搖, 血忌, 造廟破碎)
5	화	19	미 尾	개 開	일백 一白	천 天	당 堂	상 牀	손 孫	을 乙	僧尼寺觀 後門	입조 立早	大明, 四相, 天恩, 月恩, 母倉, 五合, 時陽, 普護, 陰德, 地啞, 送禮 (玄武黑道, 披麻, 天狗, 天獄, 地囊, 太虛, 弔客, 人隔)
			立夏, 20시 48분, 4月의 節入, 月建 癸巳 適用.										
6	수	20	기 箕	폐 閉	이흑 二黑	해 害	옹 翁	사 死	사 死	임 壬	사관 寺觀	요성 妖星	伏斷日 司命黃道, 天醫, 月德, 天恩, 時德, 福生, 陽德, 麒麟 (羅網, 月殺, 月虛, 血支, 五虛, 兵符, 水隔)
7	목	21	두 斗	건 建	삼벽 三碧	살 殺	제 第	수 睡	여 女	경 庚	천 天	혹성 惑星	天德, 天恩, 地啞, 旺日, 地啞, 兵福, 皇恩大赦 (勾陳黑道, 受死, 重日, 月建, 小時, 白波, 太歲, 造廟破碎)
8	금	22	우 牛	제 除	사록 四綠	부 富	조 竈	문 門	모 母	계 癸	신묘 神廟	화도 禾刀	靑龍黃道, 大明, 天恩, 官日, 吉期, 嗚吠, 不守塚, 地虎不食, 靑龍, 太陽, 兵寶, 聖心 (復日, 黃砂, 大時, 大敗, 轉殺, 咸池)
9	토	23	여 女	만 滿	오황 五黃	사 師	부 婦	로 路	부 婦	손 巽	수보정 水步井	복덕 福德	大空亡日, 月忌日 明堂黃道, 天恩, 天赦神, 全吉, 守日, 益後, 天巫, 不守塚 (天賊, 地火, 月厭, 大殺, 九空, 九坎, 九焦, 焦坎, 觸水龍, 喪門, 土瘟, 飛廉, 枯焦)
10	일	24	허 虛	평 平	육백 六白	재 災	주 廚	주 廚	객 客	경 庚	정청중정 正廳中庭	직성 直星	大空亡日 月空, 大明, 全吉, 不將, 相日, 五富, 六合, 續世, 太陰, 嗚吠, 地倉 (天刑黑道, 河魁, 死神, 八風, 五離, 遊禍, 血忌, 月刑, 荒蕪, 五虛, 天隔, 氷消瓦解)
11	월	25	위 危	정 定	칠적 七赤	안 安	부 夫	조 竈	부 父	손 巽	천 天	복목 卜木	大空亡日 月德合, 要安, 民日, 三合, 時陰, 不將, 嗚吠, 不守塚, 地虎不食 (朱雀黑道, 天火, 紅紗, 死氣, 五離, 官符)
12	화	26	실 室	집 執	팔백 八白	리 利	고 姑	당 堂	남 男	간 艮	천 天	각기 角己	金櫃黃道, 天德合, 全吉, 不將, 解神, 天貴, 回駕帝星, 玉宇, 地德 (重喪, 復日, 地賊, 滅亡, 小耗, 五墓, 滅沒, 地隔, 天哭, 重座)
13	수	27	벽 壁	파 破	구자 九紫	천 天	당 堂	상 牀	손 孫	병 丙	巳方 大門僧寺	인전 人專	伏斷日 天德黃道, 大明, 金堂, 天后, 寶光, 驛馬, 天貴, 天倉 (重日, 往亡, 月破, 大耗, 七鳥, 土忌, 土府, 歲破, 造廟破碎)
14	목	28	규 奎	위 危	일백 一白	해 害	옹 翁	사 死	사 死	신 辛	주조 廚竈	입조 立早	四相, 不將, 天馬, 龍德 (白虎黑道, 天吏, 致死, 五虛, 劍鋒)
15	금	29	루 婁	성 成	이흑 二黑	살 殺	제 第	수 睡	여 女	간 艮	인방주사 寅方廚舍	요성 妖星	玉堂黃道, 月恩, 四相, 四季, 天喜, 生氣, 三合, 臨日, 六儀, 萬通四吉 (歸忌, 厭對, 招搖, 四擊, 地囊, 鬼火, 山隔, 太虛, 神號, 陰符)

- **山祭吉凶日 - 산신제나 입산 기도하면 좋은 날과 나쁜 날.**
  吉(길) = 3/20, 3/24, 3/25, 3/27, 4/4, 4/5, 4/12, 4/17, 4/19, 4/20.
  흉(凶) = 3/22, 3/23, 3/29, 3/30, 4/8, 4/10, 4/11, 4/18.
- **水神祭祀吉凶日 - 水神에 제사지내면 좋은 날과 나쁜 날.**
  吉(길) = 3/22, 3/23, 3/26, 3/29, 4/1, 4/4, 4/5, 4/8, 4/11, 4/16, 4/17, 4/20.
  흉(凶) = 3/20, 3/21, 3/23, 3/24, 3/30, 4/2, 4/6, 4/14.
- **地神祭祀吉凶日 - 地神에 제사지내면 좋은 날과 나쁜 날.**
  吉(길) = 4/3, 4/7, 4/15, 3/22, 3/26.
  흉(凶) = 3/25, 3/26, 3/28, 4/1, 4/8, 4/13, 4/18, 4/20.
- **七星祈禱吉凶日 - 하늘과 산에 기도하면 좋은 날과 나쁜 날.**
  吉(길) = 3/22, 3/26, 3/27, 3/29, 3/30, 4/1, 4/3, 4/7, 4/8, 4/9, 4/12, 4/13, 4/14, 4/15, 4/17, 4/18, 4/19.

四綠	九紫	二黑
三碧	五黃	七赤
八白	一白	六白

丙午年
陰曆 4月 小
月建 癸巳

丙午年 5月 大(31日)

(양력 16日 ~ 31日)

西紀 2026年 · 檀紀 4359年

陰曆 2026年 03月 30日부터
2026年 04月 15日까지

양력 날짜	간지 형상	음력 날짜	간지	오행	경축일 민속일	일출 일몰	월출 월몰	만조시각 물높이	일곱물때명 일반물때명	길한 행사 (불길한 행사)
5/16		3/30	경인 庚寅	木	◯회(晦), 그믐	05:24 19:36	04:24 19:13	인정寅正 신정申正	여섯매 가슴사리	친목회, 원행, 문안, 약혼, 결혼, 채용, 개방, 이사, 상량, 문서, 매매계약, 수금, 안장 (제사, 치병, 수리, 파옥, 담장도색, 사냥, 어로작업)
17		4/1	신묘 辛卯	木	삭(朔), 초하루	05:23 19:37	05:06 20:32	묘초卯初 유초酉初	일곱매 턱사리	제사, 고사, 기도, 불공, 원행, 동료초대, 이사, 상량, 술거르기, 장담기, 수금 (치병, 술빚기, 벌목, 사냥, 어로작업)
18		2	임진 壬辰	水		05:22 19:38	05:58 21:46	묘중卯中 유중酉中	여덟매 한사리	諸事不宜
19		3	계사 癸巳	水		05:21 19:38	07:01 22:51	묘정卯正 유정酉正	아홉매 목사리	친목회, 문안, 동료초대, 예복 (기도, 원행, 치병, 제방, 수리, 상량, 담장, 벌목, 종자선별, 안장)
20		4	갑오 甲午	金		05:21 19:39	08:13 23:43	진초辰初 술초戌初	열매 어깨사리	제사, 고사, 기도, 불공, 친목회, 원행, 문안, 치병, 이사, 수리, 상량, 대청소, 가축매매, 안장 (출고, 투자, 사냥, 어로작업)
21		5	을미 乙未	金		05:20 19:40	09:28 —:—	진중辰中 술중戌中	한꺽기 허리사리	제사, 술거르기, 장담기(성인식, 원행, 문안, 동료초대, 약혼, 결혼, 이사, 해외여행, 치병, 벌목, 사냥, 어로작업, 종자선별, 진수식)
				소만, 09시 36분, 4월의 중기.						
22		6	병신 丙申	火		05:19 19:41	10:41 00:24	진정辰正 술정戌正	두꺽기 한꺽기	제사, 불공, 친목회, 원행, 약혼, 결혼, 채용, 이사, 수리, 상량, 개업, 문서, 수금, 투자 대청소
23		7	정유 丁酉	火		05:19 19:42	11:51 00:57	사초巳初 해초亥初	아조 두꺽기	원행, 약혼, 결혼, 예복, 이사, 수리, 상량, 개업, 문서, 수금, 안장 (친목회, 개방, 치병, 출산준비, 종자)
24		8	무술 戊戌	木	◐상 현 석가탄일	05:18 19:42	12:57 01:25	사중巳中 해중亥中	조금 선조금	제사, 기도, 동료초대, 이사, 진료, 예복, 수리, 상량, 종자선별, 목축(원행, 개업, 문서, 수금, 출고, 투자)
25		9	기해 己亥	木		05:17 19:43	14:00 01:50	사정巳正 해정亥正	무시 앉은조금	제사, 개방, 담장지붕관리, 파옥 (친목회, 원행, 동료초대, 이사, 개업, 문서, 수금, 벌목, 사냥, 어로작업, 안장)
26		10	경자 庚子	土		05:17 19:44	15:01 02:13	자시子時 오시午時	한매 한조금	제사, 기도, 원행, 이사, 상량, 술거르기, 터파기, 안장 (치병, 건강검진, 사냥, 어로작업)
27		11	신축 辛丑	土		05:16 19:45	16:02 02:36	축초丑初 미초未初	두매 한매	제사, 기도, 외출, 약혼, 장담기, 건강검진, 개업, 수금, 안장 (성인식, 이사, 해외여행, 술빚기, 사냥, 어로작업)
28		12	임인 壬寅	金		05:16 19:45	17:03 03:00	축중丑中 미중未中	세매 두매	민원서제출, 정보탐색 (제사, 기도, 친목회, 원행, 개방, 건강검진, 하수구, 가축매매, 이장)
29		13	계묘 癸卯	金		05:15 19:46	18:04 03:27	축정丑正 미정未正	네매 무릎사리	제사, 불공, 술거르기, 장담기, 지붕, 배움시작 (치병, 건강검진, 우물, 벌목, 사냥, 어로작업)
30		14	갑진 甲辰	火		05:15 19:47	19:05 03:58	인초寅初 신초申初	다섯매 배꼽사리	諸事不宜
31		15	을사 乙巳	火	●망(望), 보름	05:14 19:48	20:05 04:34	인정寅正 신정申正	여섯매 가슴사리	기도, 친목회, 선물, 장담기, 치병, 예복, 가축매매 (종자, 외출, 출산준비, 개간, 제방, 수리, 보수, 공원정비, 도로정비, 벌목, 사냥, 어로작업)

기념일

18일 : 5.18민화운동기념일
19일 : 발명의 날
21일 : 부부의 날
셋째주월요일 : 성년의 날
31일 : 바다의 날

• 神祠祈禱日 - 神位가 안치된 神堂이나 祠堂에 기도하면 좋은 날.
吉(길) = 3/22, 3/24, 3/25, 3/27, 4/1, 4/2, 4/4, 4/5, 4/7, 4/12, 4/15, 4/16, 4/17, 4/18, 4/20.

• 雕繪神像開光日 - 神像을 그리고 조각하고 세우고 안치하면 좋은 날.
吉(길) = 3/23, 3/24, 4/1, 4/5, 4/7, 4/8, 4/14, 4/15.

• 合房不吉日 - 합방해 태어난 자녀에게 나쁜 날.
흉(凶) = 3/19, 3/23, 3/28, 3/30, 4/1, 4/8, 4/15, 4/16, 日蝕, 月蝕, 몹시 춥고 덥고, 짙은 안개, 큰비, 천둥, 번개, 무지개, 지진, 本宮日.

• 地主下降日(지주하강일) 문 이 곳을 범하 흉한 날.

농사정보 **벼농사** 1. 5월 20일~30일 사이에 모내기 완료. 2. 모내기 전 이앙기의 벼포기수 조절 후 모내기. 3. 모심는 깊이는 2~3㎝로 한다. 4. 모내기 당일 육모상자에 입제살충제 뿌려 병충해 사전 예방. 5. 모내기 전 밑거름을 해 둔다. **밭농사** 1. 보리는 이삭이 팬 후 40일 후가 완숙기 이때 수확. 2. 고구마는 비닐 피복으로 수분 건조 피해 예방. 3. 콩은 수분이 적당한 때 씨를 심는다. 4. 참깨는 잎이 2~4개 정도 나올 때 포기당 좋은 한 개의 모종만 두고 솎아낸다. **채소** 1. 고추와 토마토에 가급적 빨리 지주목을 세워준다. 2. 터널재배중인 고추는 비닐에 환기구멍 뚫어 고온장해를 예방. 3. 흑색병이 발생한 마늘과 양파는 발생포기 제거. 4. 노균병과 잎마름병도 적기 방제. 5. 시설재배채소는 한낮 내부온도 30℃ 이상 상승하지 않게 햇빛도 충분하게 관리. **과수** 1. 열매솎기가 늦어지면 양분소모가 많아져 과실자람이 늦어진다. 2. 내년 꽃눈 분화에도 영향, 가능한 한 빨리 솎기. 3. 포도나무 생육이 왕성하면 순자르기로 세력조절. 4. 사과와 배나무의 검은별무늬병과 붉은별무늬병의 발생시기, 비오기 전후 약제 살포. **화훼** 1. 수확 끝난 구근화훼류는 알뿌리가 굵어지도록 물주고 동시에 병해충 방제. **축산** 1. 기온이 점차 높아져 축사의 환기시설 보완과 운동장 그늘막을 설치한다. 2. 분만이 가까워진 소들은 영양보급과 운동 등 특별관리. 3. 종돈 수퇘지는 운동시켜 다리와 발굽이 튼튼해지도록. 4. 난계 사육농가는 낮길이따라 점등타이머 조절로 수확증대 5. 초지풀 수확땐 그루터기 6㎝정도 남기고 벤다. 6. 5월 6월에도 구제역과 돼지콜레라 예방을 위해 수요일 전국 일제 소독날에 철저히 축사 주변을 소독한다. 7. 외부차량 방문객 출입통제 소독을 철저히 하며 증상 발견 즉시 방역당국 신고한다. **버섯 약초 잡업** 1. 봄느타리버섯 수확 끝나면 버섯관 뒷정리 깨끗이한다. 2. 뒷정리를 깨끗이 하면 여름버섯재배 때 병해충확산을 예방. 3. 인공사료로 애누에기를 땐 약간 높은 온도와 습도를 유지. 4. 온도는 27~29℃, 습도는 85~90% 정도다.

양력 날짜	요일	음력 날짜	28수	12신	紫白 九星	주당周堂				역혈인 逆血刃	구랑성 九狼星	구성법 九星法	주요 길신 (주요 흉신)
						이사	결혼	신행	안장				
5/16	토	3/30	위 胃	수 收	삼벽 三碧	부 富	조 竈	문 門	모 母	신 辛	오방 午方	혹성 惑星	月德, 母倉, 全吉, 五合, 福德, 敬安, 鳴吠, 送禮, 地倉 (玄武黑道, 披麻, 天獄, 天狗, 太虛, 弔客, 人隔)
17	일	4/1	묘 昴	개 開	사록 四綠	천 天	부 婦	주 廚	모 母	정 丁	천 天	요성 妖星	天德, 母倉, 五合, 十全, 時陽, 普護, 陰德, 鳴吠, 送禮 (重喪, 復日, 地賊, 滅亡, 小耗, 五墓, 滅沒, 地隔, 天哭, 重座)
18	월	2	필 畢	폐 閉	오황 五黃	리 利	조 竈	로 路	여 女	건 乾	천 天	혹성 惑星	大空亡日 司命黃道, 大明, 全吉, 時德, 福生, 天醫, 麒麟, 陽德, 送禮 (復日, 月殺, 月虛, 血支, 五虛, 水隔, 羅網, 兵符)
19	화	3	자 觜	건 建	육백 六白	안 安	제 第	문 門	사 死	갑 甲	대문승사 大門僧寺	화도 禾刀	大空亡日 旺日, 皇恩大赦, 兵福, 四季, 送禮 (勾陳黑道, 重日, 月建, 小時, 受死, 白波, 太歲)
20	수	4	참 參	제 除	칠적 七赤	재 災	옹 翁	수 睡	손 孫	정 丁	술해방 戌亥方	복덕 福德	大空亡日 青龍黃道, 月空, 天赦, 官日, 吉期, 聖心, 兵寶, 青龍, 鳴吠, 太陽, 不守塚 (大時, 大敗, 咸池, 黃砂, 轉殺)
21	목	5	정 井	만 滿	팔백 八白	사 師	당 堂	사 死	남 男	갑 甲	水步井 亥方	직성 直星	月忌日 明堂黃道, 月德合, 大明, 四季, 全吉, 地啞, 守日, 益後, 天巫, 天赦神 (天賊, 土瘟, 飛廉, 地火, 月厭, 大殺, 九坎, 九焦, 焦坎, 行狼, 九空, 枯焦, 喪門)
			小滿, 09시 36분, 4月의 中氣.										
22	금	6	귀 鬼	평 平	구자 九紫	부 富	고 姑	상 牀	부 父	임 壬	천 天	복목 卜木	伏斷日 天德合, 天聾, 相日, 五富, 六合, 續世, 天貴, 天願, 不將, 太陰, 鳴吠, 地倉 (天刑黑道, 遊禍, 重喪, 復日, 河魁, 氷消瓦解, 死神, 荒蕪, 五離, 血忌, 月刑, 五虛, 天隔, 重座)
23	토	7	류 柳	정 定	일백 一白	살 殺	부 夫	당 堂	객 客	을 乙	사관 寺觀	각기 角己	楊公忌日, 伏斷日 要安, 民日, 全吉, 三合, 時陰, 不將, 地啞, 鳴吠, 天貴 (朱雀黑道, 天火, 紅紗, 死氣, 五離, 官符)
24	일	8	성 星	집 執	이흑 二黑	해 害	주 廚	조 竈	부 婦	곤 坤	州縣廳堂 城隍社廟	인전 人專	金櫃黃道, 解神, 不將, 回駕帝星, 皆空, 四相, 玉宇, 地德 (地賊, 滅沒, 小耗, 地隔, 滅亡, 天哭)
25	월	9	장 張	파 破	삼벽 三碧	천 天	부 婦	주 廚	모 母	임 壬	사관 寺觀	입조 立早	天德黃道, 月恩, 五空, 四相, 地啞, 天倉, 金堂, 天后, 寶光, 驛馬, 皆空, 送禮 (重日, 往亡, 大耗, 月破, 土忌, 土府, 長星)
26	화	10	익 翼	위 危	사록 四綠	리 利	조 竈	로 路	여 女	곤 坤	중정청 中庭廳	요성 妖星	月德, 五空, 全吉, 六空, 天聾, 皆空, 天馬, 鳴吠, 龍德, 送禮 (白虎黑道, 天吏, 致死, 五虛, 劍鋒)
27	수	11	진 軫	성 成	오황 五黃	안 安	제 第	문 門	사 死	손 巽	천 天	혹성 惑星	玉堂黃道, 天德, 五空, 地啞, 六空, 天喜, 生氣, 三合, 臨日, 六儀, 萬通四吉, 送禮 (歸忌, 厭對, 招搖, 鬼火, 四擊, 山隔, 太虛, 神號, 陰符)
28	목	12	각 角	수 收	육백 六白	재 災	옹 翁	수 睡	손 孫	경 庚	東北丑午方 廚竈橋門路	화도 禾刀	大空亡日 大明, 母倉, 全吉, 六空, 五合, 敬安, 福德, 鳴吠, 地倉 (天牢黑道, 復日, 天罡, 敗破, 土符, 土皇, 月害, 地破, 瘟瘽, 天瘟, 八座, 土禁, 獨火, 太虛, 鬼哭)
29	금	13	항 亢	개 開	칠적 七赤	사 師	당 堂	사 死	남 男	계 癸	천 天	복덕 福德	大空亡日 母倉, 四季, 全吉, 五合, 十全, 時陽, 普護, 陰德, 鳴吠 (玄武黑道, 天獄, 天狗, 披麻, 太虛, 弔客, 人隔)
30	토	14	저 氐	폐 閉	팔백 八白	부 富	고 姑	상 牀	부 父	손 巽	승당사묘 僧堂寺廟	직성 直星	月忌日 司命黃道, 大明, 月空, 時德, 福生, 天醫, 陽德 (月殺, 月虛, 血支, 五虛, 八風, 水隔, 羅網, 兵符)
31	일	15	방 房	건 建	구자 九紫	살 殺	부 夫	당 堂	객 客	계 癸	천 天	복목 卜木	伏斷日 月德合, 大明, 四季, 旺日, 皇恩大赦, 兵福, 送禮 (勾陳黑道, 受死, 重日, 月建, 白波, 小時)

흉(무) = 1일 - 문(門).

- 竈王集會日(조왕집회일) - 조왕신 제사지내면 좋은 날.
  吉(길) = 3/21, 4/6, 4/12, 4/18.
- 竈王上天日(조왕상천일) - 부엌 수리하면 좋은 날.
  吉(길) = 3/19, 4/5, 4/19.

♣ 음력 4월의 민간비법

1) 巳月 巳日 巳時에는 일을 해도 이득이 없다.
2) 巳月은 미꾸라지에 독이 있으니 먹지 마라.
3) 국화의 줄기를 삶아 마시면 머리가 백발이 된다.

三碧	八白	一白
二黑	四綠	六白
七赤	九紫	五黃

丙午年
陰曆 5月 小
月建 甲午

병오년 6월 小(30일)

(양력 1일 ~ 15일)

서기 2026년 · 단기 4359년
음력 2026년 04월 16일부터
2026년 05월 01일까지

양력 날짜	간지 형상	음력 날짜	간지	오행	경축일 민속일	일출 일몰	월출 월몰	만조시각 물높이	일곱물때명 일반물때명	길한 행사 (불길한 행사)
6/1		4/16	병오 丙午	水		05:14 19:48	21:00 05:16	묘초卯初 유초酉初	일곱매 턱사리	제사, 목욕, 집안대청소 (고사, 원행, 문안, 동료초대, 약혼, 결혼, 치병, 이사, 수리, 상량, 개업, 문서, 수금, 사냥, 어로작업)
2		17	정미 丁未	水		05:14 19:49	21:49 06:06	묘중卯中 유중酉中	여덟매 한사리	제사, 불공, 고사, 장류갈무리 (친목회, 성인식, 원행, 문안, 약혼, 결혼, 채용, 해외여행, 치병, 제방, 이사, 수리, 집헐기. 건강검진, 개업, 문서, 수금)
3		18	무신 戊申	土		05:13 19:50	22:32 07:01	묘정卯正 유정酉正	아홉매 목사리	제사, 대청소, 도로정비, 지붕 (후임자, 치병, 침술)
4		19	기유 己酉	土		05:13 19:50	22:09 08:00	진초辰初 술초戌初	열매 어깨사리	제사, 고사, 원행, 약혼, 결혼, 채용, 정리정돈, 건강검진, 개업, 문서, 수금, 안장 (친목회, 보수, 하수도, 도로정비, 집헐기, 터파기)
5		20	경술 庚戌	金		05:13 19:51	23:40 09:20	진중辰中 술중戌中	한꺽기 허리사리	제사, 기도, 친목회, 약혼, 결혼, 이사, 지붕, 터닦기, 안장(원행, 건강검진, 출고, 투자, 수리, 사냥, 어로작업)
6		21	신해 辛亥	金	현충일	05:13 19:51	-:- 10:04	진정辰正 술정戌正	두꺽기 한꺽기	제사, 정보탐색, 민원, 장담기, 지붕 (치병, 수리, 개업, 문서계약매매, 수금, 출고, 투자, 사냥, 어로작업)
					망종, 00시 48분, 5월의 절기, 월건 갑오 적용.					
7		22	임자 壬子	木		05:12 19:52	00:07 11:07	사초巳初 해초亥初	아조 두꺽기	諸事不宜
8		23	계축 癸丑	木	◐ 하현	05:12 19:52	00:32 12:09	사중巳中 해중亥中	조금 선조금	제사, 불공, 술거르기 (고사, 친목회, 외출, 약혼, 결혼, 치병, 수리, 개업, 문서, 수금, 출고, 홍보, 축대보수, 헌집헐기, 어로작업, 안장)
9		24	갑인 甲寅	水		05:12 19:53	00:56 13:13	사정巳正 해정亥正	무시 앉은조금	불공, 외출, 상량, 술거르기, 장담기, 개업, 문서, 수금, 이장 (제사, 약혼, 결혼, 이사, 해외여행, 출고, 투자)
10		25	을묘 乙卯	水		05:12 19:53	01:21 14:20	자시子時 오시午時	한매 한조금	제사 (고사, 외출, 동료초대, 치병, 터닦기, 이사, 개업, 수금, 우물, 예복)
11		26	병진 丙辰	土		05:12 19:54	01:47 15:30	축초丑初 미초未初	두매 한매	제사, 고사, 불공, 외출, 약혼, 선물, 이사, 지붕 (벌목, 사냥, 어로작업)
12		27	정사 丁巳	土		05:12 19:54	02:18 16:45	축중丑中 미중未中	세매 두매	예복, 제방, 보수 (고사, 친목회, 외출, 문안, 동료초대, 약혼, 결혼, 채용, 이사, 터닦기, 출고, 상량, 우물, 안장)
13		28	무오 戊午	火		05:12 19:55	02:54 18:03	축정丑正 미정未正	네매 무릎사리	諸事不宜
14		29	기미 己未	火	◯회(晦), 그믐	05:12 19:55	03:41 19:20	인초寅初 신정申正	5매/6매 일조부등	제사, 고사, 친목회, 원행, 이사, 정리정돈, 터닦기, 상량, 문서, 출고, 투자, 홍보, 대청소, 안장 (혼례, 질병치료)
15		5/1	경신 庚申	木	삭(朔), 초하루	05:12 19:56	04:39 20:31	묘초卯初 유초酉初	일곱매 턱사리	제사, 고사, 원행, 채용, 이사, 정리정돈, 개업, 수금, 안장, 장담기(약혼, 선물, 결혼, 치병)

기념일

1일 : 의병의 날
5일 : 환경의 날
9일 : 구강보건의 날
10일 : 6.10민주항쟁기념일
15일 : 노인학대예방의 날

2026 병오년 음력 5월 기도일 찾기

• **祭祀吉凶日 - 모든 제사에 좋은 날과 나쁜 날.**
吉(길) = 4/21, 4/23, 4/25, 4/29, 5/1, 5/2, 5/3, 5/4, 5/6, 5/8, 5/12, 5/13, 5/14, 5/15, 5/16, 5/18, 5/20.
흉(凶) = 4/22, 4/24, 5/7, 5/10, 5/11, 5/17, 5/19.

• **祈禱吉凶日 - 모든 기도에 좋은 날과 나쁜 날.**
吉(길) = 4/21, 4/23, 4/27, 4/28, 5/1, 5/3, 5/4, 5/6, 5/8, 5/10, 5/13, 5/15, 5/16, 5/18.
흉(凶) = 4/28.

• **佛供吉凶日 - 불공드리면 좋은 날과 나쁜 날.**
吉(길) = 4/23, 4/24, 4/26, 5/2, 5/5, 5/6, 5/7, 5/11, 5/15, 5/19.
흉(凶) = 4/25, 5/8, 5/16.

6월의 평균기온

서울 22.2	인천 20.9
대전 22.4	전주 22.5
목포 21.4	여수 20.9
부산 20.7	포항 21.4
대구 22.8	강릉 20.8
울릉도 18.8	제주도 21.5

6월의 주요약사 *1일 제1회 조선미술전람회 개최(1947), 정동영 의장 사퇴(2006) *3일 남한과도정부 미군정개칭(1947), 천성산터널공사 가처분신청 기각(2006) *4일 지방자치 단체장 및 의원 선거(1998) *6일 현충일로 제정(1956), 국가재건비상조치법 발표(1961) *7일 한 · 약사 분쟁(1993) *8일 제7대 국회의원선거(1967) *9일 남대문시장 화재(1975) *10일 6 · 10만세사건(1926), 제2차 화폐개혁(1962) *11일 대한적십자사 처음으로 대북구호물자 직접 전달(1997) *12일 한국은행 발족(1950), 종합무선방송법 시행령 확정(1992) *14일 한국유네스코 가입(1950) *15일 내각책임제 개헌법 통과(1960), 6 · 15 남북공동선언(2000) *18일 반공포로 석방(1953) *19일 후세인 대통령 사형 구형(2006) *20일 주민등록제도 시행(1963), 광역의회의원선거 실시(1991) *21일 한국 IOC 가입(1947), 농지개혁법 공포(1949) *22일 한일협정(1962) *23일 6 · 23선언(1973), KBS 이산가족찾기 TV 생방송 시작(1983), CJ푸드급식 사상최대 급식집단식중독 발병(2006) *25일 6 · 25사변(1950), 대북지원쌀 청진항 도착(1955) *26일 백범 김구 암살(1949) *27일 정부, 대전 이전(1950), 지방선거 실시(1995) *28일 북군 서울 침입(1950) *29일 주한미군 철수(1949), 삼풍백화점 붕괴(1995) *30일 임수경 세계청년학생축전 평양참가(1989), 화성 씨랜드 화재(1999)

양력 날짜	요일	음력 날짜	28수	12신	紫白 九星	주당周堂 이사	결혼	신행	안장	역혈인 逆血刃	구랑성 九狼星	구성법 九星法	주요 길신 (주요 흉신)
6/1	월	4/16	심 心	제 除	일백 一白	해 害	주 廚	조 竈	부 婦	신 辛	천 天	각기 角己	青龍黃道, 天德合, 官日, 吉期, 大明, 聖心, 嗚吠, 兵寶, 天貴, 青龍, 太陽 (重喪, 復日, 大敗, 咸池, 黃砂, 大時, 轉殺)
2	화	17	미 尾	만 滿	이흑 二黑	천 天	부 婦	주 廚	모 母	간 艮	僧堂城隍 社廟	인전 人專	明堂黃道, 天赦神, 守日, 益後, 天巫, 天貴 (天賊, 地火, 月厭, 大殺, 九空, 九坎, 九焦, 陰錯, 焦坎, 喪門, 八專, 了戾, 土瘟, 飛廉, 枯焦)
3	수	18	기 箕	평 平	삼벽 三碧	리 利	조 竈	로 路	여 女	병 丙	중정청 中庭廳	입조 立早	四相, 相日, 五富, 六合, 續世, 不將, 太陰, 地倉 (天刑黑道, 河魁, 遊禍, 荒蕪, 五離, 血忌, 月刑, 五虛, 死神, 天隔, 氷消瓦解)
4	목	19	두 斗	정 定	사록 四綠	안 安	제 第	문 門	사 死	신 辛	사관사묘 寺觀社廟	요성 妖星	月恩, 天恩, 大明, 四相, 不將, 三合, 時陰, 要安, 民日, 嗚吠 (朱雀黑道, 天火, 紅紗, 死氣, 五離, 官符)
5	금	20	우 牛	집 執	오황 五黃	재 災	옹 翁	수 睡	손 孫	병 丙	사묘 社廟	혹성 惑星	金櫃黃道, 月德, 天恩, 大明, 解神, 玉宇, 回駕帝星, 地德 (地賊, 小耗, 滅沒, 滅亡, 地隔, 天哭)
6	토	21	여 女	집 執	육백 六白	사 師	당 堂	사 死	남 男	갑 甲	사관 寺觀	화도 禾刀	天德, 月德合, 天恩, 大明, 地啞, 五富, 福生, 地德 (朱雀黑道, 重日, 小耗, 山隔)
			芒種, 00시 48분, 5月의 節入, 月建 甲午 適用.										
7	일	22	허 虛	파 破	칠적 七赤	부 富	고 姑	상 牀	부 父	정 丁	천 天	복덕 福德	大空亡日, 伏斷日 金櫃黃道, 月空, 天恩, 偸修, 天聾, 嗚吠, 十全, 解神, 六儀, 回駕帝星 (天賊, 受死, 天火, 月破, 厭對, 招搖, 五虛, 大耗, 四廢, 劍鋒, 披麻, 天獄, 荒蕪, 歲破)
8	월	23	위 危	위 危	팔백 八白	살 殺	부 夫	당 堂	객 客	건 乾	僧堂寺觀 社廟	직성 直星	月忌日 天德黃道, 天恩, 偸修, 地啞, 全吉, 十全, 陰德, 寶光, 龍德, 聖心 (復日, 月殺, 月虛, 月害, 四擊, 八專, 觸水龍, 獨火, 滅亡, 土皇, 太虛, 人隔)
9	화	24	실 室	성 成	구자 九紫	해 害	주 廚	조 竈	부 婦	갑 甲	축방 丑方	복목 卜木	伏斷日 天德合, 母倉, 全吉, 五合, 天馬, 天喜, 生氣, 三合, 益後, 嗚吠(白虎黑道, 歸忌, 大殺, 八專, 土禁, 水隔, 飛廉, 太虛, 神號, 黃砂, 鬼火)
10	수	25	벽 壁	수 收	일백 一白	천 天	부 婦	주 廚	모 母	건 乾	천 天	각기 角己	玉堂黃道, 五合, 母倉, 續世, 嗚吠, 地倉, 福德 (河魁, 土府, 八座, 往亡, 焦坎, 血忌, 大時, 大敗, 咸池, 九坎, 九焦, 枯焦, 地破, 氷消瓦解, 土忌, 太虛, 短星)
11	목	26	규 奎	개 開	이흑 二黑	리 利	조 竈	로 路	여 女	곤 坤	인진방 寅辰方	인전 人專	月德, 偸修, 天聾, 全吉, 要安, 時德, 時陽, 天貴 (天牢黑道, 敗破, 九空, 五虛, 天狗, 弔客)
12	금	27	루 婁	폐 閉	삼벽 三碧	안 安	제 第	문 門	사 死	임 壬	전문 前門	입조 立早	天醫, 旺日, 偸修, 玉宇, 天貴, 送禮 (玄武黑道, 重喪, 復日, 重日, 遊禍, 血支, 紅紗, 兵符, 重座)
13	토	28	위 胃	건 建	사록 四綠	재 災	옹 翁	수 睡	손 孫	을 乙	戊亥方 倂廚竈	요성 妖星	司命黃道, 月恩, 偸修, 兵福, 四相, 官日, 金堂, 陽德 (月建, 地囊, 地火, 土符, 月刑, 月厭, 小時, 天隔, 瘟瘟, 天瘟, 轉殺, 鬼哭, 白波)
14	일	29	묘 昴	제 除	오황 五黃	사 師	당 堂	사 死	남 男	곤 坤	정 井	혹성 惑星	偸修, 全吉, 四相, 六合, 守日, 吉期, 兵寶, 太陽 (勾陳黑道, 八專, 天哭)
15	월	5/1	필 畢	만 滿	육백 六白	천 天	부 婦	주 廚	모 母	을 乙	橋井門路 社廟	복덕 福德	青龍黃道, 相日, 天后, 驛馬, 天巫, 嗚吠, 皆空, 偸修, 送禮 (五虛, 八專, 五離, 土瘟, 地隔, 喪門)

- **山祭吉凶日** - 산신제나 입산 기도하면 좋은 날과 나쁜 날.
  吉(길) = 4/24, 4/25, 5/5, 5/13, 5/15, 5/17, 5/20, 5/21.
  흉(凶) = 4/21, 4/22, 4/23, 4/26, 5/1, 5/4, 5/18, 5/21, 5/22.
- **水神祭祀吉凶日** - 水神에 제사지내면 좋은 날과 나쁜 날.
  吉(길) = 4/29, 5/2, 5/4, 5/11, 5/12, 5/14, 5/15, 5/16.
  흉(凶) = 4/23, 5/10.
- **地神祭祀吉凶日** - 地神에 제사지내면 좋은 날과 나쁜 날.
  吉(길) = 2/22, 4/26, 5/3, 5/7, 5/15, 5/22.
  흉(凶) = 4/25, 4/28, 5/1, 5/13, 5/18.
- **七星祈禱吉凶日** - 하늘과 산에 기도하면 좋은 날과 나쁜 날.
  吉(길) = 4/22, 2/26, 2/27, 4/28, 4/29, 5/1, 5/2, 5/3, 5/7, 5/8, 5/13, 5/14, 5/15, 5/16, 5/17, 5/22.

三碧	八白	一白
二黑	四綠	六白
七赤	九紫	五黃

丙午年
陰曆 5月 小
月建 甲午

丙午年 6月 小(30日)

(양력 16日 ~ 30日)

西紀 2026年 · 檀紀 4359年
陰曆 2026年 05月 02日부터
2026年 05月 16日까지

양력 날짜	간지 형상	음력 날짜	간지	오행	경축일 민속일	일출 일몰	월출 월몰	만조시각 물높이	일곱물때명 일반물때명	길한 행사 (불길한 행사)
6/16		5/2	신유 辛酉	木		05:12 19:56	05:48 21:30	묘중卯中 유중酉中	여덟매 한사리	제사, 불공, 정리정돈, 대청소, 정원손질, 도로정비 (친목회, 원행, 치병, 재고정리, 술빚기, 출고, 투자, 사냥, 어로작업)
17		3	임술 壬戌	水		05:12 19:56	07:04 22:17	묘정卯正 유정酉正	아홉매 목사리	제사, 고사, 친목회, 문안, 동료초대, 약혼, 결혼, 선물, 예복, 상량, 수금 (개방, 질병치료, 터닦기, 수리, 청소, 정비, 헐기, 파기)
18		4	계해 癸亥	水		05:12 19:57	08:21 22:55	진초辰初 술초戌初	열매 어깨사리	제사, 목욕 (고사, 외출, 동료초대, 약혼, 이사, 터닦기, 개업, 우물, 파기, 안장)
19		5	갑자 甲子	金	음둔상원 단 오	05:12 19:57	09:36 23:26	진중辰中 술중戌中	한꺽기 허리사리	諸事不宜
20		6	을축 乙丑	金		05:12 19:57	10:45 23:52	진정辰正 술정戌正	두꺽기 한꺽기	제사, 불공, 술거르기(약혼, 결혼, 채용, 휴식, 개방, 친목회, 진료, 외출, 이사, 상량, 개업, 문서, 출고, 투자, 홍보, 종자, 목축, 제방, 수리, 안장)
21		7	병인 丙寅	火		05:12 19:57	11:51 —:—	사초巳初 해초亥初	아조 두꺽기	불공, 친목회, 원행, 문안, 약혼, 결혼, 채용, 개방, 치병, 건강검진, 개업, 문서, 수금, 제방, 상량, 가축, 안장(제사, 이사, 해외여행, 사냥, 어로작업)
				하지, 17시 24분, 5월의 중기.						
22		8	정묘 丁卯	火	◑ 상 현	05:13 19:58	12:54 00:16	사중巳中 해중亥中	조금 선조금	제사, 술거르기, 장갈무리 (친목회, 원행, 동료초대, 이사, 수리, 상량, 개업, 문서, 매매, 수금, 사냥, 안장)
23		9	무진 戊辰	木		05:13 19:58	13:55 00:40	사정巳正 해정亥正	무시 앉은조금	제사, 기도, 원행, 약혼, 결혼, 개방, 치병, 다지기, 상량 (채용, 수리, 개업, 문서, 수금, 출고, 투자, 벌목, 사냥, 어로작업)
24		10	기사 己巳	木		05:13 19:58	14:56 01:04	자시子時 오시午時	한매 한조금	제사, 수금, 보수, 종자, 제방, 목축, 지붕 (후임자, 원행, 약혼, 결혼, 채용, 수리, 이사, 상량, 개업, 출고, 투자, 홍보, 출산준비, 안장)
25		11	경오 庚午	土		05:13 19:58	15:58 01:30	축초丑初 미초未初	두매 한매	諸事不宜
26		12	신미 辛未	土		05:14 19:58	16:59 01:59	축중丑中 미중未中	세매 두매	제사, 기도, 원행, 동료초대, 약혼, 결혼, 예복, 이사, 집수리, 상량, 지붕, 문서, 수금, 안장(치병, 사냥, 어로작업, 장갈무리)
27		13	임신 壬申	金		05:14 19:58	17:59 02:34	축정丑正 미정未正	네매 무릎사리	고사, 원행, 개업, 수금, 장담기, 대청소, 이사, 지붕, 축대보수, 터파기, 안장(친목회, 약혼, 선물, 결혼, 치병, 문서, 출고)
28		14	계유 癸酉	金		05:14 19:58	18:55 03:14	인초寅初 신초申初	다섯매 배꼽사리	수신제가, 정리정돈, 대청소, 담장손질, 도로정비 (고사, 원행, 술빚기, 개업, 수금, 출고, 상량, 터파기, 안장)
29		15	갑술 甲戌	火	● 망(望), 보름	05:15 19:58	19:47 04:02	인정寅正 신정申正	여섯매 가슴사리	고사, 불공, 친목회, 문안, 약혼, 예복, 수리, 상량, 보수, 문서, 수금 (개방, 치병, 출고, 투자, 홍보, 출산준비, 종자)
30		16	을해 乙亥	火		05:15 19:58	20:31 04:55	묘초卯初 유초酉初	일곱매 턱사리	제사, 목욕, 정보탐색, 민원접수 (고사, 원행, 약혼, 문서, 이사, 수리, 상량, 우물, 집헐기, 이장)

기념일

25일 : 6.25전쟁일
24일 : 전자정부의 날
26일 : 마약퇴치의 날
28일 : 철도의 날

• 神祠新禱日 - 神位가 안치된 神堂이나 祠堂에 기도하면 좋은 날.
吉(길) = 4/27, 5/3, 5/5, 5/6, 5/9, 5/10, 5/16, 5/17, 5/18.

• 雕繪神像開光日(조회신상개광일) - 神像을 그리고 조각하고 세우고 안치하면 좋은 날.
吉(길) = 4/21, 4/22, 4/26, 4/28, 4/29, 5/7, 5/14, 5/21.

• 合房不吉日 - 합방해 태어난 자녀에게 나쁜 날.
흉(凶) = 4/23, 4/28, 4/29, 5/1, 5/5, 5/7, 5/8, 5/15, 5/16, 日蝕, 月蝕, 폭염, 폭서, 짙은 안개, 큰비, 천둥 번개, 무지개, 지진, 本宮日.

• 地主下降日(지주하강일) - 이 곳을 범하면 흉한 날.
흉(凶) = 1일 문(門).

농사정보 ◆벼농사 1. 1모작 논에 모내기 못한 논은 6월 5일 이전 끝내야 한다. 2. 2모작 논은 조생계 신품종 심는 것을 서둘러야 한다. 3. 모낸 후 새끼칠 거름을 준다. 4. 벼잎벌레, 이화명충, 도열병 등 동시 방제가 가능한 농약을 선택해 예방한다. ◆밭농사 1. 논보리를 적기에 수확, 탈곡, 건조를 시켜 변질을 막는다. 2. 가을종자로 보리는 다른 품종이 섞이지 않게 잘 말려 보관. 3. 콩은 뿌리가 엉키기 전에 솎음작업을 한다. 4. 고구마밭에 김매기한다. ◆채소 1. 진딧물 등 해충 증가 우려, 장마 시작 전 방제작업 실시한다. 2. 오이, 수박 등 열매채소의 예찰활동강화 병초기 적용약제 살포. 3. 난지형 마늘과 양파 적기수확. ◆과수 1. 과실봉지 안 씌운 농가 병충해 방제한 다음 서둘러 봉지 씌움. 2. 진딧물과 응애 등 해충발생 우려, 적기 방제. 3. 과실수의 불필요한 가지를 제거. ◆화훼 1. 장미에 흰가루병, 누균병, 응애 등 해충과 병균우려, 정기적 방제. 2. 구근화훼류 주기적 물과 해충방제로 굵은 종근을 생산유도. ◆축산 1. 모기에 의해 전파되는 소 아까바네병, 유행열, 이바라키병 등을 예방 · 방제한다. ◆백신예방접종 1. 축사의 환기시설 보완 그늘막설치, 주변청결과 소독. 2. 물부족 우려 물공급량 수시로 확인하여 돼지 탈진 예방. 3. 사료작물은 꽃이 필 때나 유숙초기에 수확, 베어낸 후엔 웃거름. ◆버섯 약초 잠업 1. 여름철 버섯파리 발생 우려 재배사 주변 소독을 정기적. 2. 패모, 반하 등 이달 중 수확하는 약초를 장마 이전에 수확. 3. 봄누에 사육이 끝난 농가는 잠실을 깨끗이 청소한 후 소독실시. 4. 잠구류는 잘 말려 포장 후 가을누에치기에 대비.

양력 날짜	요일	음력 날짜	28수	12신	紫白 九星	주당周堂 이사	결혼	신행	안장	역혈인 逆血刃	구랑성 九狼星	구성법 九星法	주요 길신 (주요 흉신)
6/16	화	5/2	자 觜	평 平	칠적 七赤	리 利	조 竈	로 路	여 女	계 癸	오방 午方	직성 直星	伏斷日 明堂黃道, 月德合, 偸修, 地啞, 敬安, 鳴吠, 民日, 皇恩大赦, 地倉, 太陰 (天罡, 滅沒, 天吏, 致死, 死神, 五籬, 地賊)
17	수	3	참 參	정 定	팔백 八白	안 安	제 第	문 門	사 死	손 巽	사관 寺觀	복목 卜木	月空, 三合, 萬通四吉, 臨日, 普護, 時陰, 天倉, 天赦神 (天刑黑道, 死氣, 羅網, 官符)
18	목	4	정 井	집 執	구자 九紫	재 災	옹 翁	수 睡	손 孫	경 庚	선사방 船巳方	각기 角己	天德, 五富, 福生, 地德 (朱雀黑道, 復日, 重日, 小耗, 四廢, 山隔)
19	금	5	귀 鬼	파 破	구자 九紫	사 師	당 堂	사 死	남 男	계 癸	사묘 社廟	혹성 惑星	楊公忌日, 月忌日 金櫃黃道, 天恩, 全吉, 解神, 六儀, 回駕帝星 (天賊, 受死, 披麻, 天火, 月破, 厭對, 天獄, 劍鋒, 招搖, 五虛, 大耗, 狼籍, 荒蕪, 歲破)
20	토	6	류 柳	위 危	팔백 八白	부 富	고 姑	상 牀	부 父	경 庚	주 廚	화도 禾刀	大空亡日 天德黃道, 天恩, 四季, 地啞, 陰德, 寶光, 聖心, 龍德, 全吉, 十全 (月殺, 月虛, 月害, 四擊, 獨火, 滅亡, 人隔, 土皇, 太虛, 死別)
21	일	7	성 星	성 成	칠적 七赤	살 殺	부 夫	당 堂	객 客	병 丙	천 天	복덕 福德	天德合, 月德, 天恩, 天聾, 天貴, 母倉, 五合, 天喜, 生氣, 三合, 益後, 天馬, 鳴吠, 全吉 (白虎黑道, 歸忌, 飛廉, 鬼火, 大殺, 土禁, 水隔, 黃砂, 太虛, 神號, 陰符)
			夏至, 17시 24분, 5月의 中氣.										
22	월	8	장 張	수 收	육백 六白	해 害	주 廚	조 竈	부 婦	신 辛	後門寅艮方 神廟道觀	직성 直星	玉堂黃道, 天恩, 母倉, 四季, 五合, 十全, 地啞, 地倉, 鳴吠, 續世, 天貴, 福德 (重喪, 復日, 河魁, 大敗, 咸池, 九坎, 九焦, 往亡, 土忌, 土府, 八座, 大時, 枯焦, 地破, 氷消瓦解, 血忌, 焦坎, 太虛)
23	화	9	익 翼	개 開	오황 五黃	천 天	부 婦	주 廚	모 母	간 艮	寅辰方 寺觀	복목 卜木	天恩, 月恩, 天聾, 四相, 時德, 要安, 時陽 (天牢黑道, 九空, 五虛, 天狗, 敗破, 地囊, 弔客)
24	수	10	진 軫	폐 閉	사록 四綠	리 利	조 竈	로 路	여 女	병 丙	신방사관 申方寺觀	각기 角己	四相, 旺日, 玉宇, 天醫, 全吉 (玄武黑道, 遊禍, 重日, 紅紗, 血支, 兵符)
25	목	11	각 角	건 建	삼벽 三碧	안 安	제 第	문 門	사 死	경 庚	천 天	인전 人專	伏斷日 司命黃道, 官日, 金堂, 全吉, 鳴吠, 陽德, 兵福 (月建, 土符, 地火, 狼籍, 月厭, 月刑, 小時, 天隔, 瘟瘟, 天瘟, 轉殺, 鬼哭, 白波)
26	금	12	항 亢	제 除	이흑 二黑	재 災	옹 翁	수 睡	손 孫	건 乾	천 天	입조 立早	月德合, 大明, 全吉, 六合, 守日, 太陽, 吉期, 兵寶 (勾陳黑道, 天哭)
27	토	13	저 氐	만 滿	일백 一白	사 師	당 堂	사 死	남 男	갑 甲	정청 正廳	요성 妖星	青龍黃道, 大明, 月空, 相日, 天后, 天巫, 驛馬, 鳴吠, 青龍 (五虛, 五籬, 土瘟, 地隔, 喪門)
28	일	14	방 房	평 平	구자 九紫	부 富	고 姑	상 牀	부 父	정 丁	寅艮卯方 午方後門	혹성 惑星	月忌日 明堂黃道, 大明, 民日, 不將, 敬安, 太陰, 鳴吠, 皇恩大赦, 地倉, 全吉 (天罡, 復日, 滅沒, 天吏, 致死, 地賊, 死神, 五籬)
29	월	15	심 心	정 定	팔백 八白	살 殺	부 夫	당 堂	객 客	건 乾	신묘주현 神廟州縣	화도 禾刀	大空亡日 三合, 臨日, 不將, 全吉, 普護, 時陰, 天倉, 天赦神, 萬通四吉 (天刑黑道, 死氣, 羅網, 官符, 長星)
30	화	16	미 尾	집 執	칠적 七赤	해 害	주 廚	조 竈	부 婦	정 丁	사관 寺觀	복덕 福德	大空亡日 天德, 全吉, 五富, 福生, 地德 (朱雀黑道, 重日, 山隔, 小耗)

- 竈王集會日(조왕집회일) - 조왕신 제사지내면 좋은 날. 吉(길) = 4/21, 5/6, 5/12, 5/18, 5/21.
- 竈王上天日(조왕상천일) - 부엌 수리하면 좋은 날. 吉(길) = 5/6, 5/20.

♣ 음력 5월의 민간비법

1) 음력 13일은 대 심는 날이고, 봉숭아꽃 물들이기를 했다.
2) 午月 午日 午時에는 일을 해도 효과가 없다.
3) 양고기를 먹으면 재수도 없고 설사를 하며 불길하다.
4) 子日은 언쟁을 주의하고 서로가 조심하라
5) 丑日은 부부언쟁과 사기를 조심하라
6) 未日이나 寅日에 出生하면 머리가 영리하다.
7) 未日 未時에 계약하면 덕을 본다.
8) 午日이나 戌日에 결혼하면 크게 부귀하고 자손에게 큰 인물이 많이 태어난다.

二黑	七赤	九紫
一白	三碧	五黃
六白	八白	四綠

丙午年
陰曆 6月 大
月建 乙未

병오년 7월 大(31일)

(양력 1일 ~ 15일)

서기 2026년 · 단기 4359년
음력 2026년 05월 17일부터 2026년 06월 02일까지

양력 날짜	간지 형상	음력 날짜	간지	오행	경축일 민속일	일출 일몰	월출 월몰	만조시각 물높이	일곱물때명 일반물때명	길한 행사 (불길한 행사)
7/1		5/17	병자 丙子	水		05:16 19:58	21:10 05:54	묘중卯中 유중酉中	여덟매 한사리	제사, 목욕 (고사, 원행, 동료초대, 결혼, 치병, 이사, 집수리, 상량, 문서계약매매, 벌목, 어로작업)
2		18	정축 丁丑	水		05:16 19:58	21:42 06:55	묘정卯正 유정酉正	아홉매 목사리	제사, 술거르기 (고사, 원행, 동료초대, 치병, 문서계약매매, 수리, 상량, 정원손질, 헌집헐기, 가축매입, 이장)
3		19	무인 戊寅	土		05:17 19:58	22:11 07:58	진초辰初 술초戌初	열매 어깨사리	불공, 친목회, 원행, 약혼, 결혼, 채용, 개방, 치병, 건강검진, 개업, 문서, 수금, 터닦기, 상량, 수리(제사, 이사, 해외여행)
4		20	기묘 己卯	土		05:17 19:58	22:36 09:00	진중辰中 술중戌中	한꺽기 허리사리	제사 (친목회, 원행, 동료초대, 침술, 개업, 문서, 수금, 사냥, 어로작업, 이사, 제방, 수리, 터파기, 안장)
5		21	경진 庚辰	金		05:18 19:58	23:00 10:02	진정辰正 술정戌正	두꺽기 한꺽기	제사, 고사, 후임자, 배움, 원행, 문안, 약혼, 결혼, 이사, 개방, 치병, 예복, 수리, 상량, 정비(채용, 수리, 개업, 문서, 출고, 투자, 벌목, 사냥, 어로작업)
6		22	신사 辛巳	金		05:18 19:57	23:24 11:04	사초巳初 해초亥初	아조 두꺽기	제사, 예복, 장갈무리, 제방, 수리, 축대보수, 종자, 가축매매(고사, 후임자, 원행, 개방, 치병, 안과, 침술, 사냥, 어로작업)
7		23	임오 壬午	木	◐하 현	05:19 19:57	23:48 12:08	사중巳中 해중亥中	조금 선조금	건강검진, 축대보수, 터파기, 안장 (고사, 친목회, 원행, 약혼, 결혼, 개업, 문서, 수금, 치병, 이사, 수리, 상량, 사냥, 어로작업)
					소서, 10시 57분, 6월의 절기, 월건 을미 적용.					
8		24	계미 癸未	木		05:19 19:57	–:– 13:15	사정巳正 해정亥正	무시 앉은조금	제사, 친목회, 원행, 문안, 동료초대, 결혼 (고사, 개방, 치병, 터닦기, 정원손질, 벌목, 어로작업, 안장)
9		25	갑신 甲申	水		05:20 19:57	00:16 14:25	자시子時 오시午時	한매 한조금	제사, 고사, 친목회, 약혼, 결혼, 정리정돈, 상량, 터닦기, 터파기, 안장 (원행, 휴식, 치병, 출고, 투자, 사냥, 어로작업)
10		26	을유 乙酉	水		05:21 19:56	00:49 15:39	축초丑初 미초未初	두매 한매	제사, 불공, 목욕, 대청소, 장담기 (고사, 원행, 약혼, 문서계약매매, 이사, 터닦기, 헐기, 안장)
11		27	병술 丙戌	土		05:21 19:56	01:29 16:55	축중丑中 미중未中	세매 두매	諸事不宜
12		28	정해 丁亥	土		05:22 19:55	02:20 18:08	축정丑正 미정未正	네매 무릎사리	친목회, 성인식, 수리, 상량, 지붕, 건강검진(약혼, 결혼, 채용, 개방, 치병, 개업, 문서, 수금, 출고, 투자, 출산준비, 종자, 어로작업, 진수식, 안장)
13		29	무자 戊子	火	◯회(晦), 그믐	05:22 19:55	03:23 19:13	인초寅初 신정申正	5매/6매 일조부등	제사, 불공, 목욕, 정리정돈, 예복, 정보탐색, 민원접수 (고사, 원행, 약혼, 결혼, 이사, 수리, 기둥상량, 개업, 문서, 수금, 어로작업, 안장)
14		**6/1**	**기축 己丑**	**火**	삭(朔), 초하루	05:23 19:55	04:36 20:06	묘초卯初 유초酉初	일곱매 턱사리	제사, 불공 (고사, 친목회, 원행, 동료초대, 약혼, 결혼, 개업, 문서계약매매, 수금, 장담기, 이사, 터닦기, 상량, 도랑정비)
15		2	경인 庚寅	木	초 복	05:24 19:54	05:54 20:48	묘중卯中 유중酉中	여덟매 한사리	친목회, 술거르기, 개업, 문서, 수금, 출고, 투자, 홍보, 터파기, 이장(제사, 고사, 후임자, 개방, 치병, 건강검진)

기념일

1일 : 사회적기업의 날
7일 : 도농교류의 날
첫째토요일 : 협동조합의 날
11일 : 인구의 날

2026 병오년 음력 6월 기도일 찾기

• **祭祀吉凶日** - 모든 제사에 좋은 날과 나쁜 날.
吉(길) = 5/23, 5/25, 5/26, 5/27, 5/28, 5/29, 6/3, 6/4, 6/6, 6/8, 6/9, 6/10, 6/11, 6/12, 6/16, 6/18, 6/20, 6/21, 6/22, 6/23, 6/24.
흉(凶) = 6/2, 6/13, 6/14.

• **祈禱吉凶日** - 모든 기도에 좋은 날과 나쁜 날.
吉(길) = 5/25, 5/28, 6/3, 6/4, 6/8, 6/9, 6/11, 6/15, 6/20, 6/21, 6/23, 6/24.
흉(凶) = 6/4, 6/13, 6/19 .

• **佛供吉凶日** - 불공드리면 좋은 날과 나쁜 날.
吉(길) = 5/26, 5/29, 6/1, 6/3, 6/6, 6/8, 6/15, 6/19.
흉(凶) = 6/4, 6/18.

7월의 평균기온

서울 24.9	인천 24.0
대전 25.0	전주 25.8
목포 24.8	여수 24.2
부산 24.1	포항 24.9
대구 25.8	강릉 24.2
울릉도 22.3	제주도 25.8

7월의 주요약사 *1일 의료보험제도 실시(1977), 환경보존법 발효(1978) *3일 포항제철 준공(1973), 독일 월드컵 폐막(2006) *4일 최초의 남북 공동성명(1972) *5일 북한 미사일발사 강행(2006) *6일 통대 제9대 대통령 선거(1978) *7일 경부고속도로 개통(1970), 7 · 7대통령특별선언(1988), 서해안고속도로 인천~안산 간 개통(1994) *8일 충남 공주에서 무령왕릉 발굴(1971), 김일성 사망(1994) *9일 한미행정협정 조인(1966) *10일 한국전 휴전회담 개시(1951) *13일 복제개 보나와 피스 복제 성공(2006) *14일 이준 열사 만국평화회의에서 순국(1907), 매향리 등 15개 미군기지 반환키로 합의(2006) *15일 경인간 첫 전화 개통(1900), 중학입시제 폐지(1968), 서울 잠수교 개통(1976) *17일 대한민국헌법 최초 공포(1948), 울산광역시로 승격(1997) *18일 윤보선 씨 졸(1990) *19일 이승만 씨 졸(1965), 여운형 씨 졸(1947) *20일 초대 대통령에 이승만 선출(1943) *21일 경인고속도로 개통(1969) *26일 포츠담선언(1945) *27일 휴전협정 조인(1953) *29일 제5대 민의원, 초대 참의원 총선거(1960) *30일 해외여행자유화(1981), 동원수산 억류선원 석방(2006)

양력날짜	요일	음력날짜	28수	12신	紫白九星	주당周堂 이사	결혼	신행	안장	역혈인逆血刃	구랑성九狼星	구성법九星法	주요 길신 (주요 흉신)
7/1	수	5/17	기 箕	파 破	육백 六白	천 天	부 婦	주 廚	모 母	을 乙	중정 中庭	직성 直星	金櫃黃道, 月德, 解神, 六儀, 全吉, 天聾, 天貴, 鳴吠, 回駕帝星 (天賊, 受死, 月破, 厭對, 招搖, 天火, 五虛, 大耗, 七鳥, 觸水龍, 劍鋒, 披麻, 天獄, 荒蕪)
2	목	18	두 斗	위 危	오황 五黃	리 利	조 竈	로 路	여 女	곤 坤	인방주정 寅方廚井	복목 卜木	伏斷日 天德黃道, 大明, 全吉, 陰德, 寶光, 聖心, 龍德, 天貴 (重喪, 復日, 月殺, 月虛, 月害, 四擊, 獨火, 太虛, 滅亡, 土皇, 人隔, 死別)
3	금	19	우 牛	성 成	사록 四綠	안 安	제 第	문 門	사 死	임 壬	동북방 東北方	각기 角己	天德合, 月恩, 四相, 母倉, 五合, 三合, 天馬, 生氣, 天喜, 益後 (白虎黑道, 歸忌, 大殺, 土禁, 水隔, 飛廉, 黃砂, 神號, 鬼火, 太虛, 陰符)
4	토	20	여 女	수 收	삼벽 三碧	재 災	옹 翁	수 睡	손 孫	을 乙	僧尼寺觀 後門	인전 人專	伏斷日 玉堂黃道, 天恩, 大明, 四相, 五合, 母倉, 續世, 地啞, 福德, 地倉, 送禮 (河魁, 往亡, 土忌, 土府, 八座, 血忌, 大時, 大敗, 咸池, 九坎, 九焦, 地破, 氷消瓦解, 枯焦, 焦坎, 太虛)
5	일	21	허 虛	개 開	이흑 二黑	사 師	당 堂	사 死	남 男	임 壬	사관 寺觀	입조 立早	天恩, 要安, 時陽, 時德 (天牢黑道, 敗破, 九空, 五虛, 天狗, 弔客)
6	월	22	위 危	폐 閉	일백 一白	부 富	고 姑	상 牀	부 父	경 庚	천 天	요성 妖星	月德合, 天恩, 地啞, 旺日, 天醫, 玉宇 (天賊, 受死, 月破, 厭對, 招搖, 天火, 五虛, 大耗, 七鳥, 觸水龍, 劍鋒, 披麻, 天獄, 荒蕪)
7	화	23	실 室	폐 閉	구자 九紫	살 殺	부 夫	당 堂	객 客	계 癸	신묘 神廟	혹성 惑星	月忌日 天醫, 天恩, 大明, 不將, 官日, 六合, 鳴吠 (天牢黑道, 往亡, 受死, 地賊, 血支, 天吏, 致死, 土忌, 土府, 地隔, 敗破, 轉殺, 兵符)
			小署, 10시 57분, 6月의 節入, 月建 乙未 適用.										
8	수	24	벽 壁	건 建	팔백 八白	해 害	주 廚	조 竈	부 婦	손 巽	수보정 水步井	화도 禾刀	大空亡日 天恩, 全吉, 守日, 聖心, 不將, 地倉, 兵福 (玄武黑道, 小時, 月建, 白波, 觸水龍, 地囊)
9	목	25	규 奎	제 除	칠적 七赤	천 天	부 婦	주 廚	모 母	경 庚	정청중정 正廳中庭	복덕 福德	大空亡日 司命黃道, 天德, 月德, 大明, 全吉, 相日, 吉期, 兵寶, 益後, 陽德, 不將, 鳴吠, 太陽 (滅沒, 五虛, 八風, 五籬, 天哭, 短星)
10	금	26	루 婁	만 滿	육백 六白	리 利	조 竈	로 路	여 女	손 巽	천 天	직성 直星	大空亡日 民日, 續世, 天巫, 天倉, 不將, 鳴吠 (勾陳黑道, 血忌, 天獄, 五籬, 披麻, 土瘟, 山隔, 喪門)
11	토	27	위 胃	평 平	오황 五黃	안 安	제 第	문 門	사 死	간 艮	천 天	복목 卜木	伏斷日 青龍黃道, 全吉, 天貴, 要安, 太陰, 青龍 (河魁, 土符, 月殺, 月虛, 氷消瓦解)
12	일	28	묘 昴	정 定	사록 四綠	재 災	옹 翁	수 睡	손 孫	병 丙	巳方 大門僧寺	각기 角己	明堂黃道, 大明, 三合, 陰德, 六儀, 玉宇, 時陰, 天貴 (重日, 羅網, 厭對, 招搖, 死氣, 七鳥, 官符, 人隔)
13	월	29	필 畢	집 執	삼벽 三碧	사 師	당 堂	사 死	남 男	신 辛	주조 廚竈	인전 人專	四相, 解神, 金堂, 地德 (天刑黑道, 復日, 歸忌, 月害, 大時, 大敗, 咸池, 小耗, 焦坎, 五虛, 九坎, 九焦, 劍鋒, 水隔, 瘟瘟, 天瘟, 枯焦, 獨火, 鬼哭, 土皇, 黃砂)
14	화	6/1	자 觜	파 破	이흑 二黑	안 安	부 夫	조 竈	부 父	간 艮	인방주사 寅方廚舍	요성 妖星	天德合, 月德合, 四季, 四相, 天赦神陽 (朱雀黑道, 重喪, 復日, 紅紗, 月破, 月刑, 九空, 四擊, 大耗, 歲破)
15	수	2	참 參	위 危	일백 一白	리 利	고 姑	당 堂	남 男	신 辛	오방 午方	혹성 惑星	金櫃黃道, 月空, 五合, 母倉, 全吉, 五富, 鳴吠, 天瑞, 回駕帝星, 送禮, 龍德 (遊禍, 土禁, 太虛)

山祭吉凶日 - 산신제나 입산 기도하면 좋은 날과 나쁜 날.
吉(길) = 5/25, 5/27, 5/28, 6/3, 6/6, 6/7, 6/14, 6/15, 6/19, 6/22.
흉(凶) = 5/23, 6/2, 6/5, 6/8, 6/9, 6/17.

水神祭祀吉凶日 - 水神에 제사지내면 좋은 날과 나쁜 날.
吉(길) = 5/26, 5/29, 6/3, 6/9, 6/12, 6/21.
흉(凶) = 6/13, 6/18.

- **地神祭祀吉凶日** - 地神에 제사지내면 좋은 날과 나쁜 날.
  吉(길) = 5/26, 6/3, 6/7, 6/15, 6/22.
  흉(凶) = 5/23, 5/25, 5/28, 6/6, 6/13, 6/18.
- **七星祈禱吉凶日** - 하늘과 산에 기도하면 좋은 날과 나쁜 날.
  吉(길) = 5/26, 5/27, 6/1, 6/2, 6/3, 6/7, 6/8, 6/10, 6/11, 6/14, 6/15, 6/16, 6/17, 6/19, 6/20, 6/21, 6/22.

二黑	七赤	九紫
一白	三碧	五黃
六白	八白	四綠

丙午年
陰曆 6月 大
月建 乙未

丙午年 7月 大(31日)

(양력 16日 ~ 31日)

西紀 2026年 · 檀紀 4359年
陰曆 2026年 06月 03日부터
2026年 06月 18日까지

양력 날짜	간지 형상	음력 날짜	간지	오행	경축일 민속일	일출 일몰	월출 월몰	만조시각 물높이	일곱물때명 일반물때명	길한 행사 (불길한 행사)
7/16		6/3	신묘 辛卯	木		05:25 19:54	07:11 21:23	묘정卯正 유정酉正	아홉매 목사리	제사, 고사, 불공, 친목회, 원행, 동료초대, 약혼, 결혼, 예복, 이사, 수리, 상량, 술거르기, 장담기, 터파기 (술빚기, 우물파기)
17		4	임진 壬辰	水	제헌절	05:25 19:53	08:25 21:52	진초辰初 술초戌初	열매 어깨사리	제사, 채용, 수금, 정보, 민원, 종자, 목축 (고사, 친목회, 원행 개업, 문서, 출고, 투자, 홍보, 건강검진, 치병, 이사, 집수리, 상량, 안장)
18		5	계사 癸巳	木		05:26 19:52	09:35 22:17	진중辰中 술중戌中	한꺽기 허리사리	제사, 배움시작, 술거르기, 장담기 (고사, 친목회, 원행, 약혼, 결혼, 개업, 문서, 수금, 진료, 이사,수리, 벌목, 사냥, 안장)
19		6	갑오 甲午	金	신독제김집탄일	05:27 19:52	10:41 22:42	진정辰正 술정戌正	두꺽기 한꺽기	제사, 불공, 건강검진, 예복, 축대보수, 터파기, 안장
20		7	을미 乙未	金	토왕용사	05:27 19:51	11:44 23:06	사초巳初 해초亥初	아조 두꺽기	제사, 원행, 문안, 동료보기, 결혼, 지붕(고사, 후임자, 약혼, 개방, 정리정돈, 치병, 터닦기, 상량, 수리, 헐기, 벌목, 안장)
21		8	병신 丙申	火	◐상 현	05:28 19:51	12:47 23:32	사중巳中 해중亥中	조금 선조금	제사, 불공, 목욕, 대청소, 벌목(친목회, 원행, 약혼, 결혼, 치병, 건강검진, 개업, 문서, 이사, 제방, 수리, 상량, 축대보수, 집헐기)
22		9	정유 丁酉	火		05:29 19:50	13:49 ─:─	사정巳正 해정亥正	무시 앉은조금	제사, 목욕, 대청소, 장담기(고사, 친목회, 원행, 동료초대, 약혼, 결혼 개업, 문서, 수금, 치병, 건강검진, 수리, 상량, 터파기)
23		10	무술 戊戌	木		05:30 19:49	14:51 00:00	자시子時 오시午時	한매 한조금	諸事不宜
					대서, 04시 13분, 6월의 중기.					
24		11	기해 己亥	木		05:31 19:48	15:51 00:33	축초丑初 미초未初	두매 한매	제사, 기도, 친목회, 원행, 문서, 수금, 출고, 터다지기, 상량, 지붕, 수리, 장담기 (진료, 결혼식, 사냥, 어로작업)
25		12	경자 庚子	土	중 복	05:31 19:48	16:49 01:12	축중丑中 미중未中	세매 두매	수신제가, 정보, 민원 (기도, 후임자, 친목회, 치병, 원행, 약혼, 결혼, 이사, 수리, 상량, 소송, 개업, 문서, 수금, 출고, 투자, 어로작업, 안장)
26		13	신축 辛丑	土		05:32 19:47	17:43 01:57	축정丑正 미정未正	네매 무릎사리	諸事不宜
27		14	임인 壬寅	金		05:33 19:46	18:30 02:49	인초寅初 신초申初	다섯매 배꼽사리	친목회, 휴식, 개업, 문서, 수금, 출고, 투자, 터파기, 종자, 목축, 이장 (제사, 기도, 후임자, 개방, 치병, 홍보)
28		15	계묘 癸卯	金	유두일 ●망(望), 보름	05:34 19:45	19:10 03:46	인정寅正 신정申正	여섯매 가슴사리	불공, 친목회, 배움시작, 약혼, 결혼, 치병, 건강검진, 술거르기, 개업, 문서, 수금, 수리, 이사, 상량, 이장 (우물)
29		16	갑진 甲辰	火		05:35 19:44	19:45 04:47	묘초卯初 유초酉初	일곱매 턱사리	제사, 기도, 원행, 동료초대, 약혼, 결혼, 이사, 터다지기, 상량, 안장 (치병, 출고, 투자, 사냥, 어로작업)
30		17	을사 乙巳	火		05:35 19:43	20:14 05:50	묘중卯中 유중酉中	여덟매 한사리	제사, 배움시작, 술거르기, 장담기 (기도, 친목회, 원행, 약혼, 결혼, 문서, 수금, 이사, 다지기, 상량, 파옥, 벌목, 사냥, 안장)
31		18	병오 丙午	木		05:36 19:43	20:41 06:53	묘정卯正 유정酉正	아홉매 목사리	(기도, 후임자, 원행, 친목회, 동료초대, 약혼, 결혼, 치병, 제방, 수리, 이사, 상량, 개업, 문서, 수금, 출고, 홍보, 사냥, 어로작업)

◐ 기념일

• 神祠祈禱日 - 神位가 안치된 神堂이나 祠堂에 기도하면 좋은 날.
吉(길) = 5/23, 5/25, 5/26, 5/28, 6/3, 6/4, 6/6, 6/7, 6/9, 6/14, 6/17, 6/18, 6/19, 6/20, 6/22.

• 雕繪神像開光日 - 神像을 그리고 조각하고 세우고 안치하면 좋은 날.
吉(길) = 5/24, 5/28, 6/6, 6/7, 6/9, 6/13, 6/16, 6/20, 6/22, 6/23.

• 合房不吉日 - 합방해 태어난 자녀에게 나쁜 날.
흉(凶) = 5/23, 5/28, 5/30, 6/1, 6/8, 6/15, 6/17, 6/23, 日蝕, 月蝕, 폭염, 혹한, 폭우, 짙은 안개, 천둥 번개, 무지개, 지진, 本宮日.

• 地主下降日(지주하강일) - 이 곳을 범하면 흉한 날.

◐벼농사 1. 집중호우로 무너질 염려가 있는 논두렁 둔치를 보수. 2. 조생종벼는 이삭필 때 물이 필요하다 물관리 유의. 3. 이삭거름은 이삭크기가 1~1.5㎜정도 자랐을 때 전용복합비료. 4. 아침이슬에 잎이 늘어지는 조생종벼는 침투이행성 도열병약제살포. 5. 멸구류는 높은온도에서 번성, 발생초기에 방제. **◐밭농사** 1. 배수로 정비하여 습해 예방. 2. 습해로 생육부진한 참깨와 땅콩은 요소액을 잎에 뿌려 활력증대. 3. 그루콩과 옥수수에 북주기와 김매기. **◐채소** 1. 비바람에 쓰러진 고추포기를 세워준다. 2. 겉흙이 씻겨 내려간 고추밭은 흙덮기와 배수로 정비. 3. 침수, 과습한 고추밭은 역병과 탄저병 우려 예방 방제. 4. 열매채소도 덩굴마름병, 탄저병, 역병발생이 우려 예방약제 살포. 5. 가을 김장채소의 종자를 우량품종씨앗 준비. 6. 하순경에 딸기 자모 육묘. **◐과수** 1. 과실이 커져 늘어진 가지는 받쳐주고 끈으로 매달아준다. 2. 과수원 지면에 풀이 무성하지 않도록 풀베기. 3. 경사지나 개간지는 토양유실 우려 비닐이나 부직포를 덮어준다. 4. 자두와 조생종 복숭아는 서늘할 때 잘 익은 것을 따서 출하. **◐화훼** 1. 장마철에 새로 심는 포기는 사이를 충분히 줘 골고루 햇빛받도록. 2. 장마철 비닐하우스는 공중습도 높다. 환기와 예방 위주 약제살포. **◐축산** 1. 고온으로 스트레스와 생산성 저하 우려 충분한 휴식처리. 2. 고온다습은 곰팡이 발생, 사료는 항상 서늘하고 건조하게 보관. 3. 초지와 옥수수밭에 멸강나방 발생, 서둘러 약제방제 대처. 4. 가축들의 각종 질병 예방에 힘쓰고 축사 환기관리에 최선. **◐버섯 약초 잠업** 1. 세균성갈변병의 예방차원으로 버섯재배사 온도와 습도 알맞게 조절. 2. 약초밭은 김매기, 웃거름은 제때하고, 시호는 중순까지 1차 순지르기. 3. 뽕나무 에바구미와 순혹파리 방제를 위해 적용약제를 뽕밭에 전면 살포한다.

양력 날짜	요일	음력 날짜	28 수	12 신	紫白 九星	주당周堂 이사	결혼	신행	안장	역혈인 逆血刃	구랑성 九狼星	구성법 九星法	주요 길신 (주요 흉신)
7/16	목	6/3	정 井	성 成	구자 九紫	천 天	당 堂	상 牀	손 孫	정 丁	천 天	화도 禾刀	楊公忌日 天德黃道, 母倉, 月恩, 五合, 天喜, 生氣, 敬安, 鳴吠, 三合, 寶光, 臨日, 皇恩大赦, 萬通四吉, 送禮 (天火, 大殺, 飛廉, 鬼火, 太虛, 神號)
17	금	4	귀 鬼	수 收	팔백 八白	해 害	옹 翁	사 死	사 死	건 乾	천 天	복덕 福德	大空亡日 大明, 全吉, 時德, 普護, 天馬, 玉帝赦日, 福德 (白虎黑道, 天罡, 五虛, 地破, 八座, 滅亡, 荒蕪, 天隔)
18	토	5	류 柳	개 開	칠적 七赤	살 殺	제 第	수 睡	여 女	갑 甲	대문승사 大門僧寺	직성 直星	大空亡日, 月忌日 玉堂黃道, 四季, 旺日, 時陽, 驛馬, 福生, 天后 (重日, 天賊, 地火, 月厭, 天狗, 地囊, 弔客)
19	일	6	성 星	폐 閉	육백 六白	부 富	조 竈	문 門	모 母	정 丁	술해방 戌亥方	복목 卜木	大空亡日 天德, 月德, 天赦, 官日, 六合, 不將, 鳴吠, 天醫 (天牢黑道, 受死, 往亡, 血支, 天吏, 致死, 土忌, 土府, 地隔, 地賊, 敗破, 轉殺, 兵符)
20	월	7	장 張	건 建	오황 五黃	사 師	부 婦	로 路	부 婦	갑 甲	水步井 亥方	각기 角己	伏斷日 大明, 四季, 地啞, 全吉, 不將, 守日, 聖心, 兵福, 地倉 (玄武黑道, 月建, 小時, 白波)
21	화	8	익 翼	제 除	사록 四綠	재 災	주 廚	주 廚	객 客	임 壬	천 天	인전 人專	司命黃道, 天聾, 相日, 吉期, 益後, 陽德, 鳴吠, 天貴, 兵寶, 太陽 (五籬, 滅沒, 五虛, 天哭)
22	수	9	진 軫	만 滿	삼벽 三碧	안 安	부 夫	조 竈	부 父	을 乙	사관 寺觀	입조 立早	地啞, 全吉, 天貴, 民日, 續世, 天巫, 天倉, 鳴吠 (勾陳黑道, 天獄, 血忌, 五籬, 披麻, 土瘟, 山隔, 喪門)
23	목	10	각 角	평 平	이흑 二黑	리 利	고 姑	당 堂	남 男	곤 坤	州縣廳堂 城隍社廟	요성 妖星	靑龍黃道, 四相, 要安, 太陰, 靑龍 (復日, 河魁, 死神, 月殺, 月虛, 氷消瓦解, 土符, 長星)
			大暑, 04시 13분, 6月의 中氣.										
24	금	11	항 亢	정 定	일백 一白	천 天	당 堂	상 牀	손 孫	임 壬	사관 寺觀	혹성 惑星	明堂黃道, 天德合, 月德合, 四相, 三合, 陰德, 六儀, 玉宇, 時陰, 地啞, 皆空, 五空 (重喪, 復日, 重日, 羅網, 厭對, 招搖, 死氣, 官符, 人隔)
25	토	12	저 氐	집 執	구자 九紫	해 害	옹 翁	사 死	사 死	곤 坤	중정청 中庭廳	화도 禾刀	月空, 皆空, 五空, 天聾, 全吉, 解神, 金堂, 鳴吠, 地德, 送禮 (天刑黑道, 歸忌, 九坎, 九焦, 劍鋒, 月害, 大時, 大敗, 咸池, 小耗, 五虛, 枯焦, 水隔, 瘟瘟, 天瘟, 獨火, 鬼哭, 土皇, 黃砂, 焦坎)
26	일	13	방 房	파 破	팔백 八白	살 殺	제 第	수 睡	여 女	손 巽	천 天	복덕 福德	地啞, 月恩, 天赦神, 五空, 六空, 送禮 (朱雀黑道, 紅紗, 月破, 大耗, 月刑, 九空, 四擊, 太虛, 歲破)
27	월	14	심 心	위 危	칠적 七赤	부 富	조 竈	문 門	모 母	경 庚	東北丑午方 廚竈僑門路	직성 直星	大空亡日, 月忌日 金櫃黃道, 大明, 母倉, 全吉, 六空, 五合, 鳴吠, 五富, 回駕帝星, 龍德 (遊禍, 太虛, 土禁)
28	화	15	미 尾	성 成	육백 六白	사 師	부 婦	로 路	부 婦	계 癸	천 天	복목 卜木	大空亡日 天德黃道, 母倉, 四季, 全吉, 五合, 天喜, 生氣, 三合, 寶光, 臨日, 敬安, 鳴吠, 皇恩大赦, 萬通四吉(天火, 大殺, 飛廉, 神號, 陰符, 鬼火, 太虛)
29	수	16	기 箕	수 收	오황 五黃	재 災	주 廚	주 廚	객 客	손 巽	승당사묘 僧堂寺廟	각기 角己	伏斷日 天德, 月德, 大明, 時德, 普護, 福德, 天馬 (白虎黑道, 天罡, 五虛, 八風, 地破, 八座, 天隔, 滅亡, 荒蕪)
30	목	17	두 斗	개 開	사록 四綠	안 安	부 夫	조 竈	부 父	계 癸	천 天	인전 人專	玉堂黃道, 大明, 四季, 旺日, 時陽, 驛馬, 福生, 天后, 送禮 (重日, 天賊, 地火, 月厭, 天狗, 弔客)
31	금	18	우 牛	폐 閉	삼벽 三碧	리 利	고 姑	당 堂	남 男	신 辛	천 天	입조 立早	大明, 官日, 六合, 全吉, 鳴吠, 天貴, 天醫 (天牢黑道, 往亡, 受死, 血支, 天吏, 致死, 土忌, 土府, 地隔, 地賊, 敗破, 轉殺, 兵符)

흉(凶) = 1일 문(門).

- 竈王集會日(조왕집회일) - 조왕신 제사지내면 좋은 날.
  吉(길) = 6/6, 6/12, 6/18, 6/21.
- 竈王上天日(조왕상천일) - 부엌 수리하면 좋은 날.
  吉(길) = 6/7, 6/21.

♣ 음력 6월의 민간비법

1) 가지를 태워 마신다.
2) 未月 未日에 혼인하면 부부 재난 당한다.
3) 未月 未日 未時에 일에 효과가 없다.

一白	六白	八白
九紫	二黑	四綠
五黃	七赤	三碧

丙午年
陰曆 7月 小
月建 丙申

병오년 8월 大(31일)
(양력 1일 ~ 15일)

서기 2026년 · 단기 4358년
음력 2026년 06월 19일부터
2026년 07월 03일까지

양력 날짜	간지 형상	음력 날짜	간지	오행	경축일 민속일	일출 일몰	월출 월몰	만조시각 물높이	일곱물때명 일반물때명	길한 행사 (불길한 행사)
8/1		6/19	정미 丁未	木		05:37 19:42	21:05 07:55	진초辰初 술초戌初	열매 어깨사리	제사, 불공, 외출, 문안, 동료초대 (약혼, 결혼, 치병, 터닦기, 상량, 수리, 공원 도로정비, 벌목, 터파기, 종자선별, 벌목, 안장)
2		20	무신 戊申	土		05:38 19:41	21:28 08:58	진중辰中 술중戌中	한꺽기 허리사리	제사, 목욕, 대청소 (친목회, 원행, 약혼, 치병, 문서, 수금, 출고, 수리, 터파기, 안장)
3		21	기유 己酉	土		05:39 19:40	21:53 10:01	진정辰正 술정戌正	두꺽기 한꺽기	기도, 원행, 장담기, 터닦기, 이사, 상량, 개업, 수금, 창고수리 (친목회, 치병, 침술, 사냥, 어로작업)
4		22	경술 庚戌	金		05:40 19:39	22:19 11:06	사초巳初 해초亥初	아조 두꺽기	諸事不宜
5		23	신해 辛亥	金	◐ 하 현	05:40 19:38	22:49 12:14	사중巳中 해중亥中	조금 선조금	제사, 기도, 후임자, 친목회, 원행, 문안, 예복, 수리, 상량, 건강검진, 문서, 수금 (개방, 치병, 출산준비, 어로작업, 진수식, 터파기, 안장)
6		24	임자 壬子	木		05:41 19:37	23:25 13:26	사정巳正 해정亥正	무시 앉은조금	목욕, 이발, 수신제가 (기도, 친목회, 원행, 개방, 치병, 제방, 터닦기, 상량, 개업, 문서, 수금, 투자, 출산준비, 주변정비, 안장)
7		25	계축 癸丑	木		05:42 19:35	-:- 14:39	자시子時 오시午時	한매 한조금	제사, 고사, 불공, 친목회, 원행, 문안, 초대, 개방, 진료, 수리, 상량, 지붕, 정리, 수금 (혼례, 이사, 해외여행, 사냥, 어로작업,진수식)
				입추, 20시 424분, 7월의 절기, 월건 병신 적용.						
8		26	갑인 甲寅	水		05:43 19:34	00:10 15:51	축초丑初 미초未初	두매 한매	諸事不宜
9		27	을묘 乙卯	水		05:44 19:33	01:06 16:57	축중丑中 미중未中	세매 두매	諸事不宜
10		28	병진 丙辰	土		05:45 19:32	02:13 17:54	축정丑正 미정未正	네매 무릎사리	제사, 불공, 배움시작(고사, 후임자, 친목, 원행, 문안, 초대, 약혼, 결혼, 정돈, 침술, 제방, 수리, 상량, 소송, 개업, 문서, 수금, 출고, 투자, 출산준비, 장례)
11		29	정사 丁巳	土		05:45 19:31	03:28 18:41	인초寅初 신초申初	다섯매 배꼽사리	제사, 고사, 친목회, 초대, 약혼, 결혼, 이사, 상량, 장담기, 개업, 문서, 수금, 민원, 가축 (외출, 진료, 제방, 집수리, 도로정비, 사냥, 종자, 터파기)
12		30	무오 戊午	火	◯ 회(晦), 그믐	05:46 19:30	04:45 19:18	인정寅正 신정申正	여섯매 가슴사리	제사, 고사, 친목회, 배움시작, 원행, 약혼, 결혼, 이사, 터닦기, 장담기, 개업, 상량 (진료, 지붕, 벌목, 어로작업, 사냥)
13		7/1	기미 己未	火	삭(朔), 초하루	05:47 19:29	06:01 19:50	묘초卯初 유초酉初	일곱매 턱사리	諸事不宜
14		2	경신 庚申	木	말 복	05:48 19:27	07:13 20:17	묘중卯中 유중酉中	여덟매 한사리	외출, 문안, 초대, 수금, 대청소, 가축, 지붕 (고사, 후임자, 친목회, 약혼, 결혼, 치병, 집수리, 문서, 출고, 도로정비, 집헐기, 벌목, 장례)
15		3	신유 辛酉	木	광 복 절	05:49 19:26	08:21 20:42	묘정卯正 유정酉正	아홉매 목사리	불공, 개방, 정리정돈, 대청소, 터파기, 장례 (친목회, 외출, 초대, 이사, 계약, 매매, 사냥, 어로작업, 진수식)

기념일

8일 : 섬의 날
14일 : 일본군위안부 피해자기림의 날

2026 병오년 음력 7월 기도일 찾기

• **祭祀吉凶日** - 모든 제사에 좋은 날과 나쁜 날.
吉(길) = 6/25, 6/27, 6/28, 6/29, 7/1, 7/3, 7/4, 7/6, 7/7, 7/9, 7/10, 7/11, 7/13, 7/15, 7/16, 7/18, 7/19, 7/21, 7/22, 7/23.
흉(凶) = 7/2, 7/12, 7/26.

• **祈禱吉凶日** - 모든 기도에 좋은 날과 나쁜 날.
吉(길) = 6/27, 6/28, 7/1, 7/4, 7/6, 7/9, 7/10, 7/13, 7/1 7/16, 7/18, 7/21, 7/22, 7/25.
흉(凶) = 6/26, 7/2.

• **佛供吉凶日** - 불공드리면 좋은 날과 나쁜 날.
吉(길) = 6/25, 6/26, 6/28, 7/3, 7/6, 7/7, 7/8, 7/12, 7/16, 7/20.
흉(凶) = 6/27, 7/9, 7/17.

8월의 평균기온	
서울 25.7	인천 25.2
대전 25.6	전주 26.2
목포 26.1	여수 25.8
부산 25.9	포항 25.7
대구 26.4	강릉 24.6
울릉도 23.6	제주도 26.8

8월의 주요약사 *1일 청일전쟁 발발(1894), 동성동본 부부 혼인신고 접수(1997), 이승엽 400호 홈런 달성(2006) *2일 국제사법재판소 설치(1920) *3일 8·3 긴급조치 재정명령(1972) *5일 제2대 정부통령 선거(1952), 무궁화 1호 발사(1996) *6일 광도 원폭 투하(1945), KAL기 괌에서 추락 229명 사망(1997) *7일 양정모 레슬링 종목으로 몬트리올 올림픽에서 해방 후 첫 금메달 획득(1976) *8일 증권시장 개방(1955) *9일 손기정 베를린 올림픽에서 마라톤 우승(1936), 황영조 바로셀로나 올림픽에서 마라톤 우승(1992) *10일 한국표준시간 변경, 낮 12시를 12시 30분으로 당겨 사용(1961), 조선일보·동아일보 폐간(1940), 북한 주요산업 국유화(1946) *11일 경인선 개통(1914), Y.H무역 여공 강제 해산(1979) *12일 금융실명제 실시(1993) *13일 윤보선 씨 내각제 대통령에 취임(1960) *14일 한산도해전대첩(1592) *15일 제2차 세계대전 종전, 우리나라 해방(1945), 대한민국 정부 수립(1948), 독립기념관 개관(1987), 제1호 남산터널 개통(19710), 박대통령 저격으로 육영수 여사 사망(1974), 지하철 1호선 첫 개통(1974), 남북 이산가족 상봉(2000) *16일 최규하 대통령 하야(1980) *17일 내각제 총리에 장면 씨 선출(1960), 국내 냉동정액 아기 탄생(1985) *18일 정부, 부산으로 이전(1950), 판문점 공동경비구역 도끼만행(1976) *20일 박태환 범태평양수영선수권대회 신기록 우승(2006) *21일 사행성게임 바다이야기 관계자 수사(2006) *22일 한일합방조약 체결(1910) *24일 불, 수소폭탄실험 성공(1968) *25일 경복궁 국립박물관 개관(1972) *27일 통대 제11대 대통령 선거(1980) *29일 국취일(1910) *31일 미-소간 핫라인 개통(1963), 리비아 2차대소로공사 수주(1989)

양력 날짜	요 일	음력 날짜	28 수	12 신	紫白 九星	주당周堂 이사	 결혼	 신행	 안장	역혈인 逆血刃	구랑성 九狼星	구성법 九星法	주요 길신 (주요 흉신)
8/1	토	6/19	여 女	건 建	이흑 二黑	천 天	당 堂	상 牀	손 孫	간 艮	僧堂 城隍社廟	요성 妖星	守日, 聖心, 兵福, 天貴 全吉, 地倉 (玄武黑道, 月建, 小時, 八專, 陽錯, 白波)
2	일	20	허 虛	제 除	일백 一白	해 害	옹 翁	사 死	사 死	병 丙	중정청 中正廳	혹성 惑星	司命黃道, 四相, 相日, 吉期, 益後, 陽德, 兵寶, 太陽 (復日, 滅沒, 五離, 五虛, 天哭)
3	월	21	위 危	만 滿	구자 九紫	살 殺	제 第	수 睡	여 女	신 辛	사관사묘 寺觀社廟	화도 禾刀	天德合, 月德合, 天恩, 四相, 大明, 民日, 續世, 天巫, 天倉, 鳴吠 (勾陳黑道, 重喪, 復日, 血忌, 披麻, 天獄, 五離, 土瘟, 山隔, 喪門, 短星)
4	화	22	실 室	평 平	팔백 八白	부 富	조 竈	문 門	모 母	병 丙	사묘 社廟	복덕 福德	靑龍黃道, 月空, 天恩, 大明, 要安, 靑龍, 太陰 (河魁, 氷消瓦解, 土符, 月殺, 月虛, 死神)
5	수	23	벽 壁	정 定	칠적 七赤	사 師	부 婦	로 路	부 婦	갑 甲	사관 寺觀	직성 直星	伏斷日, 月忌日 明堂黃道, 天恩, 月恩, 大明, 地啞, 三合, 陰德, 六儀, 玉宇, 時陰 (重日, 厭對, 招搖, 死氣, 羅網, 官符, 人隔)
6	목	24	규 奎	집 執	육백 六白	재 災	주 廚	주 廚	객 客	정 丁	천 天	복목 卜木	大空亡日 天恩, 偸修, 天聾, 解神, 金堂, 鳴吠, 天瑞, 地德 (天刑黑道, 月害, 大時, 大敗, 咸池, 小耗, 五虛, 九坎, 九焦, 四廢, 歸忌, 劍鋒, 鬼哭, 瘟瘟, 天瘟, 土皇, 水隔, 黃砂, 獨火, 枯焦, 焦坎)
7	금	25	루 婁	집 執	오황 五黃	안 安	부 夫	조 竈	부 父	건 乾	僧堂寺觀 社廟	각기 角己	明堂黃道, 天德, 四相, 天恩, 母倉, 地啞, 地德, 四季, 偸修, 全吉 (羅網, 受死, 歸忌, 小耗, 八專, 觸水龍)
			立秋, 20시 42분, 7月의 節入, 月建 丙申 適用.										
8	토	26	위 胃	파 破	사록 四綠	리 利	고 姑	당 堂	남 男	갑 甲	축방 丑方	인전 人專	解神, 聖心, 天后, 驛馬, 五合, 鳴吠, 全吉 (天刑黑道, 復日, 月破, 月刑, 四廢, 八專, 大耗, 天隔, 歲破)
9	일	27	묘 昴	위 危	삼벽 三碧	천 天	당 堂	상 牀	손 孫	건 乾	천 天	입조 立早	五合, 益後, 龍德 (朱雀黑道, 天吏, 致死, 四廢, 五虛, 劍鋒, 土符)
10	월	28	필 畢	성 成	이흑 二黑	해 害	옹 翁	사 死	사 死	곤 坤	인진방 寅辰方	요성 妖星	金櫃黃道, 月空, 母倉, 偸修, 天聾, 全吉, 三合, 續世, 天赦神, 天喜, 生氣, 回駕帝星 (血忌, 地火, 月厭, 大殺, 四擊, 地隔, 飛廉, 神號, 鬼火, 太虛, 陰符)
11	화	29	자 觜	수 收	일백 一白	살 殺	제 第	수 睡	여 女	임 壬	전문 前門	혹성 惑星	靑天德黃道, 月德合, 偸修, 五富, 要安, 六合, 福德, 寶光, 送禮 (重日, 河魁, 地破, 土禁, 八座, 太虛)
12	수	30	참 參	개 開	구자 九紫	부 富	조 竈	문 門	모 母	을 乙	戌亥方 併廚竈	화도 禾刀	天德合, 偸修, 地倉, 時陽, 天馬, 玉宇 (白虎黑道, 天火, 披麻, 天狗, 地賊, 太虛, 天獄, 黃砂, 弔客)
13	**목**	**7/1**	정 井	폐 閉	팔백 八白	천 天	부 婦	주 廚	모 母	곤 坤	정 井	혹성 惑星	楊公忌日 玉堂黃道, 母倉, 偸修, 全吉, 金堂, 天醫 (血支, 月殺, 月虛, 五虛, 八專, 滅亡, 滅沒, 山隔, 兵符)
14	금	2	귀 鬼	건 建	칠적 七赤	리 利	조 竈	로 路	여 女	을 乙	橋井門路 社廟	화도 禾刀	伏斷日 旺日, 天倉, 鳴吠, 兵福, 天貴, 皆空, 偸修, 送禮 (天牢黑道, 重喪, 復日, 小時, 月建, 五離, 八專, 陽錯, 敗破, 白波)
15	토	3	류 柳	제 除	육백 六白	안 安	제 第	문 門	사 死	계 癸	오방 午方	복덕 福德	偸修, 地啞, 官日, 陰德, 吉期, 兵寶, 鳴吠, 天貴, 太陽 (玄武黑道, 往亡, 大敗, 咸池, 九坎, 九焦, 五離, 轉殺, 紅紗, 大時, 枯焦, 瘟瘟, 天瘟, 土忌, 土府, 天哭, 鬼哭, 焦坎, 人隔)

- **山祭吉凶日** - 산신제나 입산 기도하면 좋은 날과 나쁜 날.
  吉(길) = 6/26, 6/27, 7/6, 7/7, 7/9, 7/11, 7/14, 7/16, 7/17, 7/21.
  흉(凶) = 6/30, 7/1, 7/8, 7/12, 7/13, 7/23, 7/24, 7/25.
- **水神祭祀吉凶日** - 水神에 제사지내면 좋은 날과 나쁜 날.
  吉(길) = 6/25, 6/28, 7/3, 7/4, 7/7, 7/13, 7/15, 7/16, 7/19, 7/22.
  흉(凶) = 7/2, 7/21, 7/23.
- **地神祭祀吉凶日** - 地神에 제사지내면 좋은 날과 나쁜 날.
  吉(길) = 6/26, 7/3, 7/7, 7/15, 7/22.
  흉(凶) = 6/25, 6/28, 7/10, 7/13, 7/18, 7/22, 7/25.
- **七星祈禱吉凶日** - 하늘과 산에 기도하면 좋은 날과 나쁜 날
  吉(길) = 6/27, 6/30, 7/1, 7/2, 7/3, 7/7, 7/8, 7/14, 7/15, 7/16, 7/17, 7/18, 7/22.

一白	六白	八白
九紫	二黑	四綠
五黃	七赤	三碧

丙午年
陰曆 7月 小
月建 丙申

丙午年 8月 大(31日)

(양력 16日 ~ 31日)

西紀 2026年 · 檀紀 4359年
陰曆 2026年 07月 04日부터
2026年 07月 19日까지

양력 날짜	간지 형상	음력 날짜	간지	오행	경축일 민속일	일출 일몰	월출 월몰	만조시각 물높이	일곱물때명 일반물때명	길한 행사 (불길한 행사)
8/16		7/4	임술 壬戌	水		05:50 19:25	09:27 21:07	진초辰初 술초戌初	열매 어깨사리	문안, 초대, 채용, 이사, 개방, 진료, 상량, 재고정리, 건강검진, 장담기 (제사, 개간, 사냥, 어로작업)
17		5	계해 癸亥	水		05:51 19:24	10:32 21:32	진중辰中 술중戌中	한꺽기 허리사리	제사, 정원손질, 도로정비 (고사, 후임, 약혼, 결혼, 개방, 치병, 사냥, 어로작업)
18		6	갑자 甲子	金	음둔중원	05:51 19:22	11:36 22:00	진정辰正 술정戌正	두꺽기 한꺽기	고사, 불공, 원행, 약혼, 결혼, 이사, 터닦기, 상량, 수금, 가축매입 (개방, 치병, 출고, 투자, 홍보, 출산준비, 종자)
19		7	을축 乙丑	金	칠 석	05:52 19:21	12:39 22:32	사초巳初 해초亥初	아조 두꺽기	불공, 친목회, 정보탐색, 민원접수, 가축매매 (성인식, 이사, 해외여행, 창고정리, 개업, 문서, 수금, 출고, 투자, 종자)
20		8	병인 丙寅	火	◑ 상 현 사계김장생탄일	05:53 19:20	13:41 23:08	사중巳中 해중亥中	조금 선조금	諸事不宜
21		9	정묘 丁卯	火		05:54 19:18	14:40 23:51	사정巳正 해정亥正	무시 앉은조금	제사, 고사, 기도, 후임자, 문안, 문서, 친목, 원행, 약혼, 결혼, 휴식, 개방, 상량, 이사, 지붕, 가축, 안장 (치병, 출산준비, 제방, 수리, 도로정비, 파옥, 사냥, 어로작업)
22		10	무진 戊辰	木		05:55 19:17	15:36 -:-	자시子時 오시午時	한매 한조금	제사, 기도, 후임자, 친목회, 배움, 채용, 제방, 상량, 수리, 개업, 문서, 수금, 가축, 안장(원행, 약혼, 결혼, 이사, 해외여행, 치병, 사냥, 어로작업, 종자)
23		11	기사 己巳	木		05:56 19:16	16:25 00:40	축초丑初 미초未初	두매 한매	제사, 기도, 친목회, 동료초대, 약혼, 결혼, 이사, 수리, 상량, 술빚기, 개업, 문서, 수금, 출고, 투자 (원행, 치병)
				처서, 11시 18분, 3월의 중기.						
24		12	경오 庚午	土		05:56 19:14	17:08 01:36	축중丑中 미중未中	세매 두매	제사, 불공, 배움시작, 술거르기, 장갈무리 (약혼, 결혼, 치병, 벌목, 사냥, 어로작업, 안장)
25		13	신미 辛未	土		09:57 19:13	17:45 02:36	축정丑正 미정未正	네매 무릎사리	諸事不宜
26		14	임신 壬申	金		05:58 19:11	18:16 03:39	인초寅初 신초申初	다섯매 배꼽사리	제사, 기도, 후임자, 친목회, 원행, 약혼, 결혼, 채용, 수신제가, 치병, 이사, 개방, 상량, 수금, 출고, 투자, 대청소, 가축 (수리, 개간, 도로정비, 파옥)
27		15	계유 癸酉	金	● 망(望), 보름 백 중	05:59 19:10	18:44 04:42	인정寅正 신정申正	여섯매 가슴사리	제사, 기도, 후임자, 약혼, 개방, 예복, 수리, 상량, 수금, 출고, 투자, 대청소, 목축, 터파기 (친목회, 원행, 이사, 치병, 사냥, 어로작업)
28		16	갑술 甲戌	火		06:00 19:09	19:09 05:45	묘초卯初 유초酉初	일곱매 턱사리	불공, 친목회, 건강검진, 장담기, 축대보수, 종자, 가축 (치병, 재고관리, 개업, 문서, 수금, 출고, 투자, 어로작업)
29		17	을해 乙亥	火		06:01 19:07	19:33 06:49	묘중卯中 유중酉中	일곱매 턱사리	제사, 공원정비, 도로정비 (기도, 후임자, 치병, 건강검진, 문안, 약혼, 결혼, 개업, 문서, 수금, 출고, 수리, 상량, 터파기, 안장)
30		18	병자 丙子	水		06:01 19:06	19:57 07:53	묘정卯正 유정酉正	아홉매 목사리	제사, 기도, 친목회, 원행, 약혼, 결혼, 이사, 예복, 상량, 지붕, 개업, 문서, 수금, 이장 (개방, 치병, 출산준비, 어로작업, 진수식, 해외출장, 종자)
31		19	정축 丁丑	水		06:02 19:04	20:23 08:58	진초辰初 술초戌初	열매 어깨사리	제사, 기도, 친목회, 원행, 수리, 상량, 장담기, 수금, 안장 (성인식, 이사, 해외여행, 사냥, 어로작업)

기념일

29일 : 경술국치일

- 神祠祈禱日 - 神位가 안치된 神堂이나 祠堂에 기도하면 좋은 날.
  吉(길) = 6/29, 7/4, 7/6, 7/7, 7/10, 7/11, 7/17, 7/18, 7/19, 7/24.
- 雕繪神像開光日 - 神像 그리고 조각하고 세우고 안치하면 좋은 날.
  吉(길) = 6/28, 6/30, 7/5, 7/12, 7/19, 7/25.
- 合房不吉日 - 합방해 태어난 자녀에게 나쁜 날.
  흉(凶) = 6/25, 6/28, 6/30, 7/1, 7/2, 7/8, 7/6, 7/15, 7/1
  7/23, 日蝕, 月蝕, 폭염, 폭서, 폭우, 혹한, 짙은 안개, 천
  번개, 무지개, 지진, 本宮日.
- 地主下降日(지주하강일) - 이 곳을 범하면 흉한 날.

농사정보

벼농사 1. 조생종과 중생종 벼논, 중만생종 벼논에 물이 많이 필요한 시기. 2. 이삭이 팬 후 30~35일까지는 논물이 마르지 않게 한다. 3. 벼멸구와 흰등멸구, 흑명나방등 벼해충 적기방제. 4. 이삭도열병은 한번 걸리면 바로 수량감소로 이어진다. 예방 위주 방제. **밭농사** 1. 고추, 참깨 등 발작물 지지대정비. 2. 참깨는 수확 20~25일 전에 순 자르기. 3. 콩, 참깨, 땅콩의 병충해 방제를 할 때 동시에 약제 살포. **채소** 1. 붉은 고추는 진홍색이 됐을 때 수확. 2. 55℃ 정도 건조기에서 48시간 건조후 비닐하우스에서 2~3일간 햇볕에 말린다. 3. 열매류 채소는 예방 위주의 약제 살포. **과수** 1. 포도열매를 적당히 솎아 당도를 높인다. 2. 수확기에 과습으로 인한 포도알 터짐현상을 막는다. 3. 복숭아는 색깔 잘드는 종은 수확 5~6일 전 봉지밑을 터주고 3~4일 전 완전 벗긴다. 4. 색깔 안 드는 백도, 기도는 수확 10~12일 전 봉지밑을 터주었다가 3~4일 전 완전 벗긴다. 5. 수확기 과실은 조류피해 방지에 신경쓴다. **화훼** 1. 겨울철 출하목표 국화는 백열등 밝기를 30룩스 이상 유지한다. 2. 국화는 조명후 10~15일 후 꽃눈 생기고 개화 50~60일이 소요된다. 3. 겨울출하 안개초는 낮 온도 20~25℃, 밤 온도 10~15℃를 유지. **축산** 1. 배합사료를 높게 쌓아두면 변질우려. 건조하고, 환기가 잘되게 관리. 2. 젖소 사육농은 우유처리실의 청결함 유지, 냉각실 과습현상 미리 차단. **버섯 약초 잠업** 1. 가을철 느타리버섯 재배농가는 종균과 볏짚등 자재를 미리 확보한다. 2. 버섯종균은 허가받은 종균배양소에서 분양을 받고, 그 특성을 알아둔다. 3. 가을누에를 기를 사육실에 실내온도 습도조절 등 환경 조성한다. 4. 에바구미와 순혹파리 방제를 위해 적용 약제를 뿡발 전면 살포한다..

양력 날짜	요일	음력 날짜	28수	12신	紫白 九星	주당周堂 이사	결혼	신행	안장	역혈인 逆血刃	구랑성 九狼星	구성법 九星法	주요 길신 (주요 흉신)
8/16	일	7/4	성 星	만 滿	오황 五黃	재 災	옹 翁	수 睡	손 孫	손 巽	사관 寺觀	직성 直星	司命黃道, 月德, 月恩, 四相, 六儀, 天巫, 守日, 陽德, 母倉, 敬安 (天賊, 厭對, 九空, 招搖, 土瘟, 水隔, 喪門)
17	월	5	장 張	평 平	사록 四綠	사 師	당 堂	사 死	남 男	경 庚	선사방 船巳方	복목 卜木	月忌日 天德, 四相, 相日, 普護, 太陰 (勾陳黑道, 重日, 天罡, 遊禍, 月害, 五虛, 死神, 獨火, 氷消瓦解, 土皇, 荒蕪)
18	화	6	익 翼	정 定	삼벽 三碧	부 富	고 姑	상 牀	부 父	계 癸	사묘 社廟	요성 妖星	青龍黃道, 天恩, 全吉, 三合, 時德, 臨日, 福生, 時陰, 民日, 皇恩大赦, 萬通四吉, 地倉, 青龍 (復日, 死氣, 官符)
19	수	7	진 軫	집 執	이흑 二黑	살 殺	부 夫	당 堂	객 客	경 庚	주 廚	혹성 惑星	大空亡日 明堂黃道, 地啞, 天恩, 母倉, 全吉, 地德 (受死, 歸忌, 小耗, 羅網)
20	목	8	각 角	파 破	일백 一白	해 害	주 廚	조 竈	부 婦	병 丙	천 天	화도 禾刀	月空, 天恩, 全吉, 天聾, 五合, 解神, 聖心, 天后, 驛馬, 鳴吠 (天刑黑道, 月破, 月刑, 大耗, 地囊, 天隔, 歲破, 長星)
21	금	9	항 亢	위 危	구자 九紫	천 天	부 婦	주 廚	모 母	신 辛	後門寅艮方 神廟道觀	복덕 福德	月德合, 龍德, 五合, 天恩, 地啞, 益後, 鳴吠 (朱雀黑道, 土符, 天吏, 致死, 五虛, 劍鋒)
22	토	10	저 氐	성 成	팔백 八白	리 利	조 竈	로 路	여 女	간 艮	寅辰方 寺觀	직성 直星	金櫃黃道, 天德合, 天恩, 母倉, 天聾, 三合, 生氣, 天喜, 回駕帝星, 續世, 天赦神 (血忌, 地火, 月厭, 大殺, 四擊, 地隔, 飛廉, 太虛, 神號, 鬼火, 陰符)
23	일	11	방 房	수 收	칠적 七赤	안 安	제 第	문 門	사 死	병 丙	신방사관 申方寺觀	복목 卜木	伏斷日 天德黃道, 五富, 全吉, 要安, 六合, 寶光, 福德, 天願 (重日, 河魁, 地破, 土禁, 太虛)
			處暑, 11시 18분, 3月의 中氣.										
24	월	12	심 心	개 開	육백 六白	재 災	옹 翁	수 睡	손 孫	경 庚	천 天	각기 角己	天貴, 時陽, 玉宇, 天馬, 全吉, 鳴吠, 地倉 (白虎黑道, 重喪, 復日, 天狗, 天火, 披麻, 地賊, 太虛, 天獄, 黃砂, 弔客)
25	화	13	미 尾	폐 閉	오황 五黃	사 師	당 堂	사 死	남 男	건 乾	천 天	인전 人專	玉堂黃道, 天貴, 金堂, 母倉, 全吉, 大明, 天醫 (滅沒, 血支, 月殺, 月虛, 五虛, 滅亡, 山隔, 兵符)
26	수	14	기 箕	건 建	사록 四綠	부 富	고 姑	상 牀	부 父	갑 甲	정청 正廳	입조 立早	月忌日 月德, 大明, 月恩, 四相, 不將, 旺日, 天倉, 鳴吠, 兵福 (天牢黑道, 小時, 月建, 五離, 敗破, 白波)
27	목	15	두 斗	제 除	삼벽 三碧	살 殺	부 夫	당 堂	객 客	정 丁	寅艮卯方 午方後門	요성 妖星	天德, 四相, 全吉, 不將, 官日, 陰德, 吉期, 兵寶, 鳴吠, 大明, 太陽 (玄武黑道, 天哭, 往亡, 紅紗, 大時, 大敗, 咸池, 九坎, 九焦, 五離, 瘟瘟, 天瘟, 土忌, 土府, 枯焦, 焦坎, 轉殺, 鬼哭, 人隔)
28	금	16	우 牛	만 滿	이흑 二黑	해 害	주 廚	조 竈	부 婦	건 乾	신묘주현 神廟州縣	혹성 惑星	大空亡日 司命黃道, 母倉, 全吉, 六儀, 天巫, 守日, 陽德, 敬安 (復日, 天賊, 厭對, 九空, 招搖, 土瘟, 水隔)
29	토	17	여 女	평 平	일백 一白	천 天	부 婦	주 廚	모 母	정 丁	사관 寺觀	화도 禾刀	大空亡日 相日, 全吉, 普護, 太陰 (勾陳黑道, 重日, 天罡, 遊禍, 月害, 五虛, 死神, 獨火, 氷消瓦解, 土皇, 荒蕪)
30	일	18	허 虛	정 定	구자 九紫	리 利	조 竈	로 路	여 女	을 乙	중정 中庭	복덕 福德	伏斷日 青龍黃道, 月空, 四季, 全吉, 天聾, 三合, 時德, 臨日, 福生, 時陰, 民日, 青龍, 鳴吠, 萬通四吉, 皇恩大赦, 地倉 (死氣, 官符, 觸水龍)
31	월	19	위 危	집 執	팔백 八白	안 安	제 第	문 門	사 死	곤 坤	인방주정 寅方廚井	직성 直星	明堂黃道, 月德合, 大明, 母倉, 四季, 全吉, 地德 (受死, 歸忌, 小耗, 羅網)

흉(凶) = 1일 우물(井).

- 竈王集會日(조왕집회일) - 조왕신 제사지내면 좋은 날.
  吉(길) = 7/6, 7/12, 7/18, 7/21.
- 竈王上天日(조왕상천일) - 부엌 수리하면 좋은 날.
  吉(길) = 7/7, 7/21.

♣ 음력 7월의 민간비법

1) 丑日에 부잣집 마루 밑의 흙을 파서 갖다가 솥전에 바르면 그 집은 반드시 부자가 된다.
2) 七夕날에 남녀가 교접하면 그 해에 이별수가 있다..
3) 申月 申日 申時에 남녀 교접하여 임신하면 그 자식이 병신이 된다는 속설이 있다.
4) 박이나 수세미의 뿌리에 가까운 줄기에서 물을 받아마시면 피부병이나 위장병에 아주 좋다.

九紫	五黃	七赤
八白	一白	三碧
四綠	六白	二黑

丙午年
陰曆 8月 大
月建 丁酉

병오년 9월 小(30일)

(양력 1일 ~ 15일)

서기 2026년 · 단기 4359년
음력 2026년 07월 20일부터
2026년 08월 05일까지

양력 날짜	간지 형상	음력 날짜	간지	오행	경축일 민속일	일출 일몰	월출 월몰	만조시각 물높이	일곱물때명 일반물때명	길한 행사 (불길한 행사)
9/1		7/20	무인 戊寅	土		06:03 19:03	20:52 10:06	진중辰中 술중戌中	한꺽기 허리사리	불공, 목욕 (기도, 후임자, 친목회, 원행, 약혼, 결혼, 채용, 개방, 건강검진, 치병, 수리, 이사, 상량, 축대보수, 벌목, 어로작업, 개업, 문서, 수금, 출고, 투자)
2		21	기묘 己卯	土		06:04 19:01	21:26 11:17	진정辰正 술정戌正	두꺽기 한꺽기	제사, 친목회, 술빚기, 지붕(기도, 후임자, 성인식, 원행, 문안, 약혼, 결혼, 치병, 채용, 이사, 축대보수, 파옥제방, 수리, 상량, 개업, 문서, 수금, 투자, 출고, 출산준비)
3		22	경진 庚辰	金		06:05 19:00	22:07 12:29	사초巳初 해초亥初	아조 두꺽기	諸事不宜
4		23	신사 辛巳	金	◐ 하 현	06:06 18:58	22:59 13:41	사중巳中 해중亥中	조금 선조금	친목회, 약혼, 결혼, 채용, 건강검진, 개업, 문서, 수금, 출고, 투자, 민원, 종자선별, 가축(외출, 치병진료)
5		24	임오 壬午	木		06:06 18:57	-:- 14:48	사정巳正 해정亥正	무시 앉은조금	제사, 기도, 원행, 약혼, 결혼, 이사, 상량, 개업, 수금, 출고, 투자, 출산준비, 종자, 목축 (치병, 도랑정비, 벌목, 사냥, 어로작업)
6		25	계미 癸未	木		06:07 18:55	00:01 15:47	자시子時 오시午時	한매 한조금	제사, 지붕손질 (기도, 외출, 채용, 진료, 눈병, 침술, 개업, 문서, 수금, 출고, 이사, 개방, 제방, 수리, 상량, 축대보수, 파옥, 사냥, 어로작업, 종자)
7		26	갑신 甲申	水		06:08 18:54	01:11 16:35	축초丑初 미초未初	두매 한매	제사, 친목회, 술빚기, 수금, 장례 (기도, 친목회, 원행, 문안, 대, 약혼, 결혼, 이사, 진료, 수리, 상량, 개업, 계약, 매매, 도랑정비)
					백로, 23시 41분, 8월의 절기, 월건 정유 적용.					
8		27	을유 乙酉	水		06:09 18:52	02:25 17:15	축중丑中 미중未中	세매 두매	제사, 불공, 목욕, 대청소, 장담기 (친목회, 치병, 집수리, 하천청소, 도로정비, 파옥, 벌목, 사냥, 어로작업)
9		28	병술 丙戌	土		06:10 18:51	03:40 17:48	축정丑正 미정未正	네매 무릎사리	제사, 원행, 문안, 초대, 개방, 정리정돈, 대청소, 종자 (고사, 후임자, 약혼, 결혼, 채용, 침술, 개업, 계약, 수금, 출고, 투자, 출산준비, 장례)
10		29	정해 丁亥	土	◯회(晦), 그믐	06:11 16:49	04:52 18:16	인초寅初 신정申正	5매/6매 일조부등	제사, 고사, 친목회, 원행, 채용, 이사, 개업, 문서, 수금, 축대보수 (문안, 초대, 약혼, 결혼, 치병, 출고, 투자. 어로작업, 안장)
11		8/1	무자 戊子	火	삭(朔), 초하루	06:11 18:48	06:01 18:42	묘초卯初 유초酉初	일곱매 턱사리	제사, 불공, 정원수리, 도로정비 (고사, 후임자, 친목, 원행, 문안, 초대, 약혼, 결혼, 개방, 치료, 건강검진, 개업, 문서, 사냥, 장례)
12		2	기축 己丑	火		06:12 18:46	07:09 19:07	묘중卯中 유중酉中	여덟매 한사리	불공, 친목회, 약혼, 결혼, 선물, 집수리, 상량, 문서, 수금 (성인식, 개방, 치료, 출산준비, 종자)
13		3	경인 庚寅	木		06:13 18:45	08:14 19:33	묘정卯正 유정酉正	아홉매 목사리	목욕, 정보탐색, 민원접수, 지붕 (제사, 이사, 해외여행, 치료, 개업, 문서계약매매, 수금, 출고, 투자, 사냥, 어로작업)
14		4	신묘 辛卯	木		06:14 18:43	09:19 20:00	진초辰初 술초戌初	열매 어깨사리	諸事不宜
15		5	임진 壬辰	水		06:15 18:42	10:23 20:30	진중辰中 술중戌中	한꺽기 허리사리	제사, 술거르기 (질병치료, 하천정비)

기념일

1일 : 통계의 날
4일 : 태권도의 날
4일 : 지식재산의 날
7일 : 사회복지의 날
7일 : 곤충의 날
10일 : 해양경찰의 날
10일 : 자살예방의 날
13일 : 대한민국 법원의 날

2026 병오년 음력 8월 기도일 찾기

• **祭祀吉凶日 - 모든 제사에 좋은 날과 나쁜 날.**
吉(길) = 7/28, 7/29, 8/1, 8/2, 8/6, 8/7, 8/11, 8/12, 8/13, 8/14, 8/18, 8/19, 8/23, 8/24, 8/25, 8/26.
흉(凶) = 8/16.

• **祈禱吉凶日 - 모든 기도에 좋은 날과 나쁜 날.**
吉(길) = 7/26, 7/28, 7/29, 8/2, 8/5, 8/6, 8/9, 8/11, 8/12, 8/14, 8/17, 8/18, 8/21, 8/23, 8/24, 8/26.
흉(凶) = .

• **佛供吉凶日 - 불공드리면 좋은 날과 나쁜 날.**
吉(길) = 7/27, 8/1, 8/2, 8/4, 8/7, 8/9, 8/16, 8/20, 8/26, 8/27.
흉(凶) = 8/5, 8/19.

9월의 평균기온

서울 21.2	인천 21.1
대전 21.3	전주 21.5
목포 22.2	여수 22.3
부산 22.3	포항 21.6
대구 21.7	강릉 2.3
울릉도 19.8	제주도 23.0

9월의 주요약사

*1일 제11대 전두환 대통령 취임(1980), KAL기 소련 미사일 공격으로 추락(1983) *2일 한국 3 · 8선으로 남북 분리(1945), 강우규 의사 일본 총독 저격(1919) *4일 세계여자청소년축구선수권대회에 북한이 중국에 5대 0으로 이기고 대회 우승(2006), 북한 연형묵 총리, 강영훈 총리와 서울에서 회담(1990) *5일 황성신문 창간(1898), 태권도 올림픽 정식종목 승인(1944), 백마부대 제1진 월남 상륙(1966) *6일 여군 창설(1950), 반일대모 일본대사관 침입(1969) *9일 한미행정협정 체결(1966) *11일 미군정 개시(1945) *12일 삼성전자 낸드 플래시메모리개발 성공(2006) *13일 김익상 의사 총독부청사 폭탄 투여(1921) *14일 OPEC 설립(1960), 3선 개헌안 변칙 통과(1969) *15일 서울시 특별시로 승격(1949), 유엔군 인천 상륙(1950) *17일 서울올림픽 개막식(1988), 남북한 동시 유엔 가입(1991) *18일 우리 철도 사상 최초 개통된 경인선 운행으로 철도의 날 제정(1899), 만주사변 발단(1931) *20일 제10회 아시아경기대회 서울에서 개막(1986), 남북한 고향 방문단 서울과 평양에 도착(1985) *22일 남북한 최초의 직통전화 가설(1971), 민방위대 발대식(1975) *24일 서울국제무역박람회 개막(1982) *25일 세계반공연맹 발족(1967) *26일 우리별 2호 발사(1993) *27일 한국참여 마두라 유전 생산 개시(1985), 전교협 발족(1987) *28일 수도 서울 수복(1950), 남북한 유엔 가입 통과(1991) *29일 제14회 아시아 경기대회 부산에서 개최(2002), 제5공화국 헌법개정안 공고(1980), 한 · 중 정상회담결과 8개항 중국에서 발표(1992) *30일 국회 한글전용법안 가결(1948), 제24회 하계올림픽 서울 개최 의결(1981)

양력 날짜	요일	음력 날짜	28수	12신	紫白 九星	주당周堂				역혈인 逆血刃	구랑성 九狼星	구성법 九星法	주요 길신 (주요 흉신)
						이사	결혼	신행	안장				
9/1	화	7/20	실 室	파 破	칠적 七赤	재 災	옹 翁	수 睡	손 孫	임 壬	동북방 東北方	복목 卜木	伏斷日 天德合, 解神, 聖心, 五合, 天后, 驛馬 (天刑黑道, 天隔, 月破, 月刑, 大耗, 歲破)
2	수	21	벽 壁	위 危	육백 六白	사 師	당 堂	사 死	남 男	을 乙	僧尼寺觀 後門	각기 角己	天恩, 大明, 五合, 益後, 地啞, 送禮, 龍德 (朱雀黑道, 土符, 天吏, 致死, 五虛, 劍鋒)
3	목	22	규 奎	성 成	오황 五黃	부 富	고 姑	상 牀	부 父	임 壬	사관 寺觀	인전 人專	金櫃黃道, 天恩, 母倉, 三合, 續世, 天赦神, 天貴, 生氣, 天喜, 回駕帝星 (重喪, 復日, 血忌, 地火, 月厭, 太虛, 大殺, 四擊, 飛廉, 地隔, 鬼火, 神號, 陰符, 重座, 短星)
4	금	23	루 婁	수 收	사록 四綠	살 殺	부 夫	당 堂	객 客	경 庚	천 天	입조 立早	月忌日 天德黃道, 天恩, 地啞, 五富, 要安, 六合, 寶光, 天貴, 福德 (重日, 河魁, 八座, 地破, 土禁, 太虛)
5	토	24	위 胃	개 開	삼벽 三碧	해 害	주 廚	조 竈	부 婦	계 癸	신묘 神廟	요성 妖星	月德, 月恩, 四相, 天恩, 四季, 時陽, 玉宇, 天馬, 不將, 鳴吠, 大明, 地倉 (白虎黑道, 天火, 天狗, 披麻, 地賊, 太虛, 天獄, 黃砂, 弔客)
6	일	25	묘 昴	폐 閉	이흑 二黑	천 天	부 婦	주 廚	모 母	손 巽	수보정 水步井	혹성 惑星	大空亡日 玉堂黃道, 天德, 天恩, 四相, 不將, 母倉, 全吉, 金堂, 天醫 (觸水龍, 滅沒, 血支, 月殺, 月虛, 五虛, 山隔, 滅亡, 兵符)
7	월	26	필 畢	폐 閉	일백 一白	리 利	조 竈	로 路	여 女	경 庚	정청중정 正廳中庭	화도 禾刀	大空亡日 大明, 月空, 全吉, 旺日, 不將, 五富, 聖心, 鳴吠, 天馬, 天醫 (白虎黑道, 遊禍, 血支, 五離, 羅網, 水隔, 瘟瘟, 天瘟, 鬼哭, 兵符)
			白露, 23시 41분, 8月의 節入, 月建 丁酉 適用.										
8	화	27	자 觜	건 建	구자 九紫	안 安	제 第	문 門	사 死	손 巽	천 天	복덕 福德	伏斷日, 大空亡日 玉堂黃道, 月德合, 官日, 益後, 六儀, 鳴吠, 兵福 (復日, 天火, 月刑, 厭對, 小時, 招搖, 五離, 月建, 白波, 轉殺)
9	수	28	참 參	제 除	팔백 八白	재 災	옹 翁	수 睡	손 孫	간 艮	천 天	직성 直星	母倉, 全吉, 吉期, 續世, 守日, 兵寶, 地倉, 太陽 (天牢黑道, 血忌, 月害, 獨火, 天哭, 土皇, 滅亡, 敗破)
10	목	29	정 井	만 滿	칠적 七赤	사 師	당 堂	사 死	남 男	병 丙	巳方 大門僧寺	복목 卜木	楊公忌日 天德合, 大明, 相日, 要安, 天后, 天巫, 驛馬 (玄武黑道, 重日, 土瘟, 飛廉, 大殺, 五虛, 八風, 喪門)
11	금	8/1	귀 鬼	평 平	육백 六白	안 安	부 夫	조 竈	부 父	신 辛	주조 廚竈	인전 人專	司命黃道, 時德, 玉宇, 民日, 陽德, 回駕帝星, 太陰 (河魁, 往亡, 天吏, 致死, 死神, 土忌, 土府, 天隔)
12	토	2	류 柳	정 定	오황 五黃	리 利	고 姑	당 堂	남 男	간 艮	인방주사 寅方廚舍	입조 立早	母倉, 三合, 金堂, 時陰 (勾陳黑道, 死氣, 官符, 長星)
13	일	3	성 星	집 執	사록 四綠	천 天	당 堂	상 牀	손 孫	신 辛	오방 午方	요성 妖星	青龍黃道, 天德, 月德, 五合, 全吉, 解神, 鳴吠, 地德, 天貴, 青龍, 送禮 (地隔, 歸忌, 黃砂, 小耗)
14	월	4	장 張	파 破	삼벽 三碧	해 害	옹 翁	사 死	사 死	정 丁	천 天	혹성 惑星	明堂黃道, 四季, 五合, 天貴, 鳴吠, 送禮 (重喪, 復日, 天賊, 披麻, 月破, 地火, 月厭, 五虛, 大耗, 荒蕪, 劍鋒, 天獄, 歲破, 重座)
15	화	5	익 翼	위 危	이흑 二黑	살 殺	제 第	수 睡	여 女	건 乾	천 天	화도 禾刀	月忌日, 大空亡日 四相, 不將, 大明, 母倉, 全吉, 六合, 敬安, 龍德, 送禮, 地倉 (天刑黑道, 月殺, 月虛, 四擊, 太虛)

- **山祭吉凶日 - 산신제나 입산 기도하면 좋은 날과 나쁜 날.**
  吉(길) = 7/27, 7/28, 7/29, 8/4, 8/7, 8/15, 8/16, 8/22, 8/23, 8/24, 8/27.
  흉(凶) = 8/2, 8/6, 8/18, 8/21, 8/23, 8/26.
- **水神祭祀吉凶日 - 水神에 제사지내면 좋은 날과 나쁜 날.**
  吉(길) = 7/28, 7/29, 8/3, 8/6, 8/11, 8/12, 8/18, 8/23, 8/24, 8/27.
  흉(凶) = 7/26, 8/9, 8/18, 8/21.
- **地神祭祀吉凶日 - 地神에 제사지내면 좋은 날과 나쁜 날.**
  吉(길) = 8/7, 8/22, 8/26.
  흉(凶) = 7/28, 8/13, 8/25, 8/27.
- **七星祈禱吉凶日 - 하늘과 산에 기도하면 좋은 날과 나쁜 날.**
  吉(길) = 7/27, 8/2, 8/3, 8/4, 8/7, 8/8, 8/11, 8/12, 8/15, 8/16, 8/17, 8/18, 8/19, 8/20, 8/21, 8/22, 8/27.

九紫	五黃	七赤
八白	一白	三碧
四綠	六白	二黑

丙午年
陰曆 8月 大
月建 丁酉

丙午年 9月 小(30日)

(양력 16日 ~ 30日)

西紀 2026年 · 檀紀 4359年
陰曆 2026年 08月 06日부터
2026年 08月 20日까지

양력 날짜	간지 형상	음력 날짜	간지	오행	경축일 민속일	일출 일몰	월출 월몰	만조시각 물높이	일곱물때명 일반물때명	길한 행사 (불길한 행사)
9/16		8/6	계사 癸巳	水		06:16 18:40	11:27 21:05	진정辰正 술정戌正	두꺽기 한꺽기	제사, 기도, 친목회, 초대, 결혼, 약혼, 이사, 집수리, 상량, 지붕, 장담기, 술거르기, 개업, 문서, 수금 (원행, 터파기, 장례)
17		7	갑오 甲午	金		06:16 18:39	12:28 21:45	사초巳初 해초亥初	아조 두꺽기	제사, 불공, 정보탐색, 민원 (기도, 친목회, 원행, 초대, 약혼, 결혼, 이사, 수리, 상량, 개업, 문서, 수금, 장례)
18		8	을미 乙未	金	◑상 현	06:17 18:37	13:26 22:32	사중巳中 해중亥中	조금 선조금	제사, 고사, 원행, 초대, 약혼, 결혼, 상량, 지붕, 개업, 수금 (치료, 제방, 집수리, 도랑정비, 도로정비, 파옥, 벌목, 어로작업, 사냥)
19		9	병신 丙申	火		06:18 18:36	14:18 23:25	사정巳正 해정亥正	무시 앉은조금	제사, 불공, 수신제가, 예복, 소송, 수금, 대청소, 안장 (기도, 친목회, 원행, 초대, 이사, 수리, 상량, 개업, 문서, 수금)
20		10	정유 丁酉	火	추기 석전대제 (秋期 釋奠大祭)	06:19 18:34	15:03 —:—	자시子時 오시午時	한매 한조금	제사, 목욕, 대청소 (기도, 원행, 동료초대, 이사, 수리, 상량, 파옥, 개업, 문서계약매매, 수금, 벌목, 어로작업, 터파기, 안장)
21		11	무술 戊戌	木	추사(秋社)	06:20 18:32	15:42 00:23	축초丑初 미초未初	두매 한매	제사, 원행, 동료초대, 개방, 종자 (기도, 친목회, 치병, 개업, 문서계약매매, 수금, 터파기, 안장)
22		12	기해 己亥	木		06:21 18:31	16:16 01:25	축중丑中 미중未中	세매 두매	제사, 기도, 친목회, 진료, 개업, 출고, 문서, 매매, 수금 이사, 축대보수, 장담기 (약혼, 결혼, 터파기, 안장)
23		13	경자 庚子	土		06:21 18:29	16:45 02:27	축정丑正 미정未正	네매 무릎사리	제사, 목욕, 공원정비, 도로정비 (원행, 동료초대, 약혼, 결혼, 이사, 진료, 사냥, 어로작업, 안장)
				추분, 09시 05분, 8월의 중기.						
24		14	신축 辛丑	土		06:22 18:28	17:11 03:31	인초寅初 신초申初	다섯매 배꼽사리	친목회, 예복, 수리, 건강검진, 수금, 지붕, 농기계수리 (외출, 문안, 약혼, 결혼, 이사, 수리, 상량, 개업, 문서, 출산준비, 터파기, 안장)
25		15	임인 壬寅	金	●망(望), 보름 추 석	06:23 18:26	17:35 04:34	인정寅正 신정申正	여섯매 가슴사리	목욕, 정보탐색, 민원, 지붕 (제사, 기도, 친목, 외출, 약혼, 결혼, 해외여행, 개방, 치병, 상량, 이사, 개업, 문서, 수금, 출고, 정비, 종자, 목축, 안장)
26		16	계묘 癸卯	金		06:24 18:25	18:00 05:39	묘초卯初 유초酉初	일곱매 턱사리	諸事不宜
27		17	갑진 甲辰	火		06:25 18:23	18:25 06:45	묘중卯中 유중酉中	여덟매 한사리	(기도, 외출, 문안, 초대, 개방, 수신제가, 진료, 수리, 상량, 출산준비, 우물, 축대보수)
28		18	을사 乙巳	火	공자탄일	06:26 18:22	18:54 07:53	묘정卯正 유정酉正	아홉매 목사리	제사, 기도, 친목회, 초대, 약혼, 결혼, 진료, 수리, 이사, 상량, 개업, 문서, 수금, (외출, 사냥, 어로작업, 종자)
29		19	병오 丙午	水		06:27 18:20	19:27 09:05	진초辰初 술초戌初	열매 어깨사리	제사, 정보탐색, 민원접수, 장담기 (기도, 친목회, 외출, 초대, 약혼, 결혼, 진료, 수리, 이사, 상량, 개업, 문서, 수금, 출고, 어로작업, 터파기, 안장)
30		20	정미 丁未	水		06:27 18:19	20:07 10:18	진중辰中 술중戌中	한꺽기 허리사리	제사, 기도, 불공, 친목회, 원행, 초대, 이사, 상량, 지붕, 가축, 술거르기 (약혼, 결혼, 치병, 개업, 문서, 수금, 출고, 수리, 파옥, 벌목, 사냥, 어로작업, 터파기)

기념일
21일 : 치매극복의 날

- 神祠祈禱日 - 神位가 안치된 神堂이나 祠堂에 기도하면 좋은 날.
  吉(길) = 7/27, 7/29, 8/4, 8/7, 8/8, 8/10, 8/15, 8/18, 8/19, 8/20, 8/21, 8/23.
- 雕繪神像開光日(조회신상개광일) - 神像을 그리고 조각하고 세우고 안치하면 좋은 날.
  吉(길) = 7/26, 8/4, 8/8, 8/10, 8/11, 8/17, 8/18, 8/23, 8/24, 8/25.
- 合房不吉日 - 합방해 태어난 자녀에게 나쁜 날.
  흉(凶) = 7/28, 7/30, 8/1, 8/8, 8/13, 8/15, 8/17, 8/23, 日蝕 月蝕, 폭염, 폭서, 폭우, 짙은 안개, 천둥, 번개, 무지개, 지진, 本宮日.
- 地主下降日(지주하강일) - 이 곳을 범하면 흉한 날.

농사정보 ➲ 벼농사 1. 벼멸구 발생시기다 철저한 방제. 2. 벼이삭 팬 후 30~35일 지나면 논물 빼기. 3. 모래논 물빼는 시기는 일반논보다 늦다. ➲ 밭농사 1. 콩, 땅콩은 꼬투리가 커갈 때다 습해예방 배수로 정비. 2. 가을에 심을 밀, 보리 우량종자 미리 준비 소독. 3. 논보리 심을 농가는 논물빼기 등 후기 논관리. ➲ 채소경제작물 1. 김장채소는 초기관리가 중요. 2. 고추줄기 바로 하고 비료살포 다음 고추자람 촉진. 3. 과실수 병충해 방지하고 가을거름 살포. 4. 비닐하우스 재배농가 시설물 보완. ➲ 과수 1. 비바람에 떨어진 미숙과, 낙엽은 묻고, 익은과는 선별 가공. 2. 자람끝난 과일 당도 위해 수확20일 전부터 물공급 중단. 3. 과일봉지 벗기기는 하루 중 오후 2~4시는 껍질화상 우려로 중단. 4. 수확기 과원은 늘 예찰해 병반땐 안전농약 사용 철저 준수. ➲ 화훼 1. 가을철 일교차 심해 병 발생 높다. 환기 보온관리 노력. 2. 카네이션은 녹병, 반점세균병 등 병해충 방제 노력. ➲ 축산 1. 소의 적절한 사양관리로 생산성을 높인다. 2. 젖소의 결핵과 브르셀라병 검진. 3. 산양 종부. 생후 2~4주 된 수퇘지 거세. 4. 가을 병아리를 기른다. ➲ 버섯 약초 잡업 1. 뽕나무 왜소지 정리, 뽕밭 골 사이 녹비. 2. 구기자, 오미자 수확, 알맞게 건조.

양력 날짜	요일	음력 날짜	28수	12신	紫白九星	주당周堂				역혈인 逆血刃	구랑성 九狼星	구성법 九星法	주요 길신 (주요 흉신)
						이사	결혼	신행	안장				
9/16	수	8/6	진 軫	성 成	일백 一白	부 富	조 竈	문 門	모 母	갑 甲	대문승사 大門僧寺	복덕 福德	大空亡日 月恩, 四季, 四相, 三合, 臨日, 普護, 萬通四吉, 天喜, 不將, 生氣, 送禮 (朱雀黑道, 重日, 土禁, 紅紗, 山隔, 鬼火, 神號, 太虛, 陰符)
17	목	7	각 角	수 收	구자 九紫	사 師	부 婦	로 路	부 婦	정 丁	술해방 戌亥方	직성 直星	大空亡日, 伏斷日 金櫃黃道, 月空, 不將, 福生, 皇恩大赦, 玉帝赦日 (天罡, 滅沒, 大時, 枯焦, 大敗, 咸池, 九坎, 九焦, 地破, 氷消瓦解, 地賊, 焦坎, 八座, 太虛)
18	금	8	항 亢	개 開	팔백 八白	재 災	주 廚	주 廚	객 客	갑 甲	水步井 亥方	복목 卜木	天德黃道, 月德合, 時陽, 寶光, 陰德, 母倉, 天赦神, 天倉, 大明, 四季, 地啞, 全吉 (復日, 受死, 土符, 九空, 五虛, 天狗, 弔客, 人隔)
19	토	9	저 氐	폐 閉	칠적 七赤	안 安	부 夫	조 竈	부 父	임 壬	천 天	각기 角己	天聾, 旺日, 五富, 聖心, 天馬, 鳴吠, 天醫 (白虎黑道, 遊禍, 血支, 五離, 羅網, 水隔, 瘟瘟, 天瘟, 鬼哭, 兵符)
20	일	10	방 房	건 建	육백 六白	리 利	고 姑	당 堂	남 男	을 乙	사관 寺觀	인전 人專	玉堂黃道, 官日, 益後, 六儀, 鳴吠, 兵福, 地啞, 全吉 (天火, 月刑, 厭對, 小時, 招搖, 月建, 五離, 白波, 轉殺)
21	월	11	심 心	제 除	오황 五黃	천 天	당 堂	상 牀	손 孫	곤 坤	州縣廳堂 城隍社廟	입조 立早	母倉, 吉期, 續世, 守日, 皆空, 五空, 地倉, 太陽, 兵寶 (天牢黑道, 血忌, 月害, 獨火, 天哭, 土皇, 敗破, 滅亡)
22	화	12	미 尾	만 滿	사록 四綠	해 害	옹 翁	사 死	사 死	임 壬	사관 寺觀	요성 妖星	天德合, 地啞, 相日, 要安, 天后, 天巫, 驛馬, 皆空, 五空, 送禮 (玄武黑道, 重日, 大殺, 五虛, 土瘟, 飛廉, 喪門)
23	수	13	기 箕	평 平	삼벽 三碧	살 殺	제 第	수 睡	여 女	곤 坤	중정청 中庭廳	혹성 惑星	司命黃道, 月德, 天聾, 皆空, 全吉, 六空, 送禮, 時德, 玉宇, 民日, 陽德, 鳴吠, 天貴, 回駕帝星, 太陰 (河魁, 往亡, 天吏, 致死, 死神, 九虎, 土忌, 土府, 天隔)
			秋分, 09시 05분, 8月의 中氣.										
24	목	14	두 斗	정 定	이흑 二黑	부 富	조 竈	문 門	모 母	손 巽	천 天	화도 禾刀	月忌日, 伏斷日 母倉, 五空, 地啞, 六空, 送禮, 三合, 金堂, 時陰, 天貴 (勾陳黑道, 重喪, 復日, 死氣, 五墓, 官符)
25	금	15	우 牛	집 執	일백 一白	사 師	부 婦	로 路	부 婦	경 庚	東北丑午方 廚竈橋門路	복덕 福德	大空亡日 青龍黃道, 天德, 四相, 大明, 全吉, 六空, 五合, 解神, 鳴吠, 地德, 青龍 (地隔, 歸忌, 黃砂, 小耗)
26	토	16	여 女	파 破	구자 九紫	재 災	주 廚	주 廚	객 客	계 癸	천 天	직성 直星	大空亡日, 伏斷日 明堂黃道, 四季, 月恩, 全吉, 四相, 鳴吠, 五合 (天賊, 地火, 月破, 月厭, 五虛, 大耗, 劍鋒, 披麻, 天獄, 荒蕪, 歲破)
27	일	17	허 虛	위 危	팔백 八白	안 安	부 夫	조 竈	부 父	손 巽	승당사묘 僧堂寺廟	복목 卜木	月空, 大明, 母倉, 六合, 不將, 地倉, 敬安, 龍德 (天刑黑道, 月殺, 月虛, 四擊, 太虛)
28	월	18	위 危	성 成	칠적 七赤	리 利	고 姑	당 堂	남 男	계 癸	천 天	각기 角己	月德合, 大明, 三合, 四季, 臨日, 普護, 萬通四吉, 天喜, 生氣, 送禮 (朱雀黑道, 復日, 重日, 紅紗, 山隔, 神號, 土禁, 鬼火, 太虛, 短星)
29	화	19	실 室	수 收	육백 六白	천 天	당 堂	상 牀	손 孫	신 辛	천 天	인전 人專	金櫃黃道, 大明, 福生, 皇恩大赦, 鳴吠, 全吉, 福德(天罡, 滅沒, 大敗, 咸池, 九坎, 九焦, 大時, 枯焦, 地破, 八座, 氷消瓦解, 地賊, 焦坎, 太虛, 短星)
30	수	20	벽 壁	개 開	오황 五黃	해 害	옹 翁	사 死	사 死	간 艮	僧堂城隍 社廟	입조 立早	天德黃道, 時陽, 寶光, 陰德, 母倉, 全吉, 天倉, 天赦神 (受死, 土符, 九空, 五虛, 八風, 八專, 天狗, 人隔, 弔客)

흉(凶) = 1일 - 우물(井).

- 竈王集會日(조왕집회일) - 조왕신 제사지내면 좋은 날.
  吉(길) = 8/6, 8/12, 8/18, 8/21.
- 竈王上天日(조왕상천일) - 부엌 수리하면 좋은 날.
  吉(길) = 8/8, 8/22.

♣ 음력 8월의 민간비법

1) 각 지방에서는 유생들이 문묘에서 가을 석전제를 지낸다.
2) 酉月 酉日 酉時에 새로운 일에 손대지 말라. 손대면 손해를 본다.

八白	四綠	六白
七赤	九紫	二黑
三碧	五黃	一白

丙午年
陰曆 9月 小
月建 戊戌

병오년 10월 大(31일)
(양력 1일 ~ 15일)

서기 2026년 · 단기 4359년
음력 2026년 08월 21일부터
2026년 09월 05일까지

양력 날짜	간지 형상	음력 날짜	간지	오행	경축일 민속일	일출 일몰	월출 월몰	만조시각 물높이	일곱물때명 일반물때명	길한 행사 (불길한 행사)
10/1		8/21	무신 戊申	土		06:28 18:17	20:55 11:32	진정辰正 술정戌正	두꺽기 한꺽기	제사, 건강검진, 문서, 수금, 제방, 수리, 축대보수, 대청소, 종자, 가축매매, 안장 (기도, 후임자, 개방, 치병, 침술, 사냥, 어로작업)
2		22	기유 己酉	土		06:29 18:16	21:54 12:41	사초巳初 해초亥初	아조 두꺽기	諸事不宜
3		23	경술 庚戌	金	◐ 하현 개천절	06:30 18:14	23:02 13:42	사중巳中 해중亥中	조금 선조금	제사, 기도, 후임자, 친목회, 외출, 문안, 초대, 약혼, 결혼, 이사, 상량, 대청소, 종자, 가축, 안장 (진료, 침술, 건강검진, 사냥, 어로작업)
4		24	신해 辛亥	金		06:31 18:13	—:— 14:33	사정巳正 해정亥正	무시 앉은조금	제사, 기도, 친목회, 외출, 이사, 예복, 건강검진, 축대보수, 장담기, 지붕(문안, 약혼, 결혼, 진료, 수리, 개업, 문서, 수금, 출고, 투자, 터파기, 안장)
5		25	임자 壬子	木		06:32 18:11	00:14 15:15	자시子時 오시午時	한매 한조금	목욕, 제사, 공원 도로 정비 (기도, 후임자, 친목회, 원행, 약혼, 결혼, 이사, 수리, 상량, 개업, 매매, 수금, 출고, 사냥, 어로작업, 터파기, 안장)
6		26	계축 癸丑	木		06:33 18:10	01:27 15:49	축초丑初 미초未初	두매 한매	제사, 기도, 불공, 원행, 초대, 이사, 수리, 상량, 지붕, 문서, 수금, 출고, 투자(약혼, 결혼, 진료, 개방, 어로작업, 종자)
7		27	갑인 甲寅	水		06:34 18:08	02:38 16:18	축중丑中 미중未中	세매 두매	불공, 목욕, 정보탐색, 민원(제사, 기도, 후임자, 원행, 약혼, 결혼, 이사, 개방, 진료, 수리, 상량, 개업, 문서, 수금, 출고, 파옥, 터파기, 안장)
8		28	을묘 乙卯	水		06:34 18:07	03:47 16:44	축정丑正 미정未正	네매 무릎사리	제사, 정보탐색, 민원접수, 사냥 (고사, 외출, 초대, 결혼, 터닦기, 개업, 계약, 매매, 수금, 장례)
9		29	병진 丙辰	土	한글날	06:35 18:05	04:53 17:19	인초寅初 신초申初	다섯매 배꼽사리	제사, 불공, 개방, 목욕, 지붕 (고사, 후임자, 개업, 계약매매, 수금, 벌목, 사냥, 어로작업, 터파기, 장례)
10		30	정사 丁巳	土	◯ 회(晦), 그믐	06:36 18:04	05:58 17:34	인정寅正 신정申正	여섯매 가슴사리	제사, 휴식, 사냥 (고사, 외출, 개방, 치병, 침술, 재고정리, 출고, 투자, 터파기, 장례)
11		9/1	무오 戊午	火	삭(朔), 초하루	06:37 18:02	07:03 18:00	묘초卯初 유초酉初	일곱매 턱사리	친목회, 배움시작, 외출, 초대, 결혼, 약혼, 치료, 제방, 집수리, 이사, 상량, 술거름, 장담기, 개업, 계약, 매매, 수금 (터파기, 장례)
12		2	기미 己未	火		06:38 18:01	08:08 18:29	묘중卯中 유중酉中	여덟매 한사리	정보탐색, 민원접수, 사냥, 술거름 (고사, 친목회, 외출, 초대, 결혼, 이사, 치료, 제방, 집수리, 상량, 개업, 계약매매, 수금, 장례)
13		3	경신 庚申	木		06:39 18:00	09:12 19:02	묘정卯正 유정酉正	아홉매 목사리	제사, 고사, 후임자, 배움시작, 외출, 초대, 이사, 개방, 정리정돈, 진료, 집수리, 개업, 출고, 종자 (친목회, 혼례, 계약, 매매, 벌목, 사냥, 어로작업)
14		4	신유 辛酉	木		06:40 17:58	10:15 19:40	진초辰初 술초戌初	열매 어깨사리	제사, 불공, 정리정돈, 예복, 축대보수, 대청소, 장담기 (친목회, 진료, 안과치료, 침술, 사냥, 어로작업)
15		5	임술 壬戌	水		06:41 17:57	11:14 20:25	진중辰中 술중戌中	한꺽기 허리사리	제사, 고사, 친목회, 외출, 초대, 결혼, 이사, 치료, 수금, 출고, 투자, 가축(제방, 집수리, 출산준비, 도랑청소, 농기구손질, 정원, 도로정비, 벌목, 종자)

한로, 15시 29분, 9월의 절기, 월건 무술 적용.

기념일
1일 : 국군의 날
2일 : 노인의 날
5일 : 세계 한인의 날
8일 : 재향군인의 날
10일 : 임산부의 날
10일 : 정신건강의 날
둘째 토요일 : 호스피스의 날
15일 : 체육의 날

202 병오년 음력 9월 기도일 찾기

• 祭祀吉凶日 - 모든 제사에 좋은 날과 나쁜 날.
吉(길) = 8/28, 9/1, 9/2, 9/4, 9/6, 9/7, 9/8, 9/10, 9/14, 9/16, 9/18, 9/19, 9/20, 9/22, 9/25, 9/26.
흉(凶) = 9/3, 9/5, 9/12, 9/24.

• 祈禱吉凶日 - 모든 기도에 좋은 날과 나쁜 날.
吉(길) = 8/28, 9/1, 9/4, 9/6, 9/7, 9/10, 9/12, 9/13, 9/16, 9/18, 9/19, 9/22, 9/24, 9/25.
흉(凶) = .

• 佛供吉凶日 - 불공드리면 좋은 날과 나쁜 날.
吉(길) = 8/29, 9/4, 9/7, 9/8, 9/9, 9/13, 9/17, 9/21.
흉(凶) = 8/28, 9/18, 9/10.

10월의 평균기온	
서울 14.8	인천 15.0
대전 14.7	전주 15.0
목포 16.8	여수 17.3
부산 17.6	포항 16.6
대구 15.9	강릉 15.5
울릉도 15.3	제주도 18.2

10월의 주요약사 *1일 국군의 날 공포(1956), 조선총독부 설치(1910), 대구폭동 발발(1946), 청개천 개통(2005) *5일 자연보호헌장 선포(1978) *7일 남강 다목적댐 준공(1969) *8일 명성황후 시해(1895) *9일 아웅산국립묘지 암살폭파 사건(1983) *10일 서해페리호 침몰(1993) *12일 북관대첩비 100년만에 반환(2005) *13일 김대중 대통령 노벨평화상 수상자로 선정(2000) *14일 영동—동해고속도로 개통(1975) *15일 제3공화국 대통령선거(1963) *16일 한국군 상록수부대 동티모르 파병(1999) *17일 10월 유신헌법 통과(1972), 한강인도교 준공(1917) *19일 여 · 순반란사건(1948) *20일 제3차 아시아 · 유럽 정상회의 서울에서 개최(2000) *21일 대한민국 경찰 창설(1945), 박정희 정권 아래 3선개헌(1969), 성수대교 붕괴(1994) *22일 개헌안 찬반 국민투표(1980) *23일 제1회 유엔총회(1948) *26일 안중근 의사 이등박문 저격(1909), 박정희 대통령 피살(1979) *27일 대한적십자사 창설(1949), 제5공화국헌법 공포(1980) *28일 국립중앙박물관 용산에 개관(2005) *29일 한글맞춤법 통일안(1933) *31일 서울 지하철 2호선 준공(1980)

양력 날짜	요일	음력 날짜	28수	12신	紫白九星	주당周堂 이사	결혼	신행	안장	역혈인 逆血刃	구랑성 九狼星	구성 九星	주요 길신 (주요 흉신)
10/1	목	8/21	규 奎	폐 閉	사록 四綠	살 殺	제 第	수 睡	여 女	병 丙	중정청 中庭廳	요성 妖星	旺日, 五富, 聖心, 除神, 天馬, 天赦, 天醫 (白虎黑道, 遊禍, 血支, 五離, 羅網, 水隔, 瘟㾮, 天瘟, 鬼哭, 兵符)
2	금	22	루 婁	건 建	삼벽 三碧	부 富	조 竈	문 門	모 母	신 辛	사관사묘 寺觀社廟	혹성 惑星	玉堂黃道, 天恩, 大明, 官日, 益後, 六儀, 鳴吠, 兵福 (天火, 月刑, 厭對, 小時, 招搖, 月建, 五離, 白波, 轉殺)
3	토	23	위 胃	제 除	이흑 二黑	사 師	부 婦	로 路	부 婦	병 丙	사묘 社廟	화도 禾刀	月忌日, 伏斷日 月德, 吉期, 續世, 大明, 守日, 天恩, 母倉, 天貴, 兵寶, 地倉, 太陽 (天牢黑道, 血忌, 月害, 獨火, 天哭, 土皇, 敗破, 滅亡)
4	일	24	묘 昴	만 滿	일백 一白	재 災	주 廚	주 廚	객 客	갑 甲	사관 寺觀	복덕 福德	天德合, 天恩, 大明, 地啞, 相日, 要安, 天后, 天巫, 驛馬, 天貴 (玄武黑道, 重喪, 復日, 重日, 大殺, 五虛, 九虎, 土瘟, 飛廉, 喪門)
5	월	25	필 畢	평 平	구자 九紫	안 安	부 夫	조 竈	부 父	정 丁	천 天	직성 直星	大空亡日 司命黃道, 四相, 天恩, 回駕帝星, 天聾, 時德, 玉宇, 民日, 陽德, 鳴吠, 太陰 (河魁, 往亡, 天吏, 死神, 致死, 土忌, 土府, 天隔)
6	화	26	자 觜	정 定	팔백 八白	리 利	고 姑	당 堂	남 男	건 乾	僧堂寺觀 社廟	복목 卜木	天恩, 月恩, 四相, 母倉, 四季, 全吉, 地啞, 偸修, 三合, 金堂, 時陰 (勾陳黑道, 死氣, 八專, 觸水龍, 官符)
7	수	27	참 參	집 執	칠적 七赤	천 天	당 堂	상 牀	손 孫	갑 甲	축방 丑方	각기 角己	楊公忌日 青龍黃道, 天德, 月空, 五合, 全吉, 解神, 鳴吠, 地德, 青龍 (歸忌, 小耗, 四廢, 八專, 黃砂, 地隔)
8	목	28	정 井	집 執	육백 六白	해 害	옹 翁	사 死	사 死	건 乾	천 天	인전 人專	六空, 五合, 地倉, 六合, 聖心, 地德 (勾陳黑道, 大時, 五虛, 大敗, 咸池, 小耗, 四廢, 劍鋒, 山隔)
			寒露, 15시 29분, 9月의 節入, 月建 戊戌 適用.										
9	금	29	귀 鬼	파 破	오황 五黃	살 殺	제 第	수 睡	여 女	곤 坤	인진방 寅辰方	입조 立早	青龍黃道, 天德, 月德, 母倉, 偸修, 天聾, 解神, 益後, 全吉, 青龍 (往亡, 月破, 九空, 四擊, 大耗, 土忌, 土府, 太虛)
10	토	30	류 柳	위 危	사록 四綠	부 富	조 竈	문 門	모 母	임 壬	전문 前門	요성 妖星	明堂黃道, 續世, 陰德, 偸修, 送禮, 龍德 (遊禍, 重日, 滅沒, 血忌, 土禁, 瘟㾮, 天瘟, 地賊, 太虛, 鬼哭, 人隔)
11	일	9/1	성 星	성 成	삼벽 三碧	천 天	부 婦	주 廚	모 母	을 乙	戌亥方 併廚竈	화도 禾刀	要安, 三合, 天喜, 天倉, 生氣 (天刑黑道, 復日, 水隔, 神號, 鬼火, 太虛, 陰符)
12	월	2	장 張	수 收	이흑 二黑	리 利	조 竈	로 路	여 女	곤 坤	정 井	복덕 福德	伏斷日 母倉, 全吉, 福德, 玉宇(朱雀黑道, 重喪, 復日, 河魁, 天哭, 羅網, 月刑, 五虛, 八專, 地破, 八座, 氷消瓦解, 荒蕪)
13	화	3	익 翼	개 開	일백 一白	안 安	제 第	문 門	사 死	을 乙	橋井門路 社廟	직성 直星	金櫃黃道, 旺日, 月恩, 時陽, 金堂, 六儀, 天后, 驛馬, 天貴, 鳴吠, 皆空, 偸修, 送禮 (天賊, 厭對, 招搖, 八專, 天狗, 五離, 弔客)
14	수	4	진 軫	폐 閉	구자 九紫	재 災	옹 翁	수 睡	손 孫	계 癸	오방 午方	복목 卜木	天德黃道, 天德合, 月德合, 偸修, 天醫, 地啞, 官日, 寶光, 鳴吠, 天貴, 地倉 (血支, 天吏, 致死, 月害, 五離, 轉殺, 獨火, 土皇, 長星)
15	목	5	각 角	건 建	팔백 八白	사 師	당 堂	사 死	남 男	손 巽	사관 寺觀	각기 角己	月忌日 月空, 四相, 母倉, 守日, 天馬, 天赦神, 兵福 (白虎黑道, 小時, 月建, 天隔, 白波)

• **山祭吉凶日** - 산신제나 입산 기도하면 좋은 날과 나쁜 날.
吉(길) = 9/7, 9/11, 9/12, 9/17, 9/19.
흉(凶) = 9/1, 9/3.

• **水神祭祀吉凶日** - 水神에 제사지내면 좋은 날과 나쁜 날.
吉(길) = 8/28, 9/4, 9/6, 9/7, 9/14, 9/16, 9/17, 9/18, 9/19, 9/22.
흉(凶) = 9/21, 9/23.

• **地神祭祀吉凶日** - 地神에 제사지내면 좋은 날과 나쁜 날.
吉(길) = 9/3, 9/15, 9/22, 9/26.
흉(凶) = 8/28, 9/13, 9/18, 9/19, 9/25.

• **七星祈禱吉凶日** - 하늘과 산에 기도하면 좋은 날과 나쁜 날.
吉(길) = 9/1, 9/2, 9/3, 9/4, 9/7, 9/8, 9/15, 9/16, 9/17, 9/18, 9/19, 9/22, 9/27.

八白	四綠	六白
七赤	九紫	二黑
三碧	五黃	一白

丙午年
陰曆 9月 小
月建 戊戌

丙午年 10月 大(31일)

(양력 16日 ~ 31日)

西紀 2026年 · 檀紀 4359年
陰曆 2026年 09月 06日부터
2026年 09月 21日까지

양력 날짜	간지 형상	음력 날짜	간지	오행	경축일 민속일	일출 일몰	월출 월몰	만조시각 물높이	일곱물때명 일반물때명	길한 행사 (불길한 행사)
10/16		9/6	계해 癸亥	水		06:42 17:55	12:09 21:16	진정辰正 술정戌正	두꺽기 한꺽기	제사, 목욕, 대청소 (진료, 수리, 출고, 농기구손질, 정원손질, 도로정비, 종자선별, 안장)
17		7	갑자 甲子	金	음둔하원	06:43 17:54	12:57 22:12	사초巳初 해초亥初	아조 두꺽기	제사, 불공, 목욕, 장담기 (고사, 외출, 혼례, 이사, 집수리, 개업, 계약, 수금, 우물, 안장)
18		8	을축 乙丑	金	◑ 상 현	06:44 17:53	13:38 23:11	사중巳中 해중亥中	조금 선조금	諸事不宜
19		9	병인 丙寅	火	중 양 절	06:45 17:51	14:13 －:－	사정巳正 해정亥正	무시 앉은조금	(제사, 불공, 외출, 동료초대, 혼례, 이사, 벌목, 사냥, 어로작업, 장담기)
20		10	정묘 丁卯	火	토왕용사	06:46 17:50	14:44 00:13	자시子時 오시午時	한매 한조금	제사, 기도, 혼례, 지붕, 장담기, 술빚기, 민원접수, 사냥, 터파기, 안장(이발, 재고관리, 개업, 문서, 매매, 수금, 출고, 투자, 우물)
21		11	무진 戊辰	木		06:47 17:49	15:10 01:15	축초丑初 미초未初	두매 한매	제사, 목욕, 파옥 (기도, 후임자, 원행, 문안, 초대, 약혼, 결혼, 채용, 치병, 이사, 제방, 수리, 상량, 개업, 문서, 출고투자, 출산준비, 보수, 벌목, 사냥, 안장)
22		12	기사 己巳	木		06:48 17:47	15:36 02:17	축중丑中 미중未中	세매 두매	제사, 휴식, 사냥, 지붕 (기도, 후임자, 원행, 개방, 치병, 침술, 수리, 출고, 투자, 터파기, 안장)
23		13	경오 庚午	土		06:48 17:46	16:00 03:21	축정丑正 미정未正	네매 무릎사리	제사, 기도, 불공, 친목회, 배움, 문안, 초대, 약혼, 결혼, 채용, 이사, 개방, 예복, 상량, 수리, 개업, 문서, 수금, 개방, 투자, 종자, 가축, 안장 (지붕, 건강검진)
					상강, 18시 38분, 9월의 중기.					
24		14	신미 辛未	土		06:49 17:45	16:25 04:26	인초寅初 신초申初	다섯매 배꼽사리	제사, 정보탐색, 민원접수, 장담기, 지붕 (진료, 제방, 출산준비, 보수, 도로정비, 헐기, 사냥, 물고기잡기, 묘목, 터파기)
25		15	임신 壬申	金	● 망(望), 보름	06:50 17:44	16:52 05:33	인정寅正 신정申正	여섯매 가슴사리	제사, 기도, 후임자, 배움, 원행, 문안, 진료, 이사, 개방, 상량, 개업, 수금, 투자, 출산준비, 종자, 목축 (약혼, 결혼, 휴식, 문서, 개간, 벌목, 진수식, 해외출장)
26		16	계유 癸酉	金		06:51 17:42	17:24 06:44	묘초卯初 유초酉初	일곱매 턱사리	제사, 수신제가, 예복, 축대보수, 대청소 (후임자, 친목회, 외출, 초대, 약혼, 결혼, 이사, 수리, 상량, 개업, 문서, 수금, 우물, 터파기, 안장)
27		17	갑술 甲戌	火		06:52 17:41	18:02 07:59	묘중卯中 유중酉中	여덟매 한사리	諸事不宜
28		18	을해 乙亥	火		06:53 17:40	18:49 09:15	묘정卯正 유정酉正	아홉매 목사리	목욕, 집안대청소 (기도, 후임자, 친목회, 약혼, 결혼, 이사, 진료, 제방, 수리, 상량, 출고, 도랑청소, 터파기, 안장)
29		19	병자 丙子	水		06:54 17:39	19:46 10:28	진초辰初 술초戌初	열매 어깨사리	기도, 제사, 친목회, 외출, 약혼, 결혼, 상량, 장담기, 개업, 문서, 수금, 출고, 축대보수, 안장(이사, 해외여행, 진료, 사냥, 어로작업, 진수식, 해외출장)
30		20	정축 丁丑	水		06:55 17:38	20:53 11:34	진중辰中 술중戌中	한꺽기 허리사리	諸事不宜
31		21	무인 戊寅	土		06:56 17:37	22:05 12:30	진정辰正 술정戌正	두꺽기 한꺽기	(제사, 기도, 불공, 후임자, 원행, 문안, 초대, 약혼, 결혼, 이사, 개방, 진료, 예복, 제방, 상량, 소송, 개업, 문서, 수금출고, 도랑청소, 벌목, 안장)

기념일
16일 : 부마민주항쟁기념일
셋째토요일 : 문화의 날
21일 : 경찰의 날
24일 : 국제연합일
28일 : 교정의 날
29일 : 지방자치의 날

- **神祠祈禱日** - 神位가 안치된 神堂이나 祠堂에 기도하면 좋은 날.
  吉(길) = 8/30, 9/5, 9/7, 9/8, 9/11, 9/12, 9/18, 9/19, 9/20, 9/25, 9/27.
- **雕繪神像開光日** - 神像을 그리고 조각하고 세우고 안치하면 좋은 날.
  吉(길) = 8/29, 9/1, 9/2, 9/9, 9/16, 9/23, 9/26.
- **合房不吉日** - 합방해 태어난 자녀에게 나쁜 날.
  흉(凶) = 8/28, 8/29. 9/1, 9/3, 9/7, 9/8, 9/15, 9/16, 9/23, 日蝕, 月蝕, 폭염, 폭서, 폭우, 짙은 안개, 천둥, 번개, 무지개, 지진, 本宮日.
- **地主下降日(지주하강일)** - 이 곳을 범하면 흉한 날.

농사정보 ◐벼농사 1. 벼수확 늦으면 벼알이 떨어지고 이삭 목 꺾여 수확 감소. 2. 콤바인은 표준속도로 작업. 3. 탈곡한 벼는 통풍좋은 곳에서 서서히 건조한다. ◐밭농사 1. 보리파종 전 종자소독 후 늦어도 중순까지 파종 완료. 2. 콩, 고구마, 땅콩 등 뒷그루 작물파종에 피해가 없도록 수확한다. 3. 수확한 밭작물 잘 건조 보관하고 수매. 4. 품질 좋은 종자 선별, 내년 종자 보관. ◐채소 1. 가을무 배추 동해 피해 조심, 기온급강하 때 비닐, 짚 등 덮개를 덮어준다. 2. 배추 추위오기 전 포기 묶어준다. 3. 수확기 무 배추 적기수확, 출하 저장. 4. 씨마늘 소독하여 심는다. 5. 마늘 양파 심은 후 배수구 정비해 습해 예방. 6. 시설재배농가 에너지절감 위해 피복자재보완 개선 보온력 상승. 7. 온풍기 점검 수막하우스 설치 일사감응자동변온장치로 난방비 절감. ◐과수 1. 과실은 같은 나무도 익는 속도 다르다. 익은 정도에 따라 수확. 2. 수확한 과일은 상처가 생기지 않게 조심한다. 3. 과실은 꼭지가 빠지면 상품가치 하락과 저장력이 약해진다. 4. 과실은 2~3℃에서도 동해를 입는다. ◐화훼 1. 안개초는 불량한 환경에선 생육이 정지된다. 2. 글라디올루스는 잎이 6개 정도 나왔을 때 15℃ 이하면 꽃눈이 죽는다. 3. 장미는 온도가 낮으면 꽃눈의 분화가 안 되고 퇴화현상이 발생한다. ◐축산 1. 소가 환절기 호흡기질병에 걸리지 않도록 한다. 2. 갓난 송아지는 보온관리를 철저히 한다. 3. 새끼돼지는 보조사료를 먹이고 설사병 예방접종실시. 4. 닭장에 보온관리와 환기관리를 해 일교차를 줄인다. ◐버섯 약초 잠업 1. 뽕나무밭 골 사이에 호밀과 같은 녹비씨 파종.

양력 날짜	요 일	음력 날짜	28 수	12 신	紫白 九星	주당周堂				역혈인 逆血刃	구랑성 九狼星	구성법 九星法	주요 길신 (주요 흉신)
						이사	결혼	신행	안장				
10/16	금	9/6	항 亢	제 除	칠적 七赤	부 富	고 姑	상 牀	부 父	경 庚	선사방 船巳方	인전 人專	玉堂黃道, 四相, 相日, 吉期, 五富, 敬安, 兵寶, 皇恩大赦, 太陽 (重日, 五虛, 土符)
17	토	7	저 氐	만 滿	육백 六白	살 殺	부 夫	당 堂	객 客	계 癸	사묘 社廟	화도 禾刀	天恩, 全吉, 時德, 普護, 天巫, 民日 (天牢黑道, 歸忌, 天火, 大殺, 披麻, 地隔, 飛廉, 土瘟, 敗破, 天獄, 黃砂, 喪門)
18	일	8	방 房	평 平	오황 五黃	해 害	주 廚	조 竈	부 婦	경 庚	주 廚	복덕 福德	大空亡日 天恩, 母倉, 地啞, 全吉, 福生, 太陰 (玄武黑道, 天罡, 月殺, 紅紗, 月虛, 滅亡, 死神)
19	월	9	심 心	정 定	사록 四綠	천 天	부 婦	주 廚	모 母	병 丙	천 天	직성 直星	司命黃道, 天德, 月德, 天恩, 五合, 全吉, 天聾, 三合, 臨日, 回駕帝星, 陽德, 時陰, 鳴吠, 萬通四吉 (受死, 地火, 月厭, 枯焦, 焦坎, 死氣, 九坎, 九焦)
20	화	10	미 尾	집 執	삼벽 三碧	리 利	조 竈	로 路	여 女	신 辛	後門寅艮方 神廟道觀	복목 卜木	天恩, 五合, 地啞, 六合, 聖心, 鳴吠, 地德, 地倉 (勾陳黑道, 大時, 五虛, 大敗, 咸池, 小耗, 劍鋒, 山隔)
21	수	11	기 箕	파 破	이흑 二黑	안 安	제 第	문 門	사 死	간 艮	寅辰方 寺觀	각기 角己	伏斷日 青龍黃道, 天恩, 母倉, 天聾, 解神, 益後, 青龍 (復日, 往亡, 月破, 大耗, 九空, 四擊, 地囊, 土忌, 土府, 太虛, 五墓, 歲破)
22	목	12	두 斗	위 危	일백 一白	재 災	옹 翁	수 睡	손 孫	병 丙	신방사관 申方寺觀	인전 人專	明堂黃道, 續世, 陰德, 龍德 (重喪, 復日, 重日, 遊禍, 血忌, 滅沒, 瘟瘟, 天瘟, 土禁, 鬼哭, 地賊, 人隔, 太虛)
23	금	13	우 牛	성 成	구자 九紫	사 師	당 堂	사 死	남 男	경 庚	천 天	입조 立早	月恩, 三合, 要安, 天喜, 天倉, 不將, 全吉, 鳴吠, 天貴, 生氣 (天刑黑道, 水隔, 神號, 鬼哭, 太虛, 陰符)
			霜降, 18시 38분, 9月의 中氣.										
24	토	14	여 女	수 收	팔백 八白	부 富	고 姑	상 牀	부 父	건 乾	천 天	요성 妖星	月忌日 天德合, 月德合, 玉宇, 母倉, 全吉, 不將, 大明, 天貴, 福德 (朱雀黑道, 河魁, 月刑, 五虛, 地破, 八座, 氷消瓦解, 羅網, 天哭, 荒蕪)
25	일	15	허 虛	개 開	칠적 七赤	살 殺	부 夫	당 堂	객 客	갑 甲	정청 正廳	혹성 惑星	金櫃黃道, 大明, 月空, 四相, 旺日, 金堂, 時陽, 天后, 六儀, 驛馬, 鳴吠(天賊, 厭對, 五離, 招搖, 天狗, 弔客)
26	월	16	위 危	폐 閉	육백 六白	해 害	주 廚	조 竈	부 婦	정 丁	寅艮卯方 午方後門	화도 禾刀	天德黃道, 大明, 全吉, 四相, 地倉, 官日, 天醫, 寶光, 鳴吠 (血支, 月害, 天吏, 致死, 五離, 獨火, 轉殺, 土皇, 兵符, 短星)
27	화	17	실 室	건 建	오황 五黃	천 天	부 婦	주 廚	모 母	건 乾	신묘주현 神廟州縣	복덕 福德	大空亡日 母倉, 全吉, 守日, 天馬, 天赦神, 兵福 (白虎黑道, 小時, 月建, 天隔, 白波, 短星)
28	수	18	벽 壁	제 除	사록 四綠	리 利	조 竈	로 路	여 女	정 丁	사관 寺觀	직성 直星	大空亡日, 伏斷日 玉堂黃道, 相日, 五富, 全吉, 吉期, 皇恩大赦, 敬安, 兵寶, 太陽 (重日, 五虛, 土符)
29	목	19	규 奎	만 滿	삼벽 三碧	안 安	제 第	문 門	사 死	을 乙	중정 中庭	복목 卜木	天德, 月德, 四季, 全吉, 天聾, 時德, 普護, 天巫, 民日, 鳴吠 (天牢黑道, 歸忌, 土瘟, 天火, 獨火, 大殺, 觸水龍, 黃砂, 披麻, 飛廉, 地隔, 敗破, 天獄, 喪門)
30	금	20	루 婁	평 平	이흑 二黑	재 災	옹 翁	수 睡	손 孫	곤 坤	인방주정 寅方廚井	각기 角己	大明, 母倉, 福生, 四季, 全吉, 太陰 (玄武黑道, 死神, 滅亡, 紅紗, 天罡, 月殺, 月虛)
31	토	21	위 胃	정 定	일백 一白	사 師	당 堂	사 死	남 男	임 壬	동북방 東北方	인전 人專	司命黃道, 五合, 三合, 臨日, 陽德, 時陰, 萬通四吉, 天瑞, 回駕帝星 (受死, 復日, 地火, 月厭, 枯焦, 死氣, 九坎, 九焦, 焦坎)

흉(凶) = 1일 - 우물(井).

- 竈王集會日(조왕집회일) - 조왕신 제사지내면 좋은 날.
  吉(길) = 9/6, 9/12, 9/18, 9/211.
- 竈王上天日(조왕상천일) - 부엌 수리하면 좋은 날.
  吉(길) = 9/8, 9/22.

♣ 음력 9월의 민간비법

1) 국화술을 마시면 회충이 없어진다.
2) 구기자술을 오래 마시면 무병장수한다.
3) 戌月 戌日 戌時에는 일을 해도 효과가 없다.

七赤	三碧	五黃
六白	八白	一白
二黑	四綠	九紫

丙午年
陰曆 10月 大
月建 己亥

병오년 11월 小(30일)

(양력 1일 ~ 15일)

서기 2026년 · 단기 4359년
음력 2026년 09월 22일부터
2026년 10월 07일까지

양력날짜	간지형상	음력날짜	간지	오행	경축일 민속일	일출 일몰	월출 월몰	만조시각 물높이	일곱물때명 일반물때명	길한 행사 (불길한 행사)
11/1		9/22	기묘 己卯	土		06:58 17:36	23:18 13:15	사초巳初 해초亥初	아조 두꺼기	제사, 기도, 친목회, 약혼, 결혼, 채용, 건강검진, 지붕, 소송, 민원, 사냥, 가축, 안장 (재고관리, 개업, 문서, 수금, 출고, 투자, 우물)
2		23	경진 庚辰	金	하 현	06:59 17:34	--:-- 13:51	사중巳中 해중亥中	조금 선조금	제사, 개방, 구옥헐기, 옥상 (기도, 후임자, 친목회, 성인식, 외출, 문안, 약혼, 결혼, 채용, 개업, 문서, 출고, 투자, 이사, 제방, 상량, 축대, 정원, 벌목, 사냥, 어로작업, 안장)
3		24	신사 辛巳	金		07:00 17:33	00:30 14:21	사정巳正 해정亥正	무시 앉은조금	제사, 친목회, 초대, 약혼, 결혼, 이사, 수리, 문안, 휴식, 예복, 상량, 장담기, 가축매매
4		25	임오 壬午	木		07:01 17:32	01:38 14:48	자시子時 오시午時	한매 한조금	제사, 기도, 후임자, 외출, 문안, 초대, 약혼, 결혼, 이사, 진료, 제방, 상량, 지붕, 개업, 문서, 수금, 안장 (지붕손질, 개간)
5		26	계미 癸未	木		07:02 17:31	02:44 15:13	축초丑初 미초未初	두매 한매	제사, 지붕, 민원, 사냥, 술빚기(기도, 친목회, 외출, 문안, 약혼, 결혼, 이사, 상량, 수리, 개업, 문서, 수금, 출고, 투자, 파옥, 안장)
6		27	갑신 甲申	水		07:03 17:30	03:48 15:37	축중丑中 미중未中	세매 두매	제사, 기도, 배움, 외출, 초대, 이사, 개방, 진료, 수리, 상량, 개업, 도랑청소(약혼, 결혼, 문서, 출고, 투자, 벌목, 사냥, 어로작업)
7		28	을유 乙酉	水		07:04 17:29	04:52 16:02	축정丑正 미정未正	네매 무릎사리	제사, 고사, 불공, 외출, 초대, 결혼, 이사, 정리정돈, 예복, 수리, 개업, 수금, 출고, 투자 (친목회, 치료, 벌목, 사냥, 어로작업, 종자)
				입동, 18시 52분, 10월의 절기, 월건 기해 적용.						
8		29	병술 丙戌	土	회(晦), 그믐	07:05 17:29	05:55 16:30	인초寅初 신정申正	5매/6매 일조부등	諸事不宜
9		10/1	정해 丁亥	土	삭(朔), 초하루	07:06 17:28	06:59 17:01	묘초卯初 유초酉初	일곱매 턱사리	제사, 목욕 (고사, 외출, 초대, 혼례, 이사, 치료, 수리, 개업, 매매, 청소, 집헐기, 벌목, 어로작업, 장례)
10		2	무자 戊子	火		07:07 17:27	08:02 17:37	묘중卯中 유중酉中	여덟매 한사리	불공, 목욕, 대청소, 옥상 (고사, 외출, 초대, 혼례, 이사, 집수리, 상량, 개업, 매매, 어로작업)
11		3	기축 己丑	火		07:08 17:26	09:03 18:20	묘정卯正 유정酉正	아홉매 목사리	제사, 불공, 장담기 (외출, 초대, 혼례, 이사, 진료, 벌목, 사냥, 어로작업)
12		4	경인 庚寅	木		07:09 17:25	10:00 19:09	진초辰初 술초戌初	열매 어깨사리	친목회, 외출, 초대, 결혼, 약혼, 이사, 집수리, 상량, 개업, 계약, 매매, 장례 (제사, 고사, 후임자, 개방, 진료, 건강검진, 사냥, 어로작업)
13		5	신묘 辛卯	木		07:10 17:24	10:50 20:03	진중辰中 술중戌中	한꺽기 허리사리	불공, 친목회, 외출, 초대, 결혼, 이사, 집수리, 개업, 매매, 농기구정리, 이장 (개방, 치료, 출산준비, 우물, 종자)
14		6	임진 壬辰	水		07:11 17:24	11:34 21:01	진정辰正 술정戌正	두꺽기 한꺽기	정리정돈, 예복, 민원접수, 사냥 (외출, 초대, 혼례, 이사, 수리, 상량, 개업, 매매, 도랑청소, 도로정비, 터파기, 장례)
15		7	계사 癸巳	水		07:12 17:23	12:11 22:01	사초巳初 해초亥初	아조 두꺽기	질병치료, 헌집헐기, 지붕 (고사, 후계자, 초대, 혼례, 이사, 개업, 매매, 상량, 도랑 축대보수, 벌목, 종자, 터파기, 안장)

기념일

3일 : 학생독립운동기념일
5일 : 소상공인의 날
5일 : 바둑의 날
9일 : 소방의 날
11일 : 농업인의 날
11일 : 보행자의 날

2026 병오년 음력 10월 기도일 찾기

- **祭祀吉凶日 - 모든 제사에 좋은 날과 나쁜 날.**
吉(길) = 10/2, 10/3, 10/5, 10/6, 10/8, 10/9, 10/10, 10/14, 10/15, 10/17, 10/20, 10/21, 10/22, 10/24, 10/26, 10/27.
흉(凶) = 10/7, 10/13, 10/25.

- **祈禱吉凶日 - 모든 기도에 좋은 날과 나쁜 날.**
吉(길) = 9/29, 10/3, 10/5, 10/6, 10/8, 10/9, 10/12, 10/14, 10/15, 10/17, 10/18, 10/20, 10/21, 10/24, 10/26, 10/27.
흉(凶) = 10/7, 10/16.

- **佛供吉凶日 - 불공드리면 좋은 날과 나쁜 날.**
吉(길) = 9/28, 10/2, 10/3, 10/5, 10/8, 10/10, 10/17, 10/21, 10/28.
흉(凶) = 10/20, 10/6.

11월의 평균기온

서울 7.2　인천 7.61
대전 7.5　전주 8.3
목포 10.2　여수 10.9
부산 11.6　포항 10.3
대구 9.0　강릉 9.2
울릉도 9.7　제주도 12.8

11월의 주요약사

*1일 독립문 건축 기공(1906), 미, 수소폭탄 실험(1952), 한 · 소 수교(1990) *2일 만국우편조약 체결(1874), 도하 아시안게임과 베이징 올림픽 남북단일팀 구성 합의(2005) *3일 광주학생운동 일어남(1929), 고 박정희 대통령 국장(1979), 경주 중저준위방사성폐기물처분장부지로 확정(2005) *5일 갑자사화(1504) *7일 러, 볼세비키혁명(1917), 한미연합사령부 창설(1978) *8일 한국 유엔 안전보장이사회 비상임이사국 선출(1955) *10일 경부선철도 완공(1904) *11일 제1차 세계대전 휴전일(1918), 이리역 폭발참사(1977) *12일 평화민주당 창당대회(1987) *13일 페이건 미 대통령 방한(1983) *14일 호남~남해 간 고속도록 개통(1973) *15일 가정의례준칙 확정(1968), 남침 땅굴 첫 발견(1974) *16일 낙동강하구둑 준공(1987) *17일 을사보호조약(1905), 한 · 미상호방위조약 발효(1954) *18일 현대 금강호 금강산관광 첫 출항(1998) *19일 창덕궁 준공(1405), 민주당 임시정당대회(1987), 남극자원보존협약 가입(1985) *21일 유신헌법 찬반 국민투표(1972), IMF구제금융 신청(1997) *22일 포드 미국대통령 내한(1974) *23일 임정 요인 환국(1945), 신의주 학생사건 발발(1945), 전두환 대통령 재산 국가헌납 발표(1988) *25일 단오제 유네스코 인류 구전 및 무형유산 선정(2005) *26일 제6대 국회의원 선거(1963) *27일 카이로선언(1943) *28일 국제노동기구 결성(1949) *29일 사사오입 의해 헌법개정(1954), 서울올림픽 휘장 마스코트 발표(1983) *30일 서울시내 전차 철거(1968)

양력날짜	요일	음력날짜	28수	12신	紫白九星	주당周堂 이사	결혼	신행	안장	역혈인 逆血刃	구랑성 九狼星	구성법 九星法	주요 길신 (주요 흉신)
11/1	일	9/22	묘 昴	집 執	구자 九紫	부 富	고 姑	상 牀	부 父	을 乙	僧尼寺觀 後門	입조 立早	天恩, 大明, 五合, 六合, 聖心, 天瑞, 地啞, 地倉, 地德, 送禮 (勾陳黑道, 重喪, 復日, 大時, 五虛, 大敗, 咸池, 小耗, 劍鋒, 山隔)
2	월	23	필 畢	파 破	팔백 八白	살 殺	부 夫	당 堂	객 客	임 壬	사관 寺觀	요성 妖星	月忌日 青龍黃道, 月恩, 解神, 益後, 天恩, 母倉, 不將, 天貴, 青龍 (往亡, 土忌, 土府, 月破, 九空, 四擊, 大耗, 太虛, 歲破)
3	화	24	자 觜	위 危	칠적 七赤	해 害	주 廚	조 竈	부 婦	경 庚	천 天	혹성 惑星	明堂黃道, 天德合, 月德合, 天恩, 地啞, 續世, 陰德, 不將, 天瑞, 天貴, 龍德 (重日, 滅沒, 遊禍, 血忌, 土禁, 瘟瘟, 天瘟, 鬼哭, 地賊, 太虛, 人隔)
4	수	25	참 參	성 成	육백 六白	천 天	부 婦	주 廚	모 母	계 癸	신묘 神廟	화도 禾刀	楊公忌日 月空, 大明, 天恩, 四季, 四相, 三合, 要安, 天喜, 生氣, 天倉, 不將, 鳴吠 (天刑黑道, 水隔, 神號, 鬼火, 太虛, 陰符)
5	목	26	정 井	수 收	오황 五黃	리 利	조 竈	로 路	여 女	손 巽	수보정 水步井	복덕 福德	大空亡日 四相, 天恩, 母倉, 全吉, 玉宇, 不將, 福德 (朱雀黑道, 河魁, 月刑, 五虛, 羅網, 觸水龍, 地破, 八座, 氷消瓦解, 天哭, 荒蕪)
6	금	27	귀 鬼	개 開	사록 四綠	안 安	제 第	문 門	사 死	경 庚	정청중정 正廳中庭	직성 直星	大空亡日, 伏斷日 金櫃黃道, 大明, 全吉, 旺日, 時陽, 金堂, 天后, 六儀, 驛馬, 鳴吠 (天賊, 厭對, 招搖, 天狗, 五離, 弔客)
7	토	28	류 柳	개 開	삼벽 三碧	재 災	옹 翁	수 睡	손 孫	손 巽	천 天	복목 卜木	大空亡日 天德, 四相, 月恩, 母倉, 時陽, 聖心, 鳴吠 (朱雀黑道, 紅紗, 五離, 天狗, 披麻, 天獄, 太虛, 弔客)
			立冬, 18시 52분, 10月의 節入, 月建 己亥 適用.										
8	일	29	성 星	폐 閉	이흑 二黑	사 師	당 堂	사 死	남 男	간 艮	천 天	각기 角己	金櫃黃道, 益後, 天醫, 全吉 (復日, 血支, 月殺, 月虛, 五虛, 地隔, 兵符)
9	월	10/1	장 張	건 建	일백 一白	안 安	부 夫	조 竈	부 父	병 丙	巳方 大門僧寺	복목 卜木	天德黃道, 大明, 旺日, 續世, 寶光, 兵福 (重日, 月建, 血忌, 月刑, 小時, 九坎, 九焦, 瘟瘟, 天瘟, 枯焦, 鬼哭, 白波, 焦坎)
10	화	2	익 翼	제 除	구자 九紫	리 利	고 姑	당 堂	남 男	신 辛	주조 廚竈	각기 角己	要安, 吉期, 官日, 天馬, 兵寶, 回駕帝星, 太陽 (白虎黑道, 大時, 羅網, 大敗, 咸池, 轉殺)
11	수	3	진 軫	만 滿	팔백 八白	천 天	당 堂	상 牀	손 孫	간 艮	인방주사 寅方廚舍	인전 人專	玉堂黃道, 月德合, 守日, 玉宇, 天巫, 天赦神 (天賊, 歸忌, 地火, 月厭, 九空, 土瘟, 山隔, 飛廉, 大殺, 喪門, 長星)
12	목	4	각 角	평 平	칠적 七赤	해 害	옹 翁	사 死	사 死	신 辛	오방 午方	입조 立早	天德合, 月空, 五合, 六合, 金堂, 相日, 五富, 時德, 不將, 鳴吠, 天瑞, 送禮, 全吉, 地倉, 太陰 (天牢黑道, 河魁, 遊禍, 五虛, 死神, 氷消瓦解, 敗破, 荒蕪, 行狼)
13	금	5	항 亢	정 定	육백 六白	살 殺	제 第	수 睡	여 女	정 丁	천 天	요성 妖星	月忌日 不將, 三合, 五合, 民日, 陰德, 時陰, 鳴吠, 四季, 送禮 (玄武黑道, 死氣, 天火, 人隔, 官符)
14	토	6	저 氐	집 執	오황 五黃	부 富	조 竈	문 門	모 母	건 乾	천 天	혹성 惑星	大空亡日 司命黃道, 解神, 大明, 陽德, 不將, 天貴, 地德, 皇恩大赦, 全吉, 送禮 (重喪, 復日, 小耗, 滅沒, 五墓, 土符, 水隔, 滅亡, 地賊, 攀鞍, 重座)
15	일	7	방 房	파 破	사록 四綠	사 師	부 婦	로 路	부 婦	갑 甲	대문승사 大門僧寺	화도 禾刀	大空亡日, 伏斷日 天后, 驛馬, 天倉, 不將, 敬安, 天貴, 四季, 送禮 (勾陳黑道, 重日, 月破, 大耗, 歲破)

- **山祭吉凶日 - 산신제나 입산 기도하면 좋은 날과 나쁜 날.**
  吉(길) = 9/29, 10/1, 10/5, 10/9, 10/16, 10/17, 10/24, 10/25, 10/28.
  흉(凶) = 10/2, 10/3, 10/11, 10/15, 10/26, 10/27.
- **水神祭祀吉凶日 - 水神에 제사지내면 좋은 날과 나쁜 날.**
  吉(길) = 10/2, 10/3, 10/9, 10/14, 10/21, 10/26, 10/27.
  흉(凶) = 9/28, 10/10, 10/13, 10/22.
- **地神祭祀吉凶日 - 地神에 제사지내면 좋은 날과 나쁜 날.**
  吉(길) = 10/3, 10/7, 10/15, 10/22, 10/26.
  흉(凶) = 9/28, 9/29, 10/12, 10/13, 10/24, 10/25, 10/28.
- **七星祈禱吉凶日 - 하늘과 산에 기도하면 좋은 날과 나쁜 날.**
  吉(길) = 9/28, 10/3, 10/4, 10/5, 10/7, 10/8, 10/12, 10/13, 10/15, 10/16, 10/17, 10/18, 10/19, 10/21, 10/22, 10/23, 10/27, 10/28.

七赤	三碧	五黃
六白	八白	一白
二黑	四綠	九紫

丙午年
陰曆 10月 大
月建 己亥

丙午年 11月 小(30日)

(양력 16日 ~ 30日)

西紀 2026年 · 檀紀 4359年
陰曆 2026年 10月 08日부터
2026年 10月 22日까지

양력날짜	간지형상	음력날짜	간지	오행	경축일 민속일	일출 일몰	월출 월몰	만조시각 물높이	일곱물때명 일반물때명	길한 행사 (불길한 행사)
11/16		10/8	갑오 甲午	金	◐ 상 현	07:13 17:22	12:43 23:02	사중巳中 해중亥中	조금 선조금	제사, 고사, 후임자, 외출, 초대, 결혼, 약혼, 이사, 개방, 수리, 개업, 매매계약, 종자, 상량, 벌목, 장례 (질병치료, 투자, 사냥, 어로작업)
17		9	을미 乙未	金		07:14 17:21	13:10 —:—	사정巳正 해정亥正	무시 앉은조금	제사, 기도, 후임자, 개방, 제방, 수리, 상량, 지붕, 개업, 문서, 수금, 출고, 투자, 가축, 안장 (외출, 초대, 채용, 이사, 진료, 민원, 사냥, 종자)
18		10	병신 丙申	火		07:15 17:21	13:35 00:03	자시子時 오시午時	한매 한조금	불공, 목욕, 친목회, 벌목, 민원, 사냥 (기도, 후임자, 외출, 문안, 채용, 진료, 이사, 제방, 수리, 상량, 개업, 문서, 수금, 출고, 투자, 농기구손질, 종자, 가축, 안장)
19		11	정유 丁酉	火		07:16 17:20	13:59 01:04	축초丑初 미초未初	두매 한매	제사, 배움시작, 대청소, 술거름, 장담기, 지붕 (친목회, 성인식, 혼례, 채용, 진료, 문서, 벌목, 사냥, 어로작업)
20		12	무술 戊戌	木		07:17 17:20	14:24 02:06	축중丑中 미중未中	세매 두매	諸事不宜
21		13	기해 己亥	木		07:18 17:19	14:49 03:11	축정丑正 미정未正	네매 무릎사리	諸事不宜
22		14	경자 庚子	土		07:20 17:19	15:18 04:19	인초寅初 신초申初	다섯매 배꼽사리	제사, 기도, 친목회, 외출, 초대, 결혼, 약혼, 이사, 진료, 상량, 수리, 대청소, 종자, 가축매입, 터파기, 안장 (건강검진, 사냥, 어로작업)
				소설, 16시 23분, 10월의 중기.						
23		15	신축 辛丑	土	● 망(望),보름	07:21 17:18	15:53 05:32	인정寅正 신정申正	여섯매 가슴사리	제사 (기도, 외출, 초대, 혼인, 이사, 진료, 제방, 수리, 상량, 건강검진, 개업, 문서, 매매, 수금, 출고, 투자, 도랑 축대 도로정비, 벌목, 묘목, 터파기, 안장)
24		16	임인 壬寅	金		07:22 17:18	16:36 06:48	묘초卯初 유초酉初	일곱매 턱사리	친목회, 외출, 결혼, 약혼, 이사, 예복, 수리, 상량, 지붕, 수리, 개업, 문서, 수금, 출고, 투자, 종자 (제사, 기도, 후임자, 진료)
25		17	계묘 癸卯	金		07:23 17:17	17:30 08:05	묘중卯中 유중酉中	여덟매 한사리	불공, 친목회, 외출, 초대, 결혼, 약혼, 이사, 수리, 상량, 소송, 개업, 문서, 매매, 수금, 터파기, 가축 (개방, 진료, 출산준비, 우물, 종자)
26		18	갑진 甲辰	火		07:24 17:17	18:35 09:17	묘정卯正 유정酉正	아홉매 목사리	제사, 기도, 친목회, 결혼, 약혼, 이사, 개방, 예복, 상량, 지붕, 수금, 안장 (외출, 제방, 수리, 도랑정비, 담장손질, 헐기, 사냥)
27		19	을사 乙巳	火		07:25 17:16	19:48 10:19	진초辰初 술초戌初	열매 어깨사리	제사, 개방, 진료, 지붕, 헐기 (기도, 외출, 초대, 혼례, 이사, 제방, 터닦기, 상량, 건강검진, 소송, 개업, 문서, 수금, 출고, 우물, 벌목, 사냥, 터파기, 안장)
28		20	병오 丙午	水		07:26 17:16	21:05 11:10	진중辰中 술중戌中	한꺽기 허리사리	제사, 술거름, 장담기, 벌목, 사냥 (기도, 외출, 초대, 혼례, 이사, 진료, 제방, 수리, 상량, 개업, 문서, 수금, 출고, 수금, 종자, 가축, 터파기, 안장)
29		21	정미 丁未	水		07:27 17:16	22:19 11:50	진정辰正 술정戌正	두꺽기 한꺽기	제사, 기도, 불공, 친목회, 제방, 상량, 수리, 지붕, 장담기, 개업, 문서, 수금, 가축 (외출, 혼례, 이사, 진료, 이발, 사냥, 해외출장, 진수식)
30		22	무신 戊申	土		07:27 17:16	23:30 12:23	사초巳初 해초亥初	아조 두꺽기	목욕, 대청소, 벌목, 민원접수, 사냥 (기도, 외출, 초대, 혼례, 제방, 수리, 상량, 개업, 문서, 매매, 수금, 도랑 축대보수, 헐기, 터파기, 안장)

기념일

17일 : 순국선열의 날
19일 : 아동학대예방의 날

• 神祠祈禱日 - 神位가 안치된 神堂이나 祠堂에 기도하면 좋은 날.
吉(길) = 9/28, 10/1, 10/5, 10/6, 10/8, 10/9, 10/11, 10/16, 10/19, 10/20, 10/21, 10/22, 10/24.

• 雕繪神像開光日 - 神像 그리고 조각하고 세우고 안치하면 좋은 날.
吉(길) = 9/29, 10/7, 10/9, 10/11, 10/14, 10/18, 10/21, 10/24, 10/25, 10/28.

• 合房不吉日 - 합방해 태어난 자녀에게 나쁜 날.
흉(凶) = 9/28, 9/29, 10/1, 10/8, 10/10, 10/15, 10/17, 10/23, 10/28, 日蝕, 月蝕, 폭염, 폭우, 짙은 안개, 천둥, 번개, 무지개, 지진, 本宮日.

• 地主下降日(지주하강일) - 이 곳을 범하면 흉한 날.

농사정보 **벼농사** 1. 벼의 수분함량은 15% 이내로 건조 저장한다. 2. 내년 볍씨는 지역에서 추천하는 고품질 중 자기논에 맞는 품종을 준비. 3. 한 해 농사로 소모된 유기물은 볏짚, 퇴구비로 매년 보충해 준다. **밭농사** 1. 늦파종한 보리는 거친 퇴비나 왕겨, 볏짚을 잘라 덮어줘 동해피해를 예방한다. 2. 논보리는 습해와 동해방지 위해 배수구 정비한다. 3. 수확한 콩, 옥수수는 건조 조제를 잘해 수매한다. 4. 내년 농사 위해 우량종자 선별 미리 확보한다. 5. 고구마 저장고에 수시로 환기를 해줘야 한다. **채소 경제작물** 1. 김장채소를 수확하고 안전하게 저장한다. 2. 동해 입었으나 상품성 있는 배추는 바로 출하한다. 3. 갑작스런 추위에 대비 피복재를 준비. 3. 비닐하우스에 오이 · 토마토 모종 심을 땐 깊고 넉넉한 간격으로 심는다. 4. 마늘과 시금치 · 딸기밭에 배수로와 보온관리에 힘쓴다. **과수** 1. 낙과 낙엽은 모아서 태우거나 땅에 묻는다. 2. 소형과, 기형과, 과피에 노란색반점 현상이면 병 걸린 나무로 소각처리. 3. 수확 후 토양개량을 겸한 밑거름 주고 깊이갈이. **화훼** 1. 심비디움 꽃대가 옆으로 자라면 꺽이지 않도록 지주대로 고정. 2. 장미, 국화는 온도차가 크지 않도록 관리. 3. 꽃이 핀 국화는 15℃ 이상 유지한다. 4. 구근류는 뿌리를 캐내 다듬은 후 움지에서 말려 저장한다. 5. 관엽류 보온할때 건조피해 우려 따뜻한 날 잎표면에 물뿌려 준다. **축산** 1. 가축의 사료통과 급수기를 자주 청소하고 보온시설물 설치한다. 2. 가축들 몸 안의 기생충을 구제한다. 3. 조류인플루엔자, 닭 뉴캣슬병, 가금티푸스 예방 위해 출입자, 차량, 야생조류차단 방역한다. **버섯 약초 잡업** 1. 버섯재배의 성패는 잡균번식 예방에 있다. 2. 폐상할 땐 소독철저, 입상 후 배지살균, 후발효를 철저히 한다. 3. 황기, 호기. 지황 등 약초는 서둘러 수확 조제한다. 4. 건조시킬 땐 서서히 말려 양질의 약재를 생산한다.

양력 날짜	요일	음력 날짜	28 수	12 신	紫白 九星	주당周堂 이사	결혼	신행	안장	역혈인 逆血刃	구랑성 九狼星	구성법 九星法	주요 길신 (주요 흉신)
11/16	월	10/8	심 心	위 危	삼벽 三碧	재 災	주 廚	주 廚	객 客	정 丁	술해방 戌亥方	복덕 福德	大空亡日 青龍黃道, 月德, 四相, 普護, 鳴吠, 龍德, 青龍 (五虛, 天吏, 致死, 劍鋒, 黃砂)
17	화	9	미 尾	성 成	이흑 二黑	안 安	부 夫	조 竈	부 父	갑 甲	水步井 亥方	직성 直星	明堂黃道, 天德, 大明, 四相, 月恩, 地啞, 全吉, 三合, 臨日, 福生, 天喜, 六儀, 萬通四吉, 生氣 (土忌, 土府, 厭對, 招搖, 往亡, 四擊, 神號, 鬼火, 太虛, 陰符)
18	수	10	기 箕	수 收	일백 一白	리 利	고 姑	당 堂	남 男	임 壬	천 天	복목 卜木	母倉, 天聾, 鳴吠, 玉帝赦日, 地倉, 福德 (天刑黑道, 天罡, 受死, 復日, 月害, 五離, 地破, 土禁, 八座, 天隔, 獨火, 天哭, 土皇, 太虛)
19	목	11	두 斗	개 開	구자 九紫	천 天	당 堂	상 牀	손 孫	을 乙	사관 寺觀	각기 角己	時陽, 聖心, 母倉, 地啞, 鳴吠, 全吉 (朱雀黑道, 紅紗, 披麻, 五離, 天狗, 天獄, 太虛, 弔客)
20	금	12	우 牛	폐 閉	팔백 八白	해 害	옹 翁	사 死	사 死	곤 坤	州縣廳堂 城隍社廟	인전 人專	金櫃黃道, 益後, 天醫, 皆空, 五空, 六空 (血支, 月殺, 月虛, 五虛, 地隔, 兵符)
21	토	13	여 女	건 建	칠적 七赤	살 殺	제 第	수 睡	여 女	임 壬	사관 寺觀	입조 立早	天德黃道, 月德合, 皆空, 五空, 地啞, 送禮, 旺日, 續世, 寶光, 兵福 (重日, 月建, 血忌, 月刑, 小時, 九坎, 九焦, 瘟瘽, 天瘟, 鬼哭, 焦坎, 枯焦, 白波)
22	일	14	허 虛	제 除	육백 六白	부 富	조 竈	문 門	모 母	곤 坤	중정청 中庭廳	요성 妖星	伏斷日, 月忌日 天德合, 官日, 天聾, 要安, 吉期, 天馬, 鳴吠, 月空, 兵寶, 回駕帝星, 皆空, 五空, 全吉, 六空, 送禮, 太陽 (白虎黑道, 大時, 大敗, 咸池, 地囊, 羅網, 轉殺, 短星)
			小雪, 16시 23분, 10月의 中氣.										
23	월	15	위 危	만 滿	오황 五黃	사 師	부 婦	로 路	부 婦	손 巽	천 天	혹성 惑星	玉堂黃道, 守日, 玉宇, 天赦神, 地啞, 天巫, 五空, 六空 (天賊, 歸忌, 地火, 月厭, 九空, 大殺, 土瘟, 山隔, 飛廉, 喪門)
24	화	16	실 室	평 平	사록 四綠	재 災	주 廚	주 廚	객 客	경 庚	東北丑午方 廚竈僑門路	화도 禾刀	伏斷日, 大空亡日 五合, 六空, 相日, 五富, 六合, 大明, 金堂, 時德, 天願, 不將, 鳴吠, 天貴, 全吉, 地倉, 太陽 (天牢黑道, 重喪, 復日, 河魁, 遊禍, 五虛, 死神, 氷消瓦解, 敗破, 荒蕪, 重座)
25	수	17	벽 壁	정 定	삼벽 三碧	안 安	부 夫	조 竈	부 父	계 癸	천 天	복덕 福德	大空亡日 不將, 三合, 民日, 五合, 四季, 時陰, 鳴吠, 天貴, 全吉 (玄武黑道, 天火, 死氣, 官符, 人隔)
26	목	18	규 奎	집 執	이흑 二黑	리 利	고 姑	당 堂	남 男	손 巽	승당사묘 僧堂寺廟	직성 直星	司命黃道, 月德, 四相, 大明, 解神, 地德, 皇恩大赦, 陽德 (滅沒, 土符, 小耗, 水隔, 滅亡, 地賊)
27	금	19	루 婁	파 破	일백 一白	천 天	당 堂	상 牀	손 孫	계 癸	천 天	복목 卜木	天德, 月恩, 大明, 四相, 天后, 驛馬, 天倉, 敬安, 四季 (勾陳黑道, 重日, 月破, 大耗, 歲破)
28	토	20	위 胃	위 危	구자 九紫	해 害	옹 翁	사 死	사 死	신 辛	천 天	각기 角己	青龍黃道, 大明, 普護, 鳴吠, 龍德, 全吉, 青龍 (復日, 天吏, 致死, 五虛, 四廢, 劍鋒, 黃砂)
29	일	21	묘 昴	성 成	팔백 八白	살 殺	제 第	수 睡	여 女	간 艮	僧堂 城隍社廟	인전 人專	明堂黃道, 三合, 臨日, 福生, 天喜, 生氣, 六儀, 萬通四吉, 全吉 (厭對, 招搖, 四擊, 八專, 往亡, 土忌, 土府, 鬼火, 太虛, 神號, 陰符)
30	월	22	필 畢	수 收	칠적 七赤	부 富	조 竈	문 門	모 母	병 丙	중정청 中正廳	입조 立早	母倉, 地倉, 福德 (天刑黑道, 天罡, 受死, 月害, 五離, 地破, 八座, 土禁, 天隔, 獨火, 天哭, 土皇, 太虛)

흉(凶) = 1일 마당(庭).

- 竈王集會日(조왕집회일) - 조왕신 제사지내면 좋은 날.
  吉(길) = 10/6, 10/12, 10/18, 10/21.
- 竈王上天日(조왕상천일) - 부엌 수리하면 좋은 날.
  吉(길) = 10/9, 10/23.

♣ 음력 10월의 민간비법

1) 亥日에 떡을 먹으면 재액을 쫓는다.
2) 亥日에 팥을 그늘에 말려서 삶아먹으면 입술 푸른 것을 고친다.
3) 亥日 丑時에 무슨 일이든 시작을 하면 성취하게 된다.
4) 亥月 亥日 亥時에 가출하면 불의의 재난을 당한다.

六白	二黑	四綠
五黃	七赤	九紫
一白	三碧	八白

丙午年
陰曆 11月 大
月建 庚子

병오년 12월 大(31일)

(양력 1일 ~ 15일)

서기 2026년 · 단기 4359년
음력 2026년 10월 23일부터
2026년 11월 07일까지

양력 날짜	간지 형상	음력 날짜	간지	오행	경축일 민속일	일출 일몰	월출 월몰	만조시각 물높이	일곱물때명 일반물때명	길한 행사 (불길한 행사)
12/1		10/23	기유 己酉	土	◐ 하 현	07:28	-:-	사중巳中	조금	제사, 기도, 외출, 초대, 혼인, 이사, 수리, 상량, 개방, 개업, 수금, 도랑청소, 대청소, 종자, 가축 (친목회, 진료, 벌목, 사냥, 어로작업)
						17:15	12:52	해중亥中	선조금	
2		24	경술 庚戌	金		07:29	00:38	사정巳正	무시	제사, 지붕덮기 (기도, 외출, 초대, 혼인, 이사, 수리, 상량, 장담기, 개업, 문서, 매매, 수금, 파옥, 우물, 사냥, 물고기잡기, 안장)
						17:15	13:17	해정亥正	앉은조금	
3		25	신해 辛亥	金		07:30	01:42	자시子時	한매	제사, 목욕 (기도, 외출, 초대, 혼례, 이사, 제방, 수리, 상량, 개업, 문서, 매매, 수금, 도랑청소, 축대보수, 파옥, 벌목, 물고기잡기, 터파기, 안장)
						17:15	13:41	오시午時	한조금	
4		26	임자 壬子	木		07:31	02:45	축초丑初	두매	목욕, 대청소 (기도, 외출, 초대, 혼인, 이사, 상량, 개업, 문서, 수금, 어로작업)
						17:15	14:06	미초未初	한매	
5		27	계축 癸丑	木		07:32	03:48	축중丑中	세매	제사, 불공, 장담기 (기도, 외출, 초대, 이사, 수리, 상량, 개업, 문서, 매매, 수금, 도랑 축대 도로정비, 파옥, 벌목, 어로작업, 안장)
						17:15	14:33	미중未中	두매	
6		28	갑인 甲寅	水		07:33	04:51	축정丑正	네매	불공, 외출, 초대, 이사, 수리, 상량, 채용, 수리, 건강검진, 개업, 문서, 수금, 터파기, 안장(제사, 기도, 후임자, 혼례, 개방, 출고, 투자, 사냥, 어로작업)
						17:15	15:02	미정未正	무릎사리	
7		29	을묘 乙卯	水		07:34	05:54	인초寅初	다섯매	諸事不宜
						17:15	15:37	신초申初	배꼽사리	
					대설, 11시 52분, 11월의 절기, 월건 경자 적용.					
8		30	병진 丙辰	土		07:35	06:55	인정寅正	여섯매	제사, 기도, 불공, 문안, 초대, 혼인, 건강검진, 채용, 이사, 수리, 터닦기, 지붕, 상량, 문서, 수금, 농기구손질, 가축 (개방, 치병, 출산준비, 종자)
					◯ 회(晦), 그믐	17:15	16:17	신정申正	가슴사리	
9		11/1	정사 丁巳	土	삭(朔), 초하루	07:36	07:53	묘초卯初	일곱매	제사, 정보검색, 민원, 장갈무리 (기도, 후임자, 성인식, 외출, 문안, 혼례, 채용, 진료, 제방, 이사, 수리, 상량, 개업, 문서, 수금, 출고, 투자, 사냥, 어로작업, 종자, 안장)
						17:15	17:03	유초酉初	턱사리	
10		2	무오 戊午	火		07:36	08:45	묘중卯中	여덟매	諸事不宜
						17:15	17:56	유중酉中	한사리	
11		3	기미 己未	火		07:37	09:31	묘정卯正	아홉매	벌목, 사냥, 술거르기(기도, 원행, 초대, 혼례, 진료, 개업, 문서, 수금, 이사, 수리, 상량, 축대보수, 파옥, 안장)
						17:15	18:53	유정酉正	목사리	
12		4	경신 庚申	木		07:38	10:10	진초辰初	열매	친목회, 배움, 외출, 문안, 초대, 채용, 진료, 개업, 문서, 수금, 청소, 이사, 개방, 상량, 벌목, 가축, 안장 (혼례, 터닦기, 담장헐기, 어로작업, 배타기)
						17:15	19:53	술초戌初	어깨사리	
13		5	신유 辛酉	木		07:39	10:43	진중辰中	한꺽기	불공, 수신제가, 대청소, 민원, 사냥, 지붕 (기도, 외출, 초대, 혼례, 이사, 진료, 제방, 수리, 상량, 개업, 문서, 개업, 수금, 출고, 투자, 어로작업, 종자, 목축, 안장)
						17:16	20:53	술중戌中	허리사리	
14		6	임술 壬戌	水		07:39	11:12	진정辰正	두꺽기	제사, 기도, 후임자, 친목회, 배움, 결혼, 개방, 수리, 상량, 개업, 출산준비, 종자, 가축 (외출, 초대, 채용, 이사, 진료, 개간, 벌목, 민원, 사냥, 어로작업)
						17:16	21:53	술정戌正	한꺽기	
15		7	계해 癸亥	水		07:40	11:37	사초巳初	아조	목욕(기도, 후임자, 외출, 문안, 초대, 혼례, 출산준비, 채용, 휴식, 치병, 침술, 개방, 이사, 상량, 개업, 문서, 수금, 출고, 투자, 도랑, 안장)
						17:16	22:53	해초亥初	두꺽기	

기념일

3일 : 소비자의 날
5일 : 무역의 날
5일 : 자원봉사자의 날

2026 병오년 음력 11월 기도일 찾기

• **祭祀吉凶日** - 모든 제사에 좋은 날과 나쁜 날.
吉(길) = 10/29, 10/30, 11/1, 11/3, 11/5, 11/9, 11/11, 11/12, 11/13, 11/15, 11/16, 11/17, 11/21, 11/23, 11/24, 11/25.
흉(凶) = 11/6, 11/14, 11/19, 11/20.

• **祈禱吉凶日** - 모든 기도에 좋은 날과 나쁜 날.
吉(길) = 10/29, 10/30, 11/1, 11/4, 11/7, 11/9, 11/12, 11/13, 11/16, 11/19, 11/21, 11/24, 11/25, 11/27.
흉(凶) = .

• **佛供吉凶日** - 불공드리면 좋은 날과 나쁜 날.
吉(길) = 10/30, 11/5, 11/8, 11/9, 11/10, 11/14, 11/18, 11/22.
흉(凶) = 10/29, 11/19, 11/11.

12월의 평균기온

서울 0.4	인천 0.9
대전 1.2	전주 2.2
목포 4.4	여수 5.1
부산 5.8	포항 4.4
대구 2.9	강릉 3.4
울릉도 4.4	제주도 8.1

12월의 주요약사

*1일 대청다목적댐 준공(1980) *3일 한글학회 창립(1911), 기획원－재무부, 건설부－교통부 통합개편(1994) *4일 우정국 창설(1884), 남산2호터널 개통(1970) *5일 국민교육헌장 선포(1968) *6일 국가비상사태 선포(1971), 통대의원 제10대 대통령에 최규하 씨 선출(1979), 불국사, 8만대장경, 종묘가 세계문화유산으로 등록(1995) *7일 일본군 미국 진주만공격(1941) *8일 태평양전쟁 발발(1941), KAL기 노조파업으로 항공대란(2005) *9일 상해 임시정부 일본에 선전포고(1941), 민방 서울방송(SBS) 개국 *10일 세계인권선언기념일(1948), 김대중 대통령 노벨평화상 수상(2000) *11일 KAL기 납북(1969) *12일 UN, 한국 승인(1948), 제10대 국회의원 선거(1978) *13일 국제사법재판소 설치(1920), 노태우 대통령 소련 방문(1990), 한・미 쌀시장 개방안 타결(1993) *15일 통일주체국민회의 초대대의원선거(1972) *16일 제13대 대통령 선거(1987), 제14대 대통령선거(1992), 제15대 대통령 선거(1997) *17일 제5대 대통령에 박정희 씨 취임(1963) *19일 윤봉길 의사 순국(1931), 제16대 대통령선거(2002년 노무현 씨 당선) *20일 섬진강댐 준공(1965) *21일 경인고속도로 개통(1968), 최규하 씨 제10대 대통령 취임(1979) *22일 한・베트남 대사급 외교관계수립(1992), 정읍 44㎝, 광주 34㎝의 관측사상 최악의 폭설로 재난지역 선포(2005) *23일 통대의원 제8대 대통령 선거(1972) *24일 2・4파동(1958) *25일 대원각호텔 화재(1971) *26일 신개정헌법 공포(1962) *27일 유신헌법 공포(1971) *29일 신탁통치반대 국민 궐기(1945) *30일 호남고속도로 개통(1970) *31일 KBS-TV 개국(1961)

양력날짜	요일	음력날짜	28수	12신	紫白九星	주당周堂 이사	결혼	신행	안장	역혈인逆血刃	구랑성九狼星	구성법九星法	주요 길신 (주요 흉신)
12/1	화	10/23	자 觜	개 開	육백 六白	사 師	부 婦	로 路	부 婦	신 辛	사관사묘 寺觀社廟	요성 妖星	楊公忌日, 伏斷日, 月忌日 月德合, 天恩, 大明, 母倉, 時陽, 聖心, 鳴吠 (朱雀黑道, 紅紗, 五離, 天狗, 披麻, 天獄, 太虛, 弔客)
2	수	24	참 參	폐 閉	오황 五黃	재 災	주 廚	주 廚	객 客	병 丙	사묘 社廟	혹성 惑星	金櫃黃道, 天德合, 天恩, 大明, 月空, 益後, 天醫 (月殺, 地囊, 血支, 月虛, 五虛, 地隔, 兵符)
3	목	25	정 井	건 建	사록 四綠	안 安	부 夫	조 竈	부 父	갑 甲	사관 寺觀	화도 禾刀	天德黃道, 天恩, 大明, 地啞, 旺日, 續世, 寶光, 兵福 (重日, 月建, 月刑, 小時, 血忌, 九坎, 九焦, 瘟瘽, 天瘟, 枯焦, 鬼哭, 白波, 焦坎)
4	금	26	귀 鬼	제 除	삼벽 三碧	리 利	고 姑	당 堂	남 男	정 丁	천 天	복덕 福德	大空亡日 天恩, 偸修, 吉期, 官日, 天聾, 要安, 天馬, 鳴吠, 天瑞, 天貴, 兵寶, 回駕帝星, 太陽 (重喪, 復日, 白虎黑道, 大時, 大敗, 咸池, 六蛇, 羅網, 轉殺, 重座)
5	토	27	류 柳	만 滿	이흑 二黑	천 天	당 堂	상 牀	손 孫	건 乾	僧堂寺觀 社廟	직성 直星	玉堂黃道, 天恩, 偸修, 地啞, 全吉, 守日, 玉宇, 天巫, 天赦神, 天貴 (天賊, 山隔, 歸忌, 地火, 月厭, 九空, 陰錯, 觸水龍, 了戾, 八專, 大殺, 土瘟, 飛廉, 喪門)
6	일	28	성 星	평 平	일백 一白	해 害	옹 翁	사 死	사 死	갑 甲	축방 丑方	복목 卜木	月德, 全吉, 四相, 五合, 相日, 五富, 金堂, 時德, 鳴吠, 地倉, 六合, 太陽 (天牢黑道, 河魁, 遊禍, 死神, 八風, 五虛, 八專, 氷消瓦解, 敗破, 荒蕪)
7	월	29	장 張	평 平	구자 九紫	살 殺	제 第	수 睡	여 女	건 乾	천 天	각기 角己	玉堂黃道, 四相, 五合, 民日, 四季, 六空, 太陰 (天罡, 受死, 天吏, 滅沒, 致死, 死神, 月刑, 地賊)
			大雪, 11시 52분, 11月의 節入, 月建 庚子 適用.										
8	화	30	익 翼	정 定	팔백 八白	부 富	조 竈	문 門	모 母	곤 坤	인진방 寅辰方	인전 人專	月空, 天聾, 全吉, 三合, 臨日, 時陰, 聖心, 天倉, 地倉, 天赦神, 萬通四吉 (天牢黑道, 死氣, 敗破, 官符)
9	수	11/1	진 軫	집 執	칠적 七赤	안 安	부 夫	조 竈	부 父	임 壬	전문 前門	요성 妖星	天德, 月德合, 偸修, 五富, 益後, 不將, 地德, 送禮 (玄武黑道, 復日, 重日, 紅紗, 小耗, 四廢, 羅網)
10	목	2	각 角	파 破	육백 六白	리 利	고 姑	당 堂	남 男	을 乙	戌亥方 倂廚竈	혹성 惑星	伏斷日 司命黃道, 偸修, 解神, 續世, 陽德, 六儀 (天賊, 天火, 血忌, 月破, 厭對, 招搖, 五虛, 大耗, 劍鋒, 披麻, 天隔, 天獄, 荒蕪)
11	금	3	항 亢	위 危	오황 五黃	천 天	당 堂	상 牀	손 孫	곤 坤	정 井	화도 禾刀	要安, 龍德, 偸修 (勾陳黑道, 月殺, 月害, 月虛, 八專, 四擊, 滅亡, 獨火, 土皇, 太虛)
12	토	4	저 氐	성 成	사록 四綠	해 害	옹 翁	사 死	사 死	을 乙	橋井門路 社廟	복덕 福德	靑龍黃道, 天德合, 三合, 母倉, 天喜, 生氣, 鳴吠, 玉宇, 皇恩大赦, 皆空, 偸修, 送禮, 靑龍 (大殺, 九坎, 九焦, 土符, 五離, 八專, 土禁, 地隔, 飛廉, 枯焦, 焦坎, 鬼火, 神號, 太虛)
13	일	5	방 房	수 收	삼벽 三碧	살 殺	제 第	수 睡	여 女	계 癸	오방 午方	직성 直星	月忌日 明堂黃道, 母倉, 偸修, 地啞, 金堂, 鳴吠, 玉帝赦日, 福德 (天哭, 河魁, 大時, 氷消瓦解, 地囊, 大敗, 咸池, 枯焦, 五離, 地破, 八座)
14	월	6	심 心	개 開	이흑 二黑	부 富	조 竈	문 門	모 母	손 巽	사관 寺觀	복목 卜木	月德, 時陽, 天貴, 地倉 (天刑黑道, 五虛, 九空, 往亡, 天狗, 土忌, 土府, 弔客)
15	화	7	미 尾	폐 閉	일백 一白	사 師	부 婦	로 路	부 婦	경 庚	선사방 船巳方	각기 角己	天貴, 旺日, 天醫 (朱雀黑道, 重喪, 復日, 重日, 遊禍, 山隔, 血支, 六蛇, 兵符, 重座)

- **山祭吉凶日 - 산신제나 입산 기도하면 좋은 날과 나쁜 날.**
  吉(길) = 10/29, 11/9, 11/11, 11/12, 11/13, 11/16, 11/20, 11/24.
  흉(凶) = 11/2, 11/6, 11/7, 11/21, 11/26.
- **水神祭祀吉凶日 - 水神에 제사지내면 좋은 날과 나쁜 날.**
  吉(길) = 11/1, 11/5, 11/9, 11/14, 11/17, 11/21, 11/25.
  흉(凶) = .
- **地神祭祀吉凶日 - 地神에 제사지내면 좋은 날과 나쁜 날.**
  吉(길) = 11/3, 11/7, 11/15, 11/22, 11/26.
  흉(凶) = 11/4, 11/13, 11/16, 11/25.
- **七星祈禱吉凶日 - 하늘과 산에 기도하면 좋은 날과 나쁜 날.**
  吉(길) = 11/2, 11/3, 11/4, 11/5, 11/7, 11/8, 11/15, 11/16, 11/17, 11/18, 11/19, 11/20, 11/25, 11/27.

六白	二黑	四綠
五黃	七赤	九紫
一白	三碧	八白

乙巳年
陰曆 11月 大
月建 庚子

丙午年 12月 大(31日)
(양력 16日 ~ 31日)

西紀 2026年 · 檀紀 4359年
陰曆 2026年 11月 08日부터
2026年 11月 23日까지

양력날짜	간지형상	음력날짜	간지	오행	경축일 민속일	일출 일몰	월출 월몰	만조시각 물높이	일곱물때명 일반물때명	길한 행사 (불길한 행사)
12/16		11/8	갑자 甲子	金	◐ 상 현 양둔상원	07:41 17:16	12:01 23:53	사중巳中 해중亥中	조금 선조금	제사, 불공, 목욕 (기도, 외출, 초대, 혼례, 이사, 제방, 수리, 상량, 개업, 문서, 매매, 수금, 파옥, 벌목, 사냥, 어로작업, 안장)
17		9	을축 乙丑	金		07:41 17:17	12:24 -:-	사정巳正 해정亥正	무시 앉은조금	제사, 기도, 불공, 초대, 혼례, 이사, 개방, 진료, 수리, 상량, 문서, 수금, 대청소, 가축매입, 안장 (성인식, 종자)
18		10	병인 丙寅	火		07:42 17:17	12:48 00:55	자시子時 오시午時	한매 한조금	불공, 친목회, 원행, 수리, 상량, 장갈무리, 개업, 문서, 수금, 이장 (제사, 혼례, 이사, 해외여행, 진료, 재고관리, 출고, 투자)
19		11	정묘 丁卯	火		07:43 17:18	13:15 01:59	축초丑初 미초未初	두매 한매	제사, 도로정비, 장갈무리, 지붕 (기도, 친목회, 외출, 혼례, 제방, 수리, 상량, 개업, 문서, 수금, 도랑 축대, 사냥, 어로작업, 안장)
20		12	무진 戊辰	木		07:43 17:18	13:45 03:07	축중丑中 미중未中	세매 두매	제사, 기도, 친목회, 성인식, 문안, 초대, 결혼, 채용, 수리, 상량, 건강검진, 술거름, 문서, 수금, 농기구손질, 가축 (개방, 치병, 출산준비, 종자)
21		13	기사 己巳	木		07:44 17:18	14:23 04:20	축정丑正 미정未正	네매 무릎사리	제사, 정보탐색, 민원접수, 사냥 (기도, 원행, 초대, 혼례, 이사, 제방, 수리, 상량, 개업, 문서, 수금, 안장)
22		14	경오 庚午	土		07:44 17:19	15:11 05:35	인초寅初 신초申初	다섯매 배꼽사리	諸事不宜
				동지, 05시 50분, 11월의 중기.						
23		15	신미 辛未	土	● 망(望),보름	07:45 17:19	16:10 06:50	인정寅正 신정申正	여섯매 가슴사리	벌목, 사냥, 술거르기 (기도, 외출, 초대, 혼례, 이사, 진료, 제방, 상량, 개업, 문서, 수금, 도랑 축대 담장정비, 안장)
24		16	임신 壬申	金		07:45 17:20	17:21 07:59	묘초卯初 유초酉初	일곱매 턱사리	제사, 기도, 외출, 초대, 결혼, 약혼, 진료, 상량, 이사, 개업, 문서, 수금, 벌목, 가축, 안장 (제방, 수리, 재고파악, 축대보수, 도로정비, 사냥, 어로작업)
25		17	계유 癸酉	金	예수탄일	07:46 17:21	18:39 08:56	묘중卯中 유중酉中	여덟매 한사리	수신제가, 대청소, 민원접수, 사냥, 지붕 (기도, 외출, 초대, 혼례, 이사, 개방, 터닦기, 상량, 개업, 문서, 매매, 수금, 도랑청소, 어로작업, 안장)
26		18	갑술 甲戌	火		07:46 17:21	19:58 09:43	묘정卯正 유정酉正	아홉매 목사리	제사, 기도, 불공, 결혼, 터닦기, 상량, 농기구손질, 목축 (원행, 초대, 이사, 개업, 문서, 수금, 벌목, 사냥, 어로작업)
27		19	을해 乙亥	火		07:46 17:22	21:13 10:21	진초辰初 술초戌初	열매 어깨사리	제사, 수금, 제방, 축대보수, 목축 (기도, 후임자, 친목회, 원행, 혼례, 이사, 진료, 수리, 상량, 개업, 문안, 채용, 개방, 침술, 출산준비, 종자, 안장)
28		20	병자 丙子	水		07:47 17:23	22:25 10:52	진중辰中 술중戌中	한꺽기 허리사리	諸事不宜
29		21	정축 丁丑	水		07:47 17:23	23:32 11:19	진정辰正 술정戌正	두꺽기 한꺽기	제사, 기도, 친목회, 외출, 결혼례, 채용, 이사, 개방, 진료, 수리, 상량, 지붕, 문서, 수금, 대청소, 종자, 가축, 안장 (성인식, 사냥, 어로작업)
30		22	무인 戊寅	土		07:47 17:24	-:- 11:44	사초巳初 해초亥初	아조 두꺽기	친목회, 불공, 원행, 채용, 개방, 수리, 상량, 건강검진, 개업, 문서, 축대보수, 종자, 목축 (제사, 문안, 동료초대, 혼례, 해외여행, 치병, 투자)
31		23	기묘 己卯	土	◑ 하 현	07:47 17:25	00:38 12:09	사중巳中 해중亥中	조금 선조금	諸事不宜

기념일

27일 : 원자력 안전 및 진흥의 날

• 神祠新禱日 - 神位가 안치된 神堂이나 祠堂에 기도하면 좋은 날.
吉(길) = 11/1, 11/6, 11/8, 11/9, 11/12, 11/13, 11/19, 11/20, 11/21, 11/26.

• 雕繪神像開光日(조회신상개광일) - 神像을 그리고 조각하고 세우고 안치하면 좋은 날.
吉(길) = 10/30, 11/2, 11/5, 11/12, 11/19, 11/26, 11/27.

• 合房不吉日 - 합방해 태어난 자녀에게 나쁜 날.
흉(凶) = 10/29, 11/1, 11/4, 11/7, 11/8, 11/8, 11/14, 11/ 11/23, 11/25, 日蝕, 月蝕, 폭염, 폭우, 짙은 안개, 천둥, 번 무지개, 지진, 本宮日.

• 地主下降日(지주하강일) - 이 곳을 범하면 흉한 날.

농사정보 ➡ 벼농사 1. 내년 사용할 보급종 볍씨를 시, 군 농업기술센터나 읍, 면사무소에 신청한다. 2. 볍씨는 장려품종중 이삭패는 시기가 다른 자기 논에 맞는 품종을 2~3종류 선택한다. 3. 각종 농기계는 흙먼지를 깨끗이 제거 습기 없는 창에 보관. 4. 중점토와 염해지는 가을갈이를 해 준다. 5. 진흙 함량 10% 미만인 모래논이나 추락답에 객토를 한다. ➡ 밭농사 1. 밀밭, 보리밭에 왕겨, 썩은 짚, 퇴비, 두엄을 덮어 동해예방. 2. 고구마와 감자의 저장고에 습도를 관리. ➡ 채소 경제작물 1. 비닐하우스 안에 온도조절, 보온관리를 해 준다. 2. 마늘 양파 등 월동채소 습해는 배수로관리로, 동해는 짚, 건초 덮어 예방. ➡ 과수 1. 동해입기 쉬운 원줄기에 백색페인트나 짚을 싸서 보호. 2. 어린 묘목은 짚으로 싸맨 후 땅위 30㎝까지 흙으로 덮어 동해 예방. 3. 과일 저장고 상자는 많이 쌓지 말고 공기순환 온도관리. ➡ 화훼 1. 월동 위해 벤자민, 고무나무 등 열대관엽류는 실내로 이동. 2. 해송, 향나무 등 분재류는 베란다로 옮기거나 땅에 심어 겨울나기 한다. 3. 겨울 출하 포인세티아, 칼라코는 보온관리와 해충방제. ➡ 축산 1. 가축들 운동량이 부족하다. 햇볕이 날 때 운동과 일광욕을 시킨다. 2. 돈사 내 보온관리에 치중하면 환기관리에 소홀해진다. 3. 사료에 칼슘 무기질 함량 부족 방지에 주의한다.

양력 날짜	요 일	음력 날짜	28 수	12 신	紫白 九星	주당周堂 이사	 결혼	 신행	 안장	역혈인 逆血刃	구랑성 九狼星	구성법 九星法	주요 길신 (주요 흉신)
12/16	수	11/8	기 箕	건 建	일백 一白	재 災	주 廚	주 廚	객 客	계 癸	사묘 社廟	혹성 惑星	金櫃黃道, 月恩, 天恩, 天赦, 全吉, 官日, 四相, 敬安, 兵福 (月厭, 地火, 小時, 月建, 白波, 轉殺
17	목	9	두 斗	제 除	이흑 二黑	안 安	부 夫	조 竈	부 父	경 庚	주 廚	화도 禾刀	大空亡日, 伏斷日 天德黃道, 四相, 天恩, 地啞, 六合, 守日, 寶光, 太陽, 吉期, 普護, 陰德, 兵符 (瘟瘟, 天瘟, 鬼哭, 人隔)
18	금	10	우 牛	만 滿	삼벽 三碧	리 利	고 姑	당 堂	남 男	병 丙	천 天	복덕 福德	天恩, 月空, 五合, 天聾, 全吉, 相日, 時德, 福生, 天巫, 天后, 驛馬, 天馬, 鳴吠, 回駕帝星 (白虎黑道, 歸忌, 五虛, 土瘟, 黃砂, 水隔, 喪門)
19	토	11	여 女	평 平	사록 四綠	천 天	당 堂	상 牀	손 孫	신 辛	後門寅艮方 神廟道觀	직성 直星	伏斷日 玉堂黃道, 月德合, 天恩, 五合, 地啞, 民日, 不將, 太陰, 四季, 鳴吠 (天罡, 受死, 復日, 天吏, 致死, 滅沒, 死神, 月刑, 地賊)
20	일	12	허 虛	정 定	오황 五黃	해 害	옹 翁	사 死	사 死	간 艮	寅辰方 寺觀	복목 卜木	天恩, 天聾, 三合, 臨日, 時陰, 聖心, 天倉, 天赦神, 萬通四吉, 地倉 (天牢黑道, 死氣, 敗破, 官符)
21	월	13	위 危	집 執	육백 六白	살 殺	제 第	수 睡	여 女	병 丙	신방사관 申方寺觀	각기 角己	天德, 全吉, 五富, 益後, 不將, 地德 (玄武黑道, 重日, 紅紗, 小耗, 羅網)
22	화	14	실 室	파 破	칠적 七赤	부 富	조 竈	문 門	모 母	경 庚	천 天	인전 人專	月忌日 司命黃道, 解神, 續世, 陽德, 六儀, 鳴吠, 全吉 (天賊, 天火, 血忌, 月破, 厭對, 招搖, 五虛, 大耗, 劍鋒, 披麻, 天隔, 天獄, 荒蕪, 歲破)
			冬至, 05시 50분, 11月의 中氣.										
23	수	15	벽 壁	위 危	팔백 八白	사 師	부 婦	로 路	부 婦	건 乾	천 天	입조 立早	要安, 大明, 全吉, 龍德 (勾陳黑道, 月殺, 月虛, 月害, 四擊, 獨火, 土皇, 地囊, 太虛, 滅亡)
24	목	16	규 奎	성 成	구자 九紫	재 災	주 廚	주 廚	객 客	갑 甲	정청 正廳	요성 妖星	青龍黃道, 天德合, 月德, 母倉, 三合, 玉宇, 天喜, 生氣, 鳴吠, 大明, 天貴, 皇恩大赦, 青龍 (大殺, 九坎, 九焦, 五離, 枯焦, 土禁, 地隔, 飛廉, 土符, 焦坎, 神號, 鬼火, 太虛, 陰符)
25	금	17	루 婁	수 收	일백 一白	안 安	부 夫	조 竈	부 父	정 丁	寅艮卯方 午方後門	혹성 惑星	明堂黃道, 金堂, 鳴吠, 大明, 母倉, 全吉, 天貴, 福德 (重喪, 復日, 河魁, 天哭, 大時, 大敗, 咸池, 五離, 地破, 氷消瓦解, 八座, 太虛, 長星)
26	토	18	위 胃	개 開	이흑 二黑	리 利	고 姑	당 堂	남 男	건 乾	신조주현 神廟州縣	화도 禾刀	大空亡日, 伏斷日 四相, 時陽, 月恩, 全吉, 地倉 (天刑黑道, 往亡, 九空, 五虛, 八風, 天狗, 土忌, 土府, 弔客)
27	일	19	묘 昴	폐 閉	삼벽 三碧	천 天	당 堂	상 牀	손 孫	정 丁	사관 寺觀	복덕 福德	大空亡日 天醫, 四相, 旺日, 全吉 (朱雀黑道, 遊禍, 重日, 血支, 山隔, 兵符)
28	월	20	필 畢	건 建	사록 四綠	해 害	옹 翁	사 死	사 死	을 乙	중정 中庭	직성 直星	金櫃黃道, 官日, 月空, 敬安, 鳴吠, 天聾, 全吉, 兵福 (月建, 地火, 月厭, 小時, 觸水龍, 轉殺, 白波)
29	화	21	자 觜	제 除	오황 五黃	살 殺	제 第	수 睡	여 女	곤 坤	인방주정 寅方廚井	복목 卜木	楊公忌日 天德黃道, 月德合, 六合, 守日, 吉期, 普護, 陰德, 寶光, 不將, 大明, 全吉, 六空, 兵寶, 太陽 (復日, 瘟瘟, 天瘟, 鬼哭, 人隔)
30	수	22	참 參	만 滿	육백 六白	부 富	조 竈	문 門	모 母	임 壬	동북방 東北方	각기 角己	相日, 時德, 福生, 五合, 天后, 天巫, 驛馬, 天馬, 回駕帝星 (白虎黑道, 歸忌, 五虛, 土瘟, 水隔, 黃砂, 喪門)
31	목	23	정 井	평 平	칠적 七赤	사 師	부 婦	로 路	부 婦	을 乙	僧尼寺觀 後門	인전 人專	玉堂黃道, 天恩, 五合, 民日, 不將, 大明, 地啞, 送禮, 太陰 (天罡, 受死, 天吏, 致死, 死神, 滅沒, 月刑, 地賊, 短星)

흉(凶) = 1일 마당(庭).

- 竈王集會日(조왕집회일) - 조왕신 제사지내면 좋은 날.
  吉(길) = 11/6, 11/12, 11/18, 11/21.
- 竈王上天日(조왕상천일) - 부엌 수리하면 좋은 날.
  吉(길) = 11/9, 11/23.

♣ 음력 11월의 민간비법

1) 子日에 죽을 쑤어 먹으면 병적인 호기를 고친다.
2) 子日에 쑥뜸을 하면 무슨 병에도 특효가 있다.
3) 子日에 생선 가시를 태워서 마시면 홍역을 면할 수가 있다.
4) 子日 子時에는 무슨 일을 해도 효과가 없다.

太歲 丁未年 神方位圖

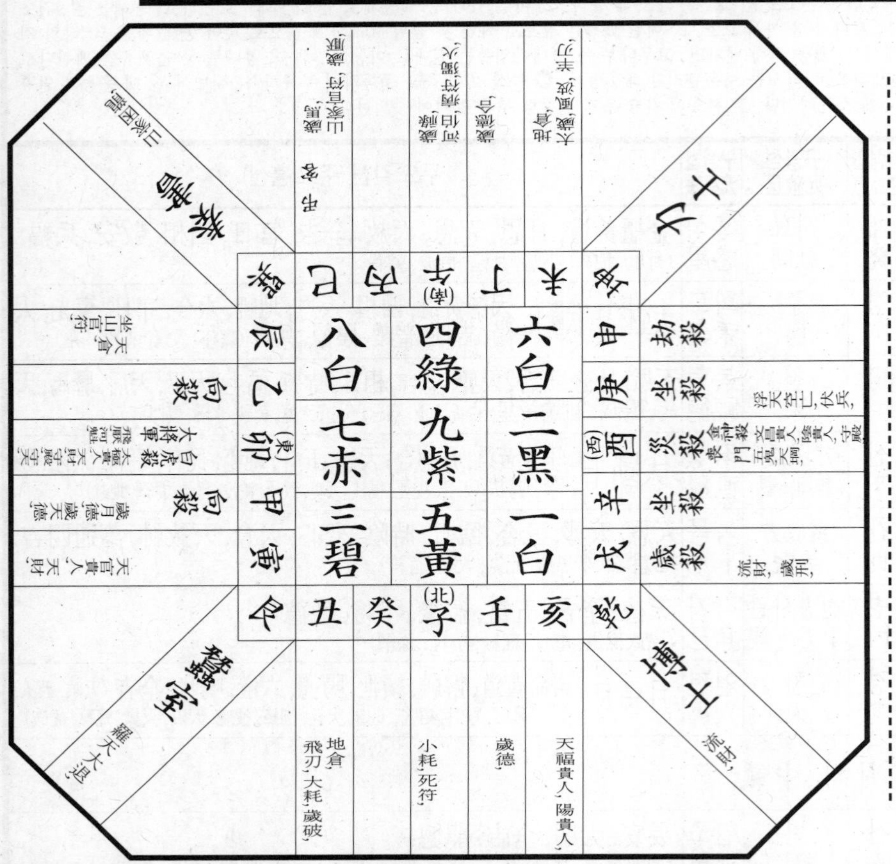

納　音：天河水
年　白：九紫火

三殺:西方(酉)/大將軍:東方(卯)
喪門：酉方 / 弔客：巳方

五日得辛　十二龍治水
九牛耕田　二馬佗負

❖ 호충살 呼冲殺 :

정미년丁未年 장례식 하관할 때 피해야 하는 출생자.
丁未生, 丙辰生, 乙丑生, 甲戌生, 癸未生, 壬辰生, 辛丑生.

❖ 삼재법三災法 :

寅卯辰年 ➡ 申子辰生　巳午未年 ➡ 亥卯未生
申酉戌年 ➡ 寅午戌生　亥子丑年 ➡ 巳酉丑生

❖ 삼재인명三災人命 :

정미년丁未年엔 돼지띠 亥, 토끼띠 卯, 양띠 未가 나가는 삼재에 해당된다.

결혼주당

廚	夫	姑
婦		堂
竈	第	翁

결혼하는 날이 큰달(30일)에 들면, 부夫에서 1일을 시작하여 2일은 고故, 3일째는 당堂으로 순행해서 행사 당일까지 짚어나가고, 작은달(29일)이면 부婦에서 1일을 시작하여 2일은 조竈, 3일째는 제第로 역행해서 행사일까지 짚어 나가면 된다. 부夫나 부婦에 닿으면 결혼을 못하고, 제第, 당堂, 조竈일은 좋은 날이고, 옹翁, 고姑일은 해당되는 할아버지나 할머니가 없으면 사용해도 괜찮다.

신행주당

堂	床	死
竈		睡
廚	路	門

신행 오는 날이 큰달(30일)에 들면, 조竈에서 1일을 시작하여 2일은 당堂, 3일째는 상床으로 순행해서 행사 당일까지 짚어나가고, 작은달(29일)이면 주廚에서 1일을 시작하여 2일은 로路, 3일째는 문門으로 역행해서 행사일까지 짚어 가면 된다.
사死, 수睡, 조竈, 주廚 일에 닿으면 사용한다.

이사주당

安	利	天
災		害
師	富	殺

이사하는 날이 큰달(30일)에 들면, 안安에서 1일을 시작하여 2일은 이利, 3일째는 천天으로 순행해서 행사 당일까지 짚어나가고, 작은달(29일)이면 천天에서 1일을 시작하여 2일은 이利, 3일째는 안安으로 역행해서 행사일까지 짚어 가면 된다.
천天, 이利, 안安, 사師, 부富에 닿으면 좋은 날이니 이사를 해도 좋다.

안장주당

客	父	男
婦		孫
母	女	死

안장하는 날이 큰달(30일)에 들면, 부父에서 1일을 시작하여 2일은 남男, 3일째는 손孫으로 순행해서 행사 당일까지 짚어나가고, 작은달(29일)이면 모母자에서 1일을 시작하여 2일은 여女, 3일째는 사死로 역행해서 행사일까지 짚어 가면 된다.
사死를 만나면 좋고, 그 외는 해당인이 있으면 입관이나 하관할 때 잠시 자리를 떠나 안 보면 된다.

2027년 국경일과 법정공휴일

• 신정	1월 01일(음 2026년 11월24일)
• 설날	2월 07일(음 1월 01일)
• 삼일절	3월 01일(음 1월 23일)
• 어린이날	5월 05일(음 3월 29일)
• 석가탄일	5월 13일(음 4월 08일)
• 현충일	6월 06일(음 5월 02일)
• 제헌절	7월 17일(음 6월 14일)
• 광복절	8월 15일(음 7월 14일)
• 추석	9월 15일(음 8월 15일)
• 개천절	10월 03일(음 9월 04일)
• 예수탄일	12월 25일(음 11월 28일)

2027년 세시풍속일과 잡절

• 퇴계이황탄신일	음2026년 11월 25일(양 2027년 1월02일)
• 토왕용사(土旺用事)	음2026년 12월 10일(양 2027년 1월 17일)
• 납향(臘享)	음2026년 12월 09일(양 2027년 1월 16일)
• 율곡이이탄일	음2026년 12월 26일(양 2027년 2월 02일)
• 제석(除夕)	음2026년 12월 30일(양 2027년 2월 06일)
• 정월대보름/上元	음 1월 15일(양 2027년 2월 21일)
• 춘사(春社)	음 2월 13일(양 2027년 3월 20일)
• 한식(寒食)	음 2월 30일(양 2027년 4월 06일)
• 토왕용사(土旺用事)	음 3월 11일(양 2027년 4월 17일)
• 삼짇날	음 3월 03일(양 2027년 4월 09일)
• 단오(端午)	음 5월 05일(양 2027년 6월 09일)
• 초복(初伏)	음 6월 17일(양 2027년 7월 20일)
• 토왕용사(土旺用事)	음 6월 17일(양 2027년 7월 20일)
• 신독제김집탄일	음 6월 06일(양 2027년 7월 09일)
• 중복(中伏)	음 6월 27일(양 2027년 7월 30일)
• 유두일(流頭日)	음 6월 15일(양 2027년 7월 18일)
• 말복(末伏)	음 7월 08일(양 2027년 8월 09일)
• 칠석(七夕)	음 7월 07일(양 2027년 8월 08일)
• 사계김장생탄일	음 7월 08일(양 2027년 8월 09일)
• 백중(百中)/中元	음 7월 15일(양 2027년 8월 16일)
• 추사(秋社)	음 8월 26일(양 2027년 9월 26일)
• 공자탄일	음 8월 27일(양 2027년 9월 27일)
• 중양절(重陽節)	음 9월 09일(양 2027년 10월 05일)
• 토왕용사(土旺用事)	음 9월 22일(양 2027년 10월 21일)
• 시월보름/下元	음 10월 15일(양 2027년 11월 12일)
• 퇴계이황탄신일	음 11월 25일(양 2027년 12월 22일)

서 기 2027년
단 기 4360년
배달기 5924년

정미년 음력절기표
(평년 354일)

오일득신 五日得辛　십이용치수 十二龍治水
구우경전 九牛耕田　이마타부 二馬佗負

월건 月建	월의 대소 삼원백三元白	삭朔의 간지 양력일	절기명 節氣名	절기 소속달	양력일	간지 干支	음력일	절기드는 시각	요일
임인	정월 小	정사(丁巳)	입춘(立春)	正月節	02월 04일	갑인(甲寅)	12월 28일	10시 46분	목
(壬寅)	오황(五黃)	02월07일	우수(雨水)	正月中	02월 19일	기사(己巳)	01월 13일	06시 33분	금
계묘	2월 大	병술(丙戌)	경칩(驚蟄)	二月節	03월 06일	갑신(甲申)	01월 28일	04시 39분	토
(癸卯)	사록(四綠)	03월08일	춘분(春分)	二月中	03월 21일	기해(己亥)	02월 14일	05시 24분	일
갑진	3월 小	병진(丙辰)	청명(淸明)	三月節	04월 05일	갑인(甲寅)	02월 29일	09시 17분	월
(甲辰)	삼벽(三碧)	04월07일	곡우(穀雨)	三月中	04월 20일	기사(己巳)	03월 14일	16시 17분	화
을사	4월 大	을유(乙酉)	입하(立夏)	四月節	05월 06일	을유(乙酉)	04월01일	02시 25분	목
(乙巳)	이흑(二黑)	05월06일	소만(小滿)	四月中	05월 21일	경자(庚子)	04월 16일	15시 18분	금
병오	5월 小	경신(庚申)	망종(芒種)	五月節	06월 06일	병진(丙辰)	05월 02일	06시 25분	일
(丙午)	일백(一白)	06월15일	하지(夏至)	五月中	06월 21일	신미(辛未)	05월 17일	23시 10분	월
정미	6월 小	갑신(甲申)	소서(小暑)	六月節	07월 07일	정해(丁亥)	06월 04일	16시 37분	수
(丁未)	구자(九紫)	07월04일	대서(大暑)	六月中	07월 23일	계묘(癸卯)	06월20일	10시 04분	금
무신	7월 大	계축(癸丑)	입추(立秋)	七月節	08월 08일	기미(己未)	07월 07일	02시 26분	일
(戊申)	팔백(八白)	08월02일	처서(處暑)	七月中	08월 23일	갑술(甲戌)	07월 22일	17시 14분	월
기유	8월 小	계미(癸未)	백로(白露)	八月節	09월 08일	경인(庚寅)	08월 08일	05시 28분	수
(己酉)	칠적(七赤)	09월01일	추분(秋分)	八月中	09월 23일	을사(乙巳)	08월 23일	15시 01분	목
경술	9월 小	임자(壬子)	한로(寒露)	九月節	10월 08일	경신(庚申)	09월 09일	21시 17분	금
(庚戌)	육백(六白)	09월30일	상강(霜降)	九月中	10월 24일	병자(丙子)	09월 25일	00시 33분	일
신해	10월 大	신사(辛巳)	입동(立冬)	十月節	11월 08일	신묘(辛卯)	10월 11일	00시 38분	월
(辛亥)	오황(五黃)	10월29일	소설(小雪)	十月中	11월 22일	을사(乙巳)	10월 25일	22시 16분	월
임자	11월 大	신해(辛亥)	대설(大雪)	十一月節	12월 07일	경신(庚申)	11월 10일	17시 37분	화
(壬子)	사록(四綠)	11월28일	동지(冬至)	十一月中	12월 22일	을해(乙亥)	11월 25일	11시 42분	수
계축	12월 大	신사(辛巳)	소한(小寒)	十二月節	2028년 1월 06일	경인(庚寅)	12월 10일	04시 54분	목
(癸丑)	삼벽(三碧)	12월28일	대한(大寒)	十二月中	2028년 1월 20일	갑진(甲辰)	12월 24일	22시 22분	목

정미년 1월 大(31일)

(양력 1일 ~ 15일)

五黃	一白	三碧
四綠	六白	八白
九紫	二黑	七赤

丙午年
陰曆 12月 大
月建 辛丑

서기 2027년 · 단기 4360년
음력 2026년 11월 24일부터
2026년 12월 08일까지

양력 날짜	간지 형상	음력 날짜	간지	오행	경축일 민속일	일출 일몰	월출 월몰	만조시각 물높이	일곱물때명 일반물때명	길한 행사 (불길한 행사)
1/1		11/24	경진 庚辰	金	신 정	07:48 17:25	01:41 12:36	사정巳正 해정亥正	무시 앉은조금	제사, 기도, 친목회, 성인식, 문안, 초대, 혼례, 채용, 예복, 수리, 상량, 지붕, 소송, 문서, 매매, 수금 (개방, 치병, 건강검진, 출산준비, 종자)
2		25	신사 辛巳	金	퇴계이황탄일	07:48 17:26	02:44 13:04	자시子時 오시午時	한매 한조금	제사, 민원접수, 사냥 (기도, 외출, 초대, 혼례, 개업, 문서, 수금, 축대보수, 이사, 제방, 수리, 상량, 헐기, 터파기, 안장)
3		26	임오 壬午	木		07:48 17:27	03:47 13:37	축초丑初 미초未初	두매 한매	제사, 목욕 (기도, 후임자, 친목회, 외출, 문안, 초대, 혼례, 치병, 침술, 개업, 문서, 수금, 출고, 투자, 우물, 제방, 상량, 이사, 헐기, 벌목, 사냥, 안장)
4		27	계미 癸未	木		07:48 17:28	04:49 14:15	축중丑中 미중未中	세매 두매	벌목, 사냥, 술빚기 (기도, 원행, 혼례, 건강검진, 출산준비, 개업, 문서, 수금, 이사, 제방, 수리, 상량, 파옥, 종자, 안장)
5		28	갑신 甲申	水		07:48 17:29	05:47 15:00	축정丑正 미정未正	네매 무릎사리	제사, 외출, 초대, 이사, 지붕, 상량, 술빚기, 개업, 수금, 벌목, 사냥, 터파기, 안장 (기도, 후임자, 문서, 출고, 투자)
				소한, 23시 10분, 병오년 12월의 절기, 월건 신축 적용.						
6		29	을유 乙酉	水		07:48 17:30	06:41 15:51	인초寅初 신초申初	다섯매 배꼽사리	제사, 기도, 불공, 외출, 초대, 혼례, 이사, 수리, 상량, 개업, 문서, 수금, 터파기, 안장 (사냥, 어로작업, 종자)
7		30	병술 丙戌	土	◯회(晦), 그믐	07:48 17:31	07:29 16:47	인정寅正 신정申正	여섯매 가슴사리	제사, 정보검색, 민원접수, 사냥, 지붕 (기도, 외출, 초대, 혼례, 이사, 상량, 개업, 매매, 문서, 수금, 우물, 파옥, 파토, 안장)
8		12/1	정해 丁亥	土	삭(朔), 초하루	07:48 17:31	08:10 17:46	묘초卯初 유초酉初	일곱매 턱사리	제사, 배움, 휴식, 장담기 (기도, 외출, 초대, 혼례, 이사, 수리, 상량, 개업, 문서, 수금, 파옥, 벌목, 사냥, 어로작업, 이장)
9		2	무자 戊子	火		07:48 17:32	08:45 18:46	묘중卯中 유중酉中	여덟매 한사리	제사, 불공, 지붕, 목욕 (기도, 외출, 초대, 혼례, 이사, 수리, 상량, 개업, 문서, 수금, 파옥)
10		3	기축 己丑	火		07:48 17:33	09:15 19:47	묘정卯正 유정酉正	아홉매 목사리	불공, 예복 (기도, 외출, 초대, 혼례, 이사, 수리, 상량, 우물, 파옥, 벌목, 사냥, 어로작업, 안장)
11		4	경인 庚寅	木		07:48 17:34	09:41 20:47	진초辰初 술초戌初	열매 어깨사리	혼례, 이사, 터닦기 지붕, 상량, 문서, 터파기, 안장 (제사, 원행, 진료, 창고수리, 출고, 투자, 사냥, 낚시)
12		5	신묘 辛卯	木		07:48 17:35	10:05 21:46	진중辰中 술중戌中	한꺽기 허리사리	제사, 불공, 장담기 (기도, 외출, 초대, 혼례, 이사, 수리, 상량, 개업, 문서, 수금, 우물, 파옥, 안장)
13		6	임진 壬辰	水		07:47 17:36	10:28 22:46	진정辰正 술정戌正	두꺽기 한꺽기	諸事不宜
14		7	계사 癸巳	水		07:47 17:37	10:51 23:48	사초巳初 해초亥初	아조 두꺽기	친목회, 성인식, 채용, 예복, 수리, 상량, 건강검진, 문서, 수금, 가축 (외출, 개방, 진료, 출산준비, 축대보수, 낚시, 배타기, 파옥, 안장)
15		8	갑오 甲午	金	◐ 상 현	07:47 17:38	11:16 -:-	사중巳中 해중亥中	조금 선조금	제사, 불공, 수신제가, 예복, 벌목, 정보수집, 사냥 (기도, 외출, 혼례, 이사, 수리, 상량, 개업, 문서, 수금, 어로작업, 안장)

◎기념일

2026 병오년 음력 12월 기도일 찾기

• **祭祀吉凶日** - 모든 제사에 좋은 날과 나쁜 날.
吉(길) = 11/29, 11/30, 12/5, 12/6, 12/7, 12/8, 12/6, 12/11, 12/12, 12/17, 12/18, 12/19, 12/20, 12/23, 12/24.
흉(凶) = 12/13, 12/15, 12/25, 12/27.

• **祈禱吉凶日** - 모든 기도에 좋은 날과 나쁜 날.
吉(길) = 11/28, 11/30, 12/1, 12/2, 12/5, 12/7, 12/10, 12/14, 12/17, 12/19, 12/22, 12/26.
흉(凶) = 12/15, 12/21.

• **佛供吉凶日** - 불공드리면 좋은 날과 나쁜 날.
吉(길) = 11/29, 12/2, 12/3, 12/5, 12/8, 12/10, 12/17, 12/21, 12/27.
흉(凶) = 12/6, 12/20.

1월의 평균기온	
서울 -2.4	인천 -2.1
대전 -1.0	전주 -0.5
목포 1.7	여수 2.4
부산 3.2	포항 1.8
대구 0.6	강릉 0.4
울릉도 1.4	제주도 5.7

1월의 주요약사 ＊1일 西紀公用(1962), ＊2일 의료보험실시(1977), 위변조 강화한 5천원권 유통(2006) ＊4일 병자호란(1637), 중고생 머리 자율화(1982) ＊5일 서재필 졸(1951), 야간 통행금지 해제(1982) ＊7일 초등학교 의무교육실시(1948) ＊8일 이봉창 의사 일황 저격(1932) ＊10일 충북선 철도 개통(1959) ＊11일 호남선 철도 개통(1914), 우리별 1호 발사(1992) ＊13일 이퇴계 탄일(1502), 이퇴계 졸(1571), 제1차 경제개발 5개년계획 발표(1962) ＊14일 무궁화 2호 발사(1996) ＊15일 국방경비대 창설(1946), 제2한강교 개통(1965) 16일 영월선 개통(1956) ＊17일 이율곡 탄일(1537), 부산 신항 개항(2006) ＊21일 무장공비 31명 서울 침투, 김신조 생포(1968) ＊22일 조선 고종황제 승하(1919), 김상옥 의사 의거(1923) ＊23일 미 정보함 프에블로호 공해상에서 피랍(1968) ＊24일 전주에서 동계유니버시아대회 개최(1997) ＊25일 황우석 교수 줄기세포조작사건 발표(2006) ＊26일 한미상호방위조약 조인(1950), 베트남 참전용사 고엽제배상 판결(2006) ＊29일 백남준 74세로 졸(2006) ＊30일 부산국제시장 화재(1953), 주한 미군 철수(1973) ＊31일 동해고속도로 개통(1979)

양력 날짜	요일	음력 날짜	28수	12신	紫白九星	주당周堂 이사	결혼	신행	안장	역혈인 逆血刃	구랑성 九狼星	구성법 九星法	주요 길신 (주요 흉신)
1/1	금	11/24	귀 鬼	정 定	팔백 八白	재 災	주 廚	주 廚	객 客	임 壬	사관 寺觀	입조 立早	天恩, 三合, 臨日, 天倉, 地倉, 時陰, 聖心, 不將, 天赦神, 萬通四吉 (天牢黑道, 死氣, 敗破, 官符)
2	토	25	류 柳	집 執	구자 九紫	안 安	부 夫	조 竈	부 父	경 庚	천 天	요성 妖星	天德, 天恩, 地啞, 不將, 五富, 益後, 地德 (玄武黑道, 重日, 紅紗, 小耗, 羅網)
3	일	26	성 星	파 破	일백 一白	리 利	고 姑	당 堂	남 男	계 癸	신묘 神廟	혹성 惑星	司命黃道, 月德, 天恩, 解神, 續世, 陽德, 六儀, 鳴吠, 大明, 天貴 (天賊, 天火, 血忌, 月破, 厭對, 招搖, 五虛, 大耗, 劍鋒, 披麻, 天隔, 天獄, 荒蕪)
4	월	27	장 張	위 危	이흑 二黑	천 天	당 堂	상 牀	손 孫	손 巽	수보정 水步井	화도 禾刀	伏斷日, 大空亡日 天恩, 要安, 天貴, 龍德, 全吉 (勾陳黑道, 重喪, 復日, 月殺, 月虛, 月害, 四擊, 滅亡, 觸水龍, 獨火, 土皇, 太虛, 重座)
5	화	28	익 翼	위 危	삼벽 三碧	해 害	옹 翁	사 死	사 死	경 庚	정청중정 正聽中庭	복덕 福德	大空亡日 司命黃道, 月空, 四相, 大明, 母倉, 五富, 福生, 陽德, 鳴吠, 龍德, 全吉, 地倉 (遊禍, 羅網, 五離, 土禁, 月刑, 太虛)
			小寒, 23시 10분, 丙午年 12月의 節入, 月建 辛丑 適用.										
6	수	29	진 軫	성 成	사록 四綠	살 殺	제 第	수 睡	여 女	손 巽	천 天	직성 直星	大空亡日 天德合, 月德合, 四相, 母倉, 天喜, 生氣, 鳴吠, 三合, 臨日, 萬通四吉 (勾陳黑道, 受死, 天火, 大殺, 五離, 山隔, 飛廉, 鬼火, 地囊, 神號, 太虛, 陰符)
7	목	30	각 角	수 收	오황 五黃	부 富	조 竈	문 門	모 母	간 艮	천 天	복목 卜木	青龍黃道, 聖心, 全吉, 青龍, 福德 (天罡, 五虛, 地破, 八座, 天哭, 荒蕪, 滅亡)
8	금	12/1	항 亢	개 開	육백 六白	안 安	부 夫	조 竈	부 父	병 丙	巳方 大門僧寺	인전 人專	明堂黃道, 旺日, 時陽, 益後, 天后, 大明, 陰德, 驛馬 (重日, 天狗, 天賊, 地火, 月厭, 人隔, 弔客)
9	토	2	저 氐	폐 閉	칠적 七赤	리 利	고 姑	당 堂	남 男	신 辛	주조 廚竈	입조 立早	天醫, 不將, 官日, 六合, 續世 (天刑黑道, 復日, 歸忌, 血忌, 血支, 土符, 天吏, 致死, 水隔, 轉殺, 地賊, 黃砂, 兵符)
10	일	3	방 房	건 建	팔백 八白	천 天	당 堂	상 牀	손 孫	간 艮	인방주사 寅方廚舍	요성 妖星	守日, 不將, 要安, 兵福 (朱雀黑道, 重喪, 復日, 往亡, 紅紗, 小時, 月建, 土府, 土忌, 白波)
11	월	4	심 心	제 除	구자 九紫	해 害	옹 翁	사 死	사 死	신 辛	오방 午方	혹성 惑星	金櫃黃道, 天德, 月德, 五合, 全吉, 送禮, 不將, 相日, 時德, 玉宇, 鳴吠, 吉期, 兵寶, 地倉, 太陽 (滅沒, 五虛)
12	화	5	미 尾	만 滿	일백 一白	살 殺	제 第	수 睡	여 女	정 丁	천 天	화도 禾刀	月忌日 天德黃道, 月恩, 五合, 天倉, 四季, 不將, 鳴吠, 民日, 金堂, 寶光, 天巫, 送禮 (披麻, 土瘟, 瘟癀, 天瘟, 鬼哭, 天獄, 喪門)
13	수	6	기 箕	평 平	이흑 二黑	부 富	조 竈	문 門	모 母	건 乾	천 天	복덕 福德	伏斷日, 大空亡日 天馬, 大明, 天貴, 回駕帝星, 送禮, 全吉, 太陰 (白虎黑道, 河魁, 月殺, 月虛, 天隔, 死神, 氷消瓦解)
14	목	7	두 斗	정 定	삼벽 三碧	사 師	부 婦	로 路	부 婦	갑 甲	대문승사 大門僧寺	직성 直星	大空亡日 玉堂黃道, 三合, 六儀, 時陰, 天貴, 四季, 送禮 (重日, 厭對, 招搖, 死氣, 九坎, 九焦, 枯焦, 焦坎, 官符)
15	금	8	우 牛	집 執	사록 四綠	재 災	주 廚	주 廚	객 客	정 丁	술해방 戌亥方	복목 卜木	大空亡日 月空, 四相, 敬安, 鳴吠, 解神, 地德 (天牢黑道, 月害, 大時, 五虛, 大敗, 咸池, 小耗, 劍鋒, 地隔, 獨火, 土皇, 敗破)

• 山祭吉凶日 - 산신제나 입산 기도하면 좋은 날과 나쁜 날.
吉(길) = 11/28, 11/29, 11/30, 12/5, 12/9, 12/16, 12/17, 12/24.
흉(凶) = 12/2, 12/11, 12/26.

• 水神祭祀吉凶日 - 水神에 제사지내면 좋은 날과 나쁜 날.
吉(길) = 11/29, 12/4, 12/5, 12/8, 12/11, 12/16, 12/17, 12/20, 12/23.
흉(凶) = 11/28, 12/2, 12/10, 12/15, 12/18, 12/22, 12/26.

• 地神祭祀吉凶日 - 地神에 제사지내면 좋은 날과 나쁜 날.
吉(길) = 12/3, 12/7, 12/15, 12/22, 12/26.
흉(凶) = 11/28, 12/8, 12/13, 12/20, 12/25.

• 七星祈禱吉凶日 - 하늘과 산에 기도하면 좋은 날과 나쁜 날.
吉(길) = 12/3, 12/4, 12/5, 12/7, 12/8, 12/12, 12/13, 12/15, 12/16, 12/17, 12/18, 12/19, 12/21, 12/22, 12/23, 12/25, 12/27.

五黃	一白	三碧
四綠	六白	八白
九紫	二黑	七赤

丙午年
陰曆 12月 大
月建 辛丑

丁未年 1月 大(31日)

(양력 16日 ~ 31日)

西紀 2027年 · 檀紀 4360年
陰曆 2026年 12月 09日부터
2026年 12月 24日까지

양력 날짜	간지 형상	음력 날짜	간지	오행	경축일 민속일	일출 일몰	월출 월몰	만조시각 물높이	일곱물때명 일반물때명	길한 행사 (불길한 행사)
1/16		12/9	을미 乙未	金	납향(臘享)	07:46 17:39	11:43 00:52	사정巳正 해정亥正	무시 앉은조금	제사, 개방, 헐기, 장갈무리, 지붕 (기도, 외출, 초대, 혼인, 이사, 수리, 상량, 개업, 문서, 수금, 벌목, 사냥, 물고기잡기, 안장)
17		10	병신 丙申	火	토왕용사	07:46 17:40	12:16 02:00	자시子時 오시午時	한매 한조금	제사, 불공, 개업, 수금, 출고, 투자, 벌목, 사냥, 터파기, 안장 (후임자, 친목회, 진료, 문서, 휴식, 개방)
18		11	정유 丁酉	火		07:46 17:41	12:57 03:11	축초丑初 미초未初	두매 한매	외출, 동료초대, 혼례, 이사, 수리, 상량, 장담기, 개업, 문서 (친목회, 이발)
19		12	무술 戊戌	木		07:45 17:42	13:49 04:25	축중丑中 미중未中	세매 두매	제사, 정보검색, 민원접수, 사냥 (기도, 원행, 초대, 혼례, 이사, 수리, 상량, 개업, 문서, 수금, 헐기, 안장)
20		13	기해 己亥	木		07:45 17:43	14:52 05:35	축정丑正 미정未正	네매 무릎사리	제사, 배움시작, 목욕, 술빚기, 장담기 (기도, 외출, 혼례, 수리, 상량, 소송, 개업, 문서, 수금, 파옥, 벌목, 사냥, 어로작업, 안장)
					대한, 16시 29분, 병오년 12월의 중기.					
21		14	경자 庚子	土		07:44 17:45	16:06 06:38	인초寅初 신초申初	다섯매 배꼽사리	제사, 목욕, 예복, 술빚기, 안장 (이사, 해외여행, 진료, 제방, 수리, 출산준비, 도랑청소, 농기구손질, 사냥, 어로작업, 종자)
22		15	신축 辛丑	土	●망(望)보름	07:44 17:46	17:26 07:18	인정寅正 신정申正	여섯매 가슴사리	제사, 기도, 예복, 지붕, 상량, 수금, 출고, 투자, 목축 (외출, 초대, 이사, 수리, 우물, 파옥, 벌목, 사냥, 터파기, 어로작업)
23		16	임인 壬寅	金		07:43 17:47	18:45 08:12	묘초卯初 유초酉初	일곱매 턱사리	목욕, 대청소, 지붕 (제사, 외출, 진료, 재고관리, 출고, 투자, 개간)
24		17	계묘 癸卯	金		07:43 17:48	20:01 08:47	묘중卯中 유중酉中	여덟매 한사리	제사, 불공, 장갈무리, 지붕 (기도, 후임자, 친목회, 원행, 혼례, 이사, 진료, 수리, 상량, 개업, 문서, 매매, 수금, 출고, 투자, 종자, 가축, 안장)
25		18	갑진 甲辰	火		07:42 17:49	21:13 09:17	묘정卯正 유정酉正	아홉매 목사리	諸事不宜
26		19	을사 乙巳	火		07:42 17:50	22:22 09:44	진초辰初 술초戌初	열매 어깨사리	제사, 기도, 고사, 문안, 초대, 혼례, 채용, 이사, 개방, 수리, 상량, 출고, 투자, 문서, 수금, 가축 (외출, 진료, 사냥, 어로작업, 해외출장, 종자)
27		20	병오 丙午	水		07:41 17:51	23:28 10:10	진중辰中 술중戌中	한꺽기 허리사리	수신제가, 벌목, 정보검색, 민원, 사냥 (기도, 후임자, 외출, 문안, 초대, 혼례, 채용, 이사, 개방, 진료, 제방, 상량, 개업, 문서, 수금, 출고, 투자, 물고기잡기, 종자, 가축, 안장)
28		21	정미 丁未	水		07:40 17:52	-:- 10:37	진정辰正 술정戌正	두꺽기 한꺽기	諸事不宜
29		22	무신 戊申	土		07:39 17:53	00:34 11:05	사초巳初 해초亥初	아조 두꺽기	제사, 개업, 출고, 투자, 지붕, 대청소, 벌목, 사냥, 가축 (기도, 후임자, 휴식, 개방, 진료, 문서, 매매)
30		23	기유 己酉	土	◐하 현	07:39 17:54	01:38 11:37	사중巳中 해중亥中	조금 선조금	외출, 문안, 초대, 혼례, 채용, 건강검진, 치병, 예복, 이사, 개방, 제방, 수리, 상량, 개업, 문서, 수금, 농기구, 대청소, 종자, 가축 (안장)
31		24	경술 庚戌	金		07:38 17:55	02:41 12:14	사정巳正 해정亥正	무시 앉은조금	제사, 정보검색, 민원접수, 지붕 (진료, 건강검진, 사냥, 물고기잡기)

기념일

- **神祠新禱日** - 神位 안치된 神堂 祠堂에 기도하면 좋은 날.
  吉(길) = 11/28, 11/29, 12/1, 12/5, 12/6, 12/8, 12/9, 12/11, 12/16, 12/19, 12/20, 12/21, 12/22, 12/24.
- **雕繪神像開光日** - 神像 조각하고 그리고 안치하면 좋은 날.
  吉(길) = 12/3, 12/9, 12/10, 12/11, 12/17, 12/18, 12/24,.12/25.
- **合房不吉日** - 합방해 태어난 자녀에게 나쁜 날.
  흉(凶) = 11/28, 1130, 12/1, 12/7, 12/8, 12/15, 12/17, 12/20, 12/23, 日蝕, 月蝕, 폭염, 폭우, 짙은 안개, 천둥, 번개, 무지개, 지진, 本宮日.
- **地主下降日**(지주하강일) - 이 곳을 범하면 흉한 날.

농사정보 **벼농사** 1. 올해 심을 볍씨는 지역에 맞는 우량종자 2~3종 미리 확보. 2. 객토할 논은 찰흙 함량 25% 이상인 산흙(황토) 확보. 3. 객토논 흙은 점토 함량 15% 이상인 것. 4. 객토논은 볏짚, 퇴비 등의 유기물과 규산질 비료를 뿌려 깊이갈이를 해준다. **밭농사** 1. 지역에 맞는 2~3가지의 품종은 영농설계교육 때 특성 알아보고 미리 확보. 2. 눈오면 밭보리는 수분공급과 보온으로 겨울나기 도움. 3. 논보리는 배수구를 정비해 눈 녹을 경우 습해 예방.4. 보리밭에 왕겨, 짚, 두엄을 덮어 동해 예방. **채소** 1. 시설원에는 피복재개선해 보온력강화, 온풍기손질로 난방에너지 절감. 2. 눈 많이 쌓일 땐 쓸어내리고, 시설물 주변 배수로 정비. 3. 육모 중인 열매 채소는 최저 12℃ 이상, 잎채소는 8℃ 이상 유지. 4. 마늘, 양파 등 월동채소 포장은 배수로 정비로 습해 예방. **과수** 1. 키 큰 과실수는 관리 편하게 3~4년 계획으로 키낮추기 전지. 2. 키 낮추기 전지는 꽃눈 있는 가지를 남기고 자른다. 3. 밀집된 과실수 가지 솎아 햇빛을 골고루 받을 수 있게 한다. **화훼** 1. 거베라는 잎이 많으면 꽃눈 발아가 안 된다. 잎따주기. 2. 거베라는 곁가지수가 많으면 좋다. 잎딸 때 곁가지 따지 않도록 주의. 3. 저온, 폭설 등 겨울철 난방점검, 눈 많이 올 땐 비닐하우스에 눈쓸어내린다. **축산** 1. 소나 돼지의 축사를 점검하고, 발굽을 살펴본다. 2. 언 사료를 먹이지 않도록 주의. 3. 눈비 올 때 피부가 젖지 않게 주의. 4. 축사환기를 자주해 호흡기질병을 예방. 5. 송아지는 저온에 민감하다. 볏짚을 깔아주고 축사 내에 환기를 신경써야 한다. **버섯, 약초, 잠업** 1. 버섯재배사 균상은 습도와 온도변화가 심하면 질병 발생. 2. 습도는 85%, 버섯의 표면 느낌이 촉촉하면 적당한 것이다.

양력 날짜	요일	음력 날짜	28수	12신	紫白九星	주당周堂				역혈인 逆血刃	구랑성 九狼星	구성법 九星法	주요 길신 (주요 흉신)
						이사	결혼	신행	안장				
1/16	토	12/9	여 女	파 破	오황 五黃	안 安	부 夫	조 竈	부 父	갑 甲	水步井 亥方	각기 角己	天德合, 月德合, 大明, 地啞, 全吉, 普護, 四相, 天赦神, 皇恩大赦 (玄武黑道, 月破, 地囊, 九空, 四擊, 大耗, 太虛, 歲破, 長星)
17	일	10	허 虛	위 危	육백 六白	리 利	고 姑	당 堂	남 男	임 壬	천 天	인전 人專	司命黃道, 母倉, 天聾, 五富, 福生, 陽德, 鳴吠, 地倉, 龍德 (遊禍, 五離, 土禁, 羅網, 月刑, 太虛)
18	월	11	위 危	성 成	칠적 七赤	천 天	당 堂	상 牀	손 孫	을 乙	사관 寺觀	입조 立早	天喜, 母倉, 地啞, 生氣, 鳴吠, 全吉, 三合, 臨日, 萬通四吉 (勾陳黑道, 受死, 天火, 五離, 大殺, 飛廉, 山隔, 鬼火, 太虛, 神號, 陰符)
19	화	12	실 室	수 收	팔백 八白	해 害	옹 翁	사 死	사 死	곤 坤	州縣廳堂 城隍社廟	요성 妖星	青龍黃道, 聖心, 皆空, 五空, 六空, 青龍, 福德 (復日, 天罡, 五虛, 地破, 八座, 天哭, 滅亡, 荒蕪, 攀鞍)
20	수	13	벽 壁	개 開	구자 九紫	살 殺	제 第	수 睡	여 女	임 壬	사관 寺觀	혹성 惑星	伏斷日 明堂黃道, 旺日, 時陽, 益後, 天后, 陰德, 驛馬, 地啞, 皆空, 送禮, 五空 (重喪, 復日, 重日, 天狗, 天賊, 地火, 月厭, 弔客, 重座, 人隔)
			大寒, 16시 29분, 丙午年 12月의 中氣.										
21	목	14	규 奎	폐 閉	일백 一白	부 富	조 竈	문 門	모 母	곤 坤	중정청 中庭廳	화도 禾刀	月忌日 天德, 月德, 官日, 天醫, 六合, 續世, 鳴吠, 不將, 皆空, 五空, 六空, 天聾, 送禮, 全吉 (天刑黑道, 歸忌, 血忌, 血支, 土符, 天吏, 致死, 水隔, 地賊, 黃砂, 轉殺, 兵符)
22	금	15	루 婁	건 建	이흑 二黑	사 師	부 婦	로 路	부 婦	손 巽	천 天	복덕 福德	月恩, 五空, 不將, 守日, 要安, 地啞, 六空, 兵福, 送禮 (朱雀黑道, 月建, 往亡, 紅紗, 小時, 土府, 土忌, 白波)
23	토	16	위 胃	제 除	삼벽 三碧	재 災	주 廚	주 廚	객 客	경 庚	東北丑午方 廚竈橋門路	직성 直星	大空亡日 金櫃黃道, 大明, 五合, 六空, 相日, 時德, 吉期, 玉宇, 鳴吠, 全吉, 天貴, 兵寶, 地倉, 太陽 (滅沒, 五虛)
24	일	17	묘 昴	만 滿	사록 四綠	안 安	부 婦	조 竈	부 父	계 癸	천 天	복목 卜木	大空亡日 天德黃道, 民日, 金堂, 寶光, 天巫, 五合, 天倉, 鳴吠, 全吉, 天貴, 四季 (披麻, 土瘟, 瘟瘟, 天瘟, 天獄, 鬼哭, 喪門)
25	월	18	필 畢	평 平	오황 五黃	리 利	고 姑	당 堂	남 男	손 巽	승당사묘 僧堂寺廟	각기 角己	月空, 大明, 四相, 天馬, 回駕帝星, 太陰 (白虎黑道, 河魁, 月殺, 死神, 月虛, 天隔, 氷消瓦解)
26	화	19	자 觜	정 定	육백 六白	천 天	당 堂	상 牀	손 孫	계 癸	천 天	인전 人專	楊公忌日 玉堂黃道, 天德合, 月德合, 四相, 大明, 三合, 六儀, 時陰, 四季, 送禮 (重日, 厭對, 招搖, 死氣, 九坎, 九焦, 枯焦, 焦坎, 官符)
27	수	20	참 參	집 執	칠적 七赤	해 害	옹 翁	사 死	사 死	신 辛	천 天	입조 立早	大明, 解神, 敬安, 鳴吠, 地德, 全吉 (天牢黑道, 月害, 大時, 五虛, 大敗, 咸池, 小耗, 四廢, 劍鋒, 獨火, 地隔, 土皇, 敗破)
28	목	21	정 井	파 破	팔백 八白	살 殺	제 第	수 睡	여 女	간 艮	僧堂城隍 社廟	요성 妖星	普護, 皇恩大赦, 天赦神, 全吉 (玄武黑道, 月破, 九空, 四擊, 大耗, 太虛, 歲破, 八專)
29	금	22	귀 鬼	위 危	구자 九紫	부 富	조 竈	문 門	모 母	병 丙	중정청 中庭廳	혹성 惑星	伏斷日 司命黃道, 五富, 母倉, 地倉, 福生, 陽德, 龍德 (遊禍, 復日, 五離, 土禁, 羅網, 月刑, 太虛)
30	토	23	류 柳	성 成	일백 一白	사 師	부 婦	로 路	부 婦	신 辛	사관사묘 寺觀社廟	화도 禾刀	月忌日 天恩, 大明, 母倉, 三合, 臨日, 天喜, 生氣, 鳴吠, 萬通四吉 (勾陳黑道, 重喪, 復日, 受死, 大殺, 五離, 飛廉, 天火, 山隔, 鬼火, 太虛, 神號, 陰符)
31	일	24	성 星	수 收	이흑 二黑	재 災	주 廚	주 廚	객 客	병 丙	사묘 社廟	복덕 福德	青龍黃道, 天德, 月德, 天恩, 大明, 聖心, 青龍, 福德 (天罡, 地破, 八座, 五虛, 天哭, 滅亡, 荒蕪)

흉(凶) = 1일 - 마당(庭).

- 竈王集會日(조왕집회일) - 조왕신 제사지내면 좋은 날.
  吉(길) = 12/6, 12/12, 12/18, 12/21.
- 竈王上天日(조왕상천일) - 부엌 수리하면 좋은 날.
  吉(길) = 12/9, 12/23.

♣ 음력 12월의 민간비법

1) 丑日에 머리를 감으면 무병하다.
2) 丑日 丑時에 소원을 빌면 성취할 수 있다.
3) 丑日 丑時에 무슨 일이든 시작을 하면 성취하게 된다.

四綠	九紫	二黑
三碧	五黃	七赤
八白	一白	六白

丁未年
陰曆 正月 小
月建 壬寅

정미년 2월 小(28일)
(양력 1일 ~ 15일)

서기 2027년 · 단기 4360년
음력 2026년 12월 25일부터
2027년 01월 09일까지

양력 날짜	간지 형상	음력 날짜	간지	오행	경축일 민속일	일출 일몰	월출 월몰	만조시각 물높이	일곱물때명 일반물때명	길한 행사 (불길한 행사)
2/1		12/25	신해 辛亥	金		07:37 17:57	03:41 12:56	자시子時 오시午時	한매 한조금	제사, 배움시작, 목욕, 술거르기 (기도, 후임자, 외출, 문안, 혼례, 채용, 이사, 개방, 상량, 수리, 개업, 문서, 수금, 출고, 투자, 정원, 벌목, 사냥, 어로작업, 종자, 안장)
2		26	임자 壬子	木	율곡이이탄일	07:36 17:58	04:37 13:45	축초丑初 미초未初	두매 한매	제사, 목욕 (기도, 외출, 초대, 혼례, 이사, 수리, 상량, 개업, 문서, 매매, 수금, 도랑청소, 민원, 파옥, 종자선별, 목축, 안장)
3		27	계축 癸丑	木		07:35 17:59	05:27 14:40	축중丑中 미중未中	세매 두매	불공, 친목회, 지붕 (기도, 외출, 초대, 혼례, 이사, 진료, 제방, 수리, 상량, 재고관리, 출고, 투자, 우물, 파옥, 벌목, 사냥, 안장)
4		28	갑인 甲寅	水		07:35 18:00	06:10 15:38	축정丑正 미정未正	네매 무릎사리	불공, 예복, 문서, 투자 (제사, 기도, 원행, 약혼, 결혼, 구인, 이사, 제방, 상량, 파옥, 벌목, 사냥, 어로작업, 안장)
					입춘, 10시 46분, 정미년 정월의 절기, 월건 임인 적용.					
5		29	을묘 乙卯	水		07:34 18:01	06:47 16:38	인초寅初 신초申初	다섯매 배꼽사리	친목회, 원행, 약혼, 해제, 휴식, 치병, 대청소, 문서 (우물, 모종)
6		30	병진 丙辰	土	제 석 ◯회(晦), 그믐	07:33 18:02	07:18 17:39	인정寅正 신정申正	여섯매 가슴사리	제사, 기도, 불공, 후임자, 원행, 약혼, 이사, 치병, 문서, 신상품출시, 수리, 상량, 목축, 안장 (청원, 사냥, 어로작업, 승선, 진수식, 모종)
7		1/1	정사 丁巳		삭(朔), 초하루 설 날	07:32 18:03	07:45 18:40	묘초卯初 유초酉初	일곱매 턱사리	제사, 주변정돈 도로정비 (기도, 후임자, 외출, 치병, 복약, 사냥, 어로작업)
8		2	무오 戊午	火		07:31 18:04	08:10 19:40	묘중卯中 유중酉中	여덟매 한사리	제사, 기도, 후임자, 응모, 성인식, 이취임, 약혼, 결혼, 구인, 지붕, 외출, 이사, 수리, 상량, 개업, 문서, 가축 (개통, 치병, 지붕, 수리, 출산준비, 종자)
9		3	기미 己未	火		07:30 18:05	08:33 20:40	묘정卯正 유정酉正	아홉매 목사리	정보탐색수집, 어로작업, 술거르기 (약혼, 선물, 치병, 창고수리, 개업, 문서, 투자, 신상품출시)
10		4	경신 庚申	木		07:29 18:07	08:56 21:41	진초辰初 술초戌初	열매 어깨사리	諸事不宜
11		5	신유 辛酉	木		07:28 18:08	09:20 22:44	진중辰中 술중戌中	한꺽기 허리사리	諸事不宜
12		6	임술 壬戌	水		07:27 18:09	09:46 23:50	진정辰正 술정戌正	두꺽기 한꺽기	제사, 기도, 친목회, 개통, 제방, 수리, 상량, 개업, 문서, 목축, 안장 (원행, 약혼, 결혼, 정보탐색, 치병, 도랑, 사냥, 어로작업, 종자)
13		7	계해 癸亥	水		07:25 18:10	10:17 —:—	사초巳初 해초亥初	아조 두꺽기	제사, 목욕 (결혼, 치병, 복약시작, 안장)
14		8	갑자 甲子	金	◐상 현 양둔중원	07:24 18:11	10:53 00:58	사중巳中 해중亥中	조금 선조금	제사, 불공, 배움 시작, 목욕 (성인식, 약혼, 결혼, 구인, 치병, 개방, 안장, 부엌수리, 상량, 사냥)
15		9	을축 乙丑	金		07:23 18:12	11:39 02:09	사정巳正 해정亥正	무시 앉은조금	諸事不宜

기념일

10일 : 문화재 방재의 날

2027 정미년 음력 1월 기도일 찾기

- 祭祀吉凶日 - 모든 제사에 좋은 날과 나쁜 날.
  吉(길) = 12/29, 12/30, 1/2, 1/3, 1/5, 1/7, 1/9, 1/11, 1/12, 1/14, 1/15, 1/17, 1/18, 1/19, 1/21, 1/23, 1/24, 1/26, 1/27.
  흉(凶) = 12/28, 1/10, 1/20, 1/22.
- 祈禱吉凶日 - 모든 기도에 좋은 날과 나쁜 날.
  吉(길) = 12/29, 12/30, 1/2, 1/3, 1/5, 1/11, 1/12, 1/14, 1/15, 1/17, 1/21, 1/23, 1/24, 1/26, 1/27.
  흉(凶) = 12/28, 1/4, 1/22.
- 佛供吉凶日 - 불공드리면 좋은 날과 나쁜 날.
  吉(길) = 12/28, 12/30, 1/5, 1/8, 1/9, 1/10, 1/14, 1/18, 1/22.
  흉(凶) = 12/29, 1/11, 1/19.

2월의 평균기온

서울 0.4	인천 0.3
대전 1.5	전주 1.5
목포 2.9	여수 4.0
부산 4.9	포항 3.8
대구 2.9	강릉 2.2
울릉도 2.2	제주도 6.4

2월의 주요약사

＊1일 조선통감부 설치(1906), 경부고속도로 착공(1966), 정부 신 직제령 공포(1955) ＊2일 재개발사업에 관한 개발이익환수특별법 제정(2006) ＊3일 한·미 원자력협정 조인(1956), 울산공업센터 기공(1962), 한·미 자유무역협정(FTA) 공식협상 개시 선언(2006) ＊4일 얄타회담(1945), 과학기술연구소 발족(1966) ＊6일 미국, 북한과 이란을 잠재적 적대국가로 규정(2006) ＊7일 전라선 개통(1968), 하인즈워드 수퍼볼 MVP에 선정(2006) ＊8일 한·미 경제협정조인(1961), 홍성 지진 발생(1979) ＊11일 일제, 조선 창씨 개명 실시(1940), 거창양민학살사건(1951) ＊12일 유신헌법 찬반 국민투표(1975), 제12대 국회의원 총선거(1985) ＊13일 해안경비대창설(1946), 불란서 원폭시험 성공(1946) ＊14일 민주의원(미군정) 설치(1946) ＊15일 제1차 화폐개혁(1953), 조병옥박사 서거(1960) ＊16일 경성방송국 발족(1927), KAL기 납북(1958) ＊18일 거제도포로수용소 폭동(1952) ＊19일 동남아조약기구발족(1955) ＊20일 미, 유인인공위성발사 성공(1962), 구정을 민속의 날로 정하여 공휴일로 제정(1985) ＊23일 한국미술5천년전 일본 도쿄에서 개막(1976), 정진석 대주교 추기경 서품(2006) ＊25일 북한군 조종사 이웅평 상위, 미그19기 몰고 휴전선 넘어 귀순(1983), 제13대 노태우 대통령 취임(1988), 제14대 김영삼 대통령 취임(1993), 제15대 김대중 대통령 취임(1998), 제16대 노무현 대통령 취임(2002) 26일 한국 테니스팀이 스포츠 사상 최초로 중국에 입국(1984) ＊27일 이율곡 졸(1584), 정부 독도영유권 성명(1953), 제9대 국회의원 선거(1973) ＊28일 영산강하구언 완공(1981), 비정규직 관리법 국회 통과(2006) ＊29일 여자 탁구 서독 오픈 개인단식전에서 중국을 꺾고 우승(1976)

양력 날짜	요일	음력 날짜	28수	12신	紫白九星	주당周堂 이사	결혼	신행	안장	역혈인 逆血刃	구랑성 九狼星	구성법 九星法	주요 길신 (주요 흉신)
2/1	월	12/25	장 張	개 開	삼벽 三碧	안 安	부 夫	조 竈	부 父	갑 甲	사관 寺觀	직성 直星	明堂黃道, 月恩, 旺日, 時陽, 天恩, 大明, 地啞, 益後, 天后, 陰德, 驛馬 (重日, 天狗, 天賊, 地火, 月厭, 人隔, 弔客, 短星)
2	화	26	익 翼	폐 閉	사록 四綠	리 利	고 姑	당 堂	남 男	정 丁	천 天	복목 卜木	大空亡日 天恩, 偸修, 天聾, 官日, 六合, 續世, 嗚吠, 天醫, 天貴 (天刑黑道, 歸忌, 血忌, 血支, 土符, 天吏, 致死, 六蛇, 水隔, 地賊, 黃砂, 轉殺, 兵符)
3	수	27	진 軫	건 建	오황 五黃	천 天	당 堂	상 牀	손 孫	건 乾	僧堂寺觀 社廟	각기 角己	地啞, 守日, 要安, 天恩, 偸修, 天貴, 兵福, 全吉 (朱雀黑道, 月建, 往亡, 紅紗, 小時, 陽錯, 土府, 八專, 觸水龍, 土忌, 白波)
4	목	28	각 角	건 建	육백 六白	해 害	옹 翁	사 死	사 死	갑 甲	축방 丑方	인전 人專	五合, 天貴, 旺日, 兵福, 要安, 天倉, 嗚吠 (天刑黑道, 重喪, 復日, 月建, 小時, 土府, 八專, 白波, 陽錯, 往亡, 土忌, 天隔)
			立春, 10시 46분, 丁未年 正月의 節入, 月建 壬寅 適用.										
5	금	29	항 亢	제 除	칠적 七赤	살 殺	제 第	수 睡	여 女	건 乾	천 天	입조 立早	五合, 天貴, 官日, 兵寶, 太陽, 吉期, 玉宇, 嗚吠 (朱雀黑道, 大時, 大敗, 咸池, 轉殺)
6	토	30	저 氐	만 滿	팔백 八白	부 富	조 竈	문 門	모 母	곤 坤	인진방 寅辰方	요성 妖星	金櫃黃道, 月德, 天聾, 月恩, 四相, 守日, 金堂, 六儀, 天巫, 地虎不食, 全吉 (天賊, 土瘟, 地隔, 厭對, 九空, 招搖, 焦坎, 枯焦, 九坎, 九焦, 造廟破碎)
7	일	1/1	방 房	평 平	구자 九紫	천 天	부 婦	주 廚	모 母	임 壬	전문 前門	입조 立早	伏斷日 天德黃道, 天德, 偸修, 四相, 相日, 玉帝赦日, 寶光, 送禮 (天罡, 遊禍, 重日, 獨火, 月刑, 月害, 造廟破碎, 太陰, 土皇, 五虛, 荒蕪, 死神, 氷消瓦解, 八風)
8	월	2	심 心	정 定	일백 一白	리 利	조 竈	로 路	여 女	을 乙	戌亥方 併廚竈	요성 妖星	萬通四吉, 民日, 臨日, 回駕帝星, 三合, 時德, 時陰, 天馬, 偸修, 地倉 (白虎黑道, 黃砂, 死氣)
9	화	3	미 尾	집 執	이흑 二黑	안 安	제 第	문 門	사 死	곤 坤	정 井	혹성 惑星	玉堂黃道, 地德, 敬安, 偸修, 全吉 (天瘟, 山隔, 瘟瘽, 小耗, 天哭, 八專)
10	수	4	기 箕	파 破	삼벽 三碧	재 災	옹 翁	수 睡	손 孫	을 乙	橋井門路 社廟	화도 禾刀	解神, 普護, 天后, 驛馬, 除神, 嗚吠, 皆空, 不守塚, 偸修, 送禮 (天牢黑道, 復日, 月破, 大耗, 四廢, 五離, 八專, 敗破)
11	목	5	두 斗	위 危	사록 四綠	사 師	당 堂	사 死	남 男	계 癸	오방 午方	복덕 福德	月忌日 月德合, 地啞, 福生, 龍德, 陰德, 嗚吠, 偸修 (玄武黑道, 天吏, 致死, 紅紗, 五虛, 荒蕪, 四廢, 五離, 人隔, 劒鋒)
12	금	6	우 牛	성 成	오황 五黃	부 富	고 姑	상 牀	부 父	손 巽	사관 寺觀	직성 直星	司命黃道, 天德合, 月空, 天喜, 生氣, 三合, 皇恩大赦, 陽德, 天赦神, 麒麟 (受死, 地火, 月厭, 大殺, 飛厭, 水隔, 四擊, 神號, 太虛)
13	토	7	여 女	수 收	육백 六白	살 殺	부 夫	당 堂	객 客	경 庚	선사방 船巳方	복목 卜木	母倉, 五富, 六合, 福德, 聖心 (勾陳黑道, 重日, 河魁, 地破, 土禁, 太虛, 八座, 長星)
14	일	8	허 虛	개 開	칠적 七赤	해 害	주 廚	조 竈	부 婦	계 癸	사묘 社廟	요성 妖星	伏斷日 青龍黃道, 天貴, 天恩, 母倉, 全吉, 益後, 時陽, 青龍, 地倉 (重喪, 復日, 羅網, 天狗, 披麻, 天火, 狼籍, 地賊, 天獄, 太虛, 重座)
15	월	9	위 危	폐 閉	팔백 八白	천 天	부 婦	주 廚	모 母	경 庚	주 廚	혹성 惑星	大空亡日 明堂黃道, 天醫, 天貴, 天恩, 續世, 地啞, 四季, 全吉, 十全 (月殺, 月虛, 滅沒, 血忌, 血支, 土符, 歸忌, 滅亡, 五虛, 荒蕪)

- **山祭吉凶日 - 산신제나 입산 기도하면 좋은 날과 나쁜 날.**
  吉(길) = 12/28, 12/29, 1/9, 1/11, 1/12, 1/13, 1/16, 1/19, 1/20, 1/24.
  흉(凶) = 1/1, 1/3, 1/10, 1/15, 1/22, 1/27.
- **水神祭祀吉凶日 - 水神에 제사지내면 좋은 날과 나쁜 날.**
  吉(길) = 12/29, 12/30, 1/3, 1/5, 1/8, 1/11, 1/12, 1/14, 1/15, 1/17, 1/24, 1/27.
  흉(凶) = 1/4, 1/8, 1/10, 1/21.
- **地神祭祀吉凶日 - 地神에 제사지내면 좋은 날과 나쁜 날.**
  吉(길) = 1/3, 1/7, 1/15, 1/22, 1/26.
  흉(凶) = 12/28, 12/30, 1/12, 1/13, 1/18, 1/24, 1/25.
- **七星祈禱吉凶日 - 하늘과 산에 기도하면 좋은 날과 나쁜 날.**
  吉(길) = 1/2, 1/3, 1/4, 1/5, 1/7, 1/15, 1/16, 1/17, 1/18, 1/19, 1/20, 1/22, 1/26, 1/27.

四綠	九紫	二黑
三碧	五黃	七赤
八白	一白	六白

丁未年
陰曆 正月 小
月建 壬寅

丁未年 2月 小(28日)

(양력 16日 ~ 28日)

西紀 2027年・檀紀 4360年
陰曆 2027年 01月 10日부터
2027年 01月 22日까지

양력 날짜	간지 형상	음력 날짜	간지	오행	경축일 민속일	일출 일몰	월출 월몰	만조시각 물높이	일곱물때명 일반물때명	길한 행사 (불길한 행사)
2/16		1/10	병인 丙寅	火		07:22 18:13	12:35 03:18	자시子時 오시午時	한매 한조금	제사, 불공, 약혼, 구혼, 문서, 상량, 수확, 창고개방, 안장 (원행, 제사, 결혼, 이사, 집수리, 사냥, 우물, 집헐기, 벌목, 모종)
17		11	정묘 丁卯	火		07:21 18:14	13:42 04:22	축초丑初 미초未初	두매 한매	제사, 기도, 후임자, 원행, 민원, 약혼, 결혼, 이사, 상량, 수리, 문서, 모종, 가축, 안장 (이발, 도랑청소, 우물, 사냥, 어로작업)
18		12	무진 戊辰	木		07:20 18:15	14:57 05:17	축중丑中 미중未中	세매 두매	제사, 기도, 예복, 건강검진, 장갈무리 (약혼, 결혼식, 구인, 개업, 문서, 재물출납, 물고기잡기, 모종)
19		13	기사 己巳	木		07:18 18:16	16:15 06:03	축정丑正 미정未正	네매 무릎사리	주변정돈 도로정비 (기도, 성인식, 원행, 약혼, 결혼, 부엌 수리, 제방, 상량, 술거르기, 개업, 계약매매투자, 파옥, 안장)
				우수, 06시 33분, 정미년 정월의 중기.						
20		14	경오 庚午	土		07:17 18:17	17:32 06:41	인초寅初 신초申初	다섯매 배꼽사리	불공, 제사, 기도, 성인식, 원행, 약혼, 결혼, 이사, 상량, 개업, 계약매매교역투자, 안장 (제방, 부엌수리, 지붕, 창고, 우물, 파옥, 모종)
21		15	신미 辛未	土	●망(望), 보름	07:16 18:18	18:46 07:13	인정寅正 신정申正	여섯매 가슴사리	제사, 기도, 문안, 동료초대, 혼인서약, 이사, 예복, 부엌수리, 흙, 상량, 지붕, 창고수리, 장담기, 모종, 안장 (어로작업, 사냥, 술빚기)
22		16	임신 壬申	金		07:15 18:19	19:58 07:42	묘초卯初 유초酉初	일곱매 턱사리	제사, 목욕, 구옥헐기, 장담기 (성인식, 기도, 원행, 약혼, 이사, 제방, 상량, 개업, 투자, 우물, 벌목, 사냥, 어로작업, 터파기, 안장)
23		17	계유 癸酉	金		07:13 18:20	21:07 08:09	묘중卯中 유중酉中	여덟매 한사리	제사, 지붕, 흙파기, 어로작업, 안장 (성인식, 목욕, 외출, 동료보기, 약혼, 결혼, 이사, 제방, 상량, 개업, 문서)
24		18	갑술 甲戌	火		07:12 18:21	22:15 08:36	묘정卯正 유정酉正	아홉매 목사리	諸事不宜
25		19	을해 乙亥	火		07:11 18:22	23:22 09:04	진초辰初 술초戌初	열매 어깨사리	제사, 기도, 외출, 혼인서약, 예단, 이사, 상량, 개업, 문서, 어로작업 (결혼식, 병원진료, 치료시작, 모종)
26		20	병자 丙子	水		07:09 18:23	-:- 09:35	진중辰中 술중戌中	한꺽기 허리사리	제사, 기도, 외출, 동료보기, 약혼, 결혼, 이사, 예복, 집수리, 상량, 개업, 투자 (벌목, 사냥, 어로작업, 승선, 지붕, 원행)
27		21	정축 丁丑	水		07:08 18:24	00:28 10:11	진정辰正 술정戌正	두꺽기 한꺽기	제사, 지붕 (성인식, 고사, 약혼, 결혼, 이사, 예복, 상량, 술빚기, 개업, 문서, 우물, 집헐기, 사냥, 안장)
28		22	무인 戊寅	土		07:07 18:25	01:30 10:52	사초巳初 해초亥初	아조 두꺽기	불공, 친목회, 약혼, 결혼, 상량, 문서, 안장 (제사, 원행, 동료보기, 이사, 제방, 수리, 우물, 사냥, 어로작업)

기념일

28일 : 2.28민주운동기념일

- 神祠祈禱日 - 神位가 안치된 神堂이나 祠堂에 기도하면 좋은 날.
  吉(길) = 1/1, 1/6, 1/8, 1/9, 1/12, 1/13, 1/19, 1/20, 1/21, 1/26.
- 雕繪神像開光日(조회신상개광일) - 神像을 그리고 조각하고 세우고 안치하면 좋은 날.
  吉(길) = 12/30, 1/2, 1/9, 1/16, 1/23, 1/27.
- 合房不吉日 - 합방해 태어난 자녀에게 나쁜 날.
  흉(凶) = 12/28, 12/30, 1/1, 1/3, 1/4, 1/8, 1/14, 1/15, 1/16, 1/23, 日蝕, 月蝕, 폭염, 폭우, 짙은안개, 천둥, 번개, 무지개, 지진, 本宮日.
- 地主下降日(지주하강일) - 이 곳을 범하면 흉한 날.
  흉(凶) = 1일 부엌(竈).

농사정보 ◆ **벼농사** 1. 논둑, 제방의 풀 태워 월동 해충 없애기. 2. 이삭이 패는 시기가 다른 품종의 볍씨를 2~3종류를 미리 준비한다. ◆ **밭농사** 1. 제2차 들뜬 보리밭 밟아주기. 2. 논보리는 배수로정비 눈 인한 습해 예방. 3. 보리싹이 나온 후 10일 내 웃거름 준다. 4. 남부지방 감자 시설재배 할 농가 묘상관리. 5. 시설내 온도 14~23℃ 유지 한낮 환기작업. ◆ **채소** 1. 온풍기 가동 비닐하우스는 단계별 변온관리. 2. 열매채소 12℃ 이상, 잎채소 8~10℃를 유지. 3. 마늘, 양파 중순부터 웃거름준다. ◆ **과수** 1. 추위 심한 지역 과수는 동해대비 전지시기 다소 늦춘다. 2. 세력 강한 나무 긴 열매가지 위주 전지해 세력분산. 3. 포도나무, 감나무 등 과수목은 거친 껍질을 벗겨 낙엽과 같이 소각한다. 4. 사과나무나 배나무, 포도나무의 과실에 씌워 줄 봉지 준비. ◆ **화훼** 1. 졸업철 출하를 준비하는 농가는 마지막으로 비닐하우스 안에 환경관리를 철저히 한다. 2. 환경관리 잘해야 품질좋은 꽃이 생산된다. 3. 장미 20~30%, 안개꽃 80% 정도 개화 때 절화한다. 4. 여름 출하용 국화재배는 품종 선택하여 이달 중 아주심기. 5. 저온, 폭설 등 대비 난방과 눈 쓸어내리는 작업에 신경. ◆ **축산** 1. 송아지는 인공유를 충분히 먹여 성장을 촉진한다. 2. 송아지에게 부족한 비타민과 광물질 사료 투입, 근육주사. 3. 따뜻한 낮에 일광욕과 파부손질을 해줘 혈액순환을 돕는다. 4. 어미돼지 분만 준비. 5. 병아리 부화와 병아리 기르는 기구 준비. 6. 벌통의 저밀량 조사.. ◆ **버섯, 약초, 잠업** 1. 느타리버섯의 생육 한계온도는 5℃ 이하로 내려가지 않도록 보온을 해줘야 한다. 2. 습도는 느타리버섯의 균상이 마르지 않으면서 외부 신선한 공기를 항상 유입되도록 한다. 3. 뽕나무 가지를 정리해 주고 금비를 확보. 4. 잠실 설치 준비와 자재 준비 재검검.

양력날짜	요일	음력날짜	28수	12신	紫白九星	주당周堂				역혈인逆血刃	구랑성九狼星	구성법九星法	주요 길신 (주요 흉신)
						이사	결혼	신행	안장				
2/16	화	1/10	실 室	건 建	구자 九紫	리 利	조 竈	로 路	여 女	병 丙	천 天	화도 禾刀	伏斷日 天聾, 月德, 月恩, 旺日, 兵福, 要安, 四相, 天恩, 不將, 五合, 全吉, 鳴吠對 (天刑黑道, 往亡, 月建, 小時, 天隔, 土忌, 白波, 土府)
17	수	11	벽 壁	제 除	일백 一白	안 安	제 第	문 門	사 死	신 辛	後門寅艮方 神廟道觀	복덕 福德	天德, 天恩, 地啞, 四相, 五合, 十全, 吉期, 四相, 官日, 鳴吠對, 玉宇, 不將, 太陽, 兵寶 (朱雀黑道, 大時, 大敗, 咸池, 轉殺)
18	목	12	규 奎	만 滿	이흑 二黑	재 災	옹 翁	수 睡	손 孫	간 艮	寅辰方 寺觀	직성 直星	金櫃黃道, 天恩, 天聾, 守日, 金堂, 六儀, 天巫 (天賊, 土瘟, 地隔, 厭對, 九空, 招搖, 焦坎, 枯焦, 九坎, 九焦)
19	금	13	루 婁	평 平	삼벽 三碧	사 師	당 堂	사 死	남 男	병 丙	신방사관 申方寺觀	복목 卜木	楊公忌日 全吉, 相日, 天德黃道, 寶光, 太陰 (天罡, 重日, 氷消瓦解, 死神, 土皇, 月害, 月刑, 獨火, 遊禍, 五虛, 荒蕪)
			雨水, 06시 33분, 丁未年 正月의 中氣.										
20	토	14	위 胃	정 定	사록 四綠	부 富	고 姑	상 牀	부 父	경 庚	천 天	각기 角己	月忌日 鳴吠, 萬通四吉, 民日, 回駕帝星, 三合, 時陰, 天馬, 臨日, 時德, 地倉 (黃砂, 地囊, 死氣, 白虎黑道, 復日)
21	일	15	묘 昴	집 執	오황 五黃	살 殺	부 夫	당 堂	객 客	건 乾	천 天	인전 人專	月德合, 大明, 全吉, 敬安, 地德, 玉堂黃道 (瘟瘟, 天瘟, 山隔, 天哭, 小耗)
22	월	16	필 畢	파 破	육백 六白	해 害	주 廚	조 竈	부 婦	갑 甲	정청 正廳	입조 立早	天德合, 月空, 鳴吠, 地虎不食, 解神, 普護, 天后, 驛馬, 大明 (天牢黑道, 月破, 大耗, 五離, 敗破)
23	화	17	자 觜	위 危	칠적 七赤	천 天	부 婦	주 廚	모 母	정 丁	寅艮卯方 午方後門	요성 妖星	伏斷日 鳴吠, 全吉, 陰德, 福生, 龍德, 大明 (玄武黑道, 紅紗, 天吏, 致死, 五虛, 荒蕪, 五離, 劍鋒, 人隔)
24	수	18	참 參	성 成	팔백 八白	리 利	조 竈	로 路	여 女	건 乾	신묘주현 神廟州縣	혹성 惑星	大空亡日 全吉, 司命黃道, 天貴, 生氣, 天喜, 天赦神, 三合, 陽德, 皇恩大赦, 麒麟 (受死, 重喪, 復日, 飛厭, 月厭, 地火, 大殺, 水隔, 四擊, 太虛, 神號)
25	목	19	정 井	수 收	구자 九紫	안 安	제 第	문 門	사 死	정 丁	사관 寺觀	화도 禾刀	大空亡日 天貴, 母倉, 五富, 六合, 聖心, 天願 (句陳黑道, 重日, 河魁, 地破, 八龍, 太虛, 八座, 土禁)
26	금	20	귀 鬼	개 開	일백 一白	재 災	옹 翁	수 睡	손 孫	을 乙	중정 中庭	복덕 福德	青龍黃道, 鳴吠, 母倉, 月德, 四季, 四相, 月恩, 四相, 時陽, 益後, 不將, 天聲, 全吉, 青龍 (地賊, 羅網, 天狗, 披麻, 觸水龍, 天火, 天獄, 太虛)
27	토	21	류 柳	폐 閉	이흑 二黑	사 師	당 堂	사 死	남 男	곤 坤	인방주정 寅方廚井	직성 直星	明堂黃道, 天德, 四季, 全吉, 四相, 續世, 不將, 天醫, 大明 (月殺, 月虛, 滅沒, 血忌, 血支, 土符, 歸忌, 滅亡, 五虛, 荒蕪, 八風, 短星)
28	일	22	성 星	건 建	삼벽 三碧	부 富	고 姑	상 牀	부 父	임 壬	동북방 東北方	복목 卜木	不將, 天赦, 不守塚, 五合, 旺日, 兵福, 要安, 天倉 (天刑黑道, 月建, 小時, 白波, 往亡, 土忌, 土府, 天隔)

• 竈王集會日(조왕집회일) - 조왕신 제사지내면 좋은 날.
吉(길) = 1/6, 1/12, 1/18, 1/21.

• 竈王上天日(조왕상천일) - 부엌 수리하면 좋은 날.
吉(길) = 1/9, 1/2.

♣ 음력 1월의 민간비법

1) 寅月에 매일 아침 소금물로 입안을 씻으면 감기에 안 걸린다.
2) 寅日 寅時에는 아무 일도 성사가 안된다.
3) 寅月에 발을 씻을 때 온수에 소금을 타서 닦으면 감기를 면한다.
3) 寅月에는 붕어 머리에 독기가 있다. 먹지 말라.

三碧	八白	一白
二黑	四綠	六白
七赤	九紫	五黃

丁未年
陰曆 2月 大
月建 癸卯

정미년 3월 大(31일)
(양력 1일 ~ 15일)

서기 2027년 · 단기 4360년
음력 2027년 01월 23일부터 2027년 02월 08일까지

양력 날짜	간지 형상	음력 날짜	간지	오행	경축일 민속일	일출 일몰	월출 월몰	만조시각 물높이	일곱물때명 일반물때명	길한 행사 (불길한 행사)
3/1		1/23	기묘 己卯	土	◐ 하 현 삼 일 절	07:05 18:26	02:29 11:39	사중巳中 해중亥中	조금 선조금	외출, 동료보기, 문안, 혼인서약, 문서, 지붕 (우물)
2		24	경진 庚辰	金		07:04 18:27	03:21 12:31	사정巳正 해정亥正	무시 앉은조금	제사, 기도, 예복, 장류갈무리 (혼인서약, 결혼식, 구인, 개업, 문서, 승선, 어로작업)
3		25	신사 辛巳	金		07:03 18:28	04:07 13:29	자시子時 오시午時	한매 한조금	제사, 장류갈무리, 주변정리, 도로정비 (기도, 외출, 술빚기, 사냥, 어로작업)
4		26	임오 壬午	木		07:01 18:29	04:46 14:28	축초丑初 미초未初	두매 한매	성인식, 기도, 제사, 외출, 약혼, 결혼, 구인, 이사, 수리, 상량, 지붕, 문서, 모종, 터파기, 안장 (사냥, 어로작업)
5		27	계미 癸未	木		07:00 18:30	05:19 15:29	축중丑中 미중未中	세매 두매	친목회, 정보수집, 지붕, 장류갈무리 (창고수리, 개업, 문서, 어로작업, 배타기, 강건너기)
6		28	갑신 甲申	水		06:58 18:31	05:48 16:30	축정丑正 미정未正	네매 무릎사리	제사, 목욕, 대청소, 정보탐색, 민원, 지붕 (질병진료, 수리, 개업, 문서, 신상품출고, 사냥, 어로작업)
					경칩, 04시 39분, 2월의 절기, 월건 계묘 적용.					
7		29	을유 乙酉	水	◯ 회(晦), 그믐	06:58 18:32	06:14 17:31	인초寅初 신정申正	5매/6매 일조부등	諸事不宜
8		2/1	병술 丙戌	土	삭(朔), 초하루	06:56 18:33	06:38 18:32	묘초卯初 유초酉初	일곱매 턱사리	제사, 어로작업, 술거르기, 지붕관리 (질병진료치료)
9		2	정해 丁亥	土	춘기 석전대제 (春期 釋奠大祭)	06:54 18:34	07:01 19:33	묘중卯中 유중酉中	여덟매 한사리	제사, 기도, 친목회, 외출, 이사, 치병, 제방, 터다지기, 상량, 술거르기, 장갈무리, 개업, 문서, 출고, 종자, 목축(결혼식, 터파기, 안장
10		3	무자 戊子	火		06:53 18:35	07:25 20:36	묘정卯正 유정酉正	아홉매 목사리	諸事不宜
11		4	기축 己丑	火		06:51 18:36	07:51 21:42	진초辰初 술초戌初	열매 어깨사리	제사, 기도, 불공, 친목회, 외출, 약혼, 결혼, 이사, 진료, 수리, 상량, 개업, 투자, 가축 (민원, 벌목, 사냥, 어로작업, 배타기, 종자)
12		5	경인 庚寅	木		06:50 18:37	08:20 22:50	진중辰中 술중戌中	한꺽기 허리사리	술빚기, 문서, 민원, 종자, 가축, 제방, 터파기, 이장 (제사, 기도, 친목회, 외출, 약혼, 결혼, 이사, 집수리, 상량, 개업, 우물)
13		6	신묘 辛卯	木		06:48 18:38	08:55 00:00	진정辰正 술정戌正	두꺽기 한꺽기	제사, 불공, 친목회, 외출, 동료보기, 문서 (술빚기, 약혼, 치병, 수리, 상량, 투자, 수도, 벌목, 어로작업, 승선)
14		7	임진 壬辰	水		06:47 18:39	09:37 –:–	사초巳初 해초亥初	아조 두꺽기	외출, 동료보기, 목욕, 이발, 대청소 (기도, 약혼, 술빚기, 질병치료, 수리, 개업, 문서, 출고, 목축, 안장)
15		8	계사 癸巳	水	◑ 상 현	06:45 18:40	10:29 01:09	사중巳中 해중亥中	조금 선조금	제사, 기도, 친목회, 개업, 문서, 투자, 지붕 (원행, 약혼, 투자, 사냥, 물고기잡기, 이사, 수리, 안장)

기념일

3일 : 납세자의 날
8일 : 여성의 날
8일 : 3.8민주의거기념일
11일 : 흙의 날
15일 : 3.15의거 기념일

2027 정미년 음력 2월 기도일 찾기

• 祭祀吉凶日 - 모든 제사에 좋은 날과 나쁜 날.
吉(길) = 1/28, 1/29, 2/1, 2/2, 2/3, 2/7, 2/8, 2/9, 2/10, 2/11, 2/15, 2/19, 2/20, 2/21, 2/22, 2/23, 2/25, 2/27.
흉(凶) = 2/16, 2/280.

• 祈禱吉凶日 - 모든 기도에 좋은 날과 나쁜 날.
吉(길) = 1/28, 2/2, 2/8, 2/10, 2/11, 2/14, 2/20, 2/22, 2/23, 2/25, 2/26.
흉(凶) = .

• 佛供吉凶日 - 불공드리면 좋은 날과 나쁜 날.
吉(길) = 1/29, 2/3, 2/4, 2/6, 2/9, 2/11, 2/18, 2/22, 2/28.
흉(凶) = 2/7, 2/21.

3월의 평균기온	
서울5.7	인천 5.1
대전 6.5	전주 6.3
목포 6.7	여수 7.9
부산 8.6	포항 7.9
대구 7.8	강릉 6.3
울릉도 5.4	제주도 9.4

3월의 주요약사 ＊1일 3·1독립만세운동(1919), 부산~신의주 복선철도 준공(1945) ＊3일 정부 가정의례준칙 공포(1965), 전두환씨 제12대 대통령에 취임으로 제5공화국 출범(1981), 하이닉스반도체 간부 미국서 징역형(2006) ＊4일 제1회 뉴델리 아시아체육대회 개최(1951) ＊5일 이해찬 국무총리 사의 표명(2006) ＊6일 미, 월남전 참전 발표(1965) ＊7일 낙동강교 준공(1933) 9일 함백선 개통(1957) ＊10일 안창호 졸(1938) ＊11일 김연아 세계주니어대회 첫금메달 수상(2006) ＊14일 행주산성 대첩(1593) ＊15일 중앙선 개통(1941), 제4대 정부통령 선거(1960), 이 날의 부정선거로 마산학생 의거(1906) ＊16일 비둘기부대 월남 상륙(1956) ＊17일 상해, 대한민국 임시정부 수립을 선포(1919), 이 날부터 대한민국 연호 사용(1919), 새만금방조제(33km) 완성(2006) ＊20일 동활자 시주(1403) ＊21일 동학혁명기념일(1894) ＊22일 윤보선 씨 대통령직 사임(1962), 삼일고가도로 개통(1969), 전두환, 노태우 전 대통령의 서훈 취소(2006) ＊24일 제14대 국회의원 선거(1992) ＊25일 제11대 국회의원 선거(1981) ＊26일 안중근 의사 여순감옥에서 사형받아 순국(1910) ＊29일 인천국제공항 개항(2001) ＊30일 호남선(대전~익산) 복선 개통(1978) ＊31일 수려선 폐선(1924).

양력날짜	요일	음력날짜	28수	12신	紫白九星	주당周堂				역혈인逆血刃	구랑성九狼星	구성법九星法	주요 길신 (주요 흉신)
						이사	결혼	신행	안장				
3/1	월	1/23	장 張	제 除	사록 四綠	살 殺	부 夫	당 堂	객 客	을 乙	僧尼寺觀 後門	각기 角己	月忌日 天恩, 不將, 五合, 官日, 兵寶, 太陽, 吉期, 玉宇, 地啞, 大明, 送禮 (朱雀黑道, 大時, 大敗, 咸池, 轉殺)
2	화	24	익 翼	만 滿	오황 五黃	해 害	주 廚	조 竈	부 婦	임 壬	사관 寺觀	인전 人專	金櫃黃道, 天恩, 守日, 金堂, 六儀, 天巫 (復日, 焦坎, 天賊, 土瘟, 地隔, 厭對, 九空, 招搖, 九坎, 九焦, 枯焦)
3	수	25	진 軫	평 平	육백 六白	천 天	부 婦	주 廚	모 母	경 庚	천 天	입조 立早	天德黃道, 月德合, 天恩, 地啞, 相日, 寶光, 太陰 (天罡, 遊禍, 重日, 氷消瓦解, 燭火, 土皇, 月刑, 月害, 五虛, 荒蕪, 死神)
4	목	26	각 角	정 定	칠적 七赤	리 利	조 竈	로 路	여 女	계 癸	신묘 神廟	요성 妖星	伏斷日 天德合, 月空, 四季, 民日, 回駕帝星, 三合, 臨日, 萬通四吉, 天恩, 時德, 時陰, 天馬, 鳴吠, 大明 (白虎黑道, 黃砂, 死氣)
5	금	27	항 亢	집 執	팔백 八白	안 安	제 第	문 門	사 死	손 巽	수보정 水步井	혹성 惑星	大空亡日 玉堂黃道, 天恩, 不守塚, 全吉, 敬安, 地德 (小耗, 觸水龍, 山隔, 瘟瘇, 天瘟, 天哭)
6	토	28	저 氐	집 執	구자 九紫	재 災	옹 翁	수 睡	손 孫	경 庚	정청중정 正廳中庭	화도 禾刀	大空亡日 月德, 天貴, 大明, 全吉, 天馬, 解神, 要安, 地德, 鳴吠, 地虎不食, 不守塚(白虎黑道, 小耗, 五離, 天哭, 造廟破碎, 羅網, 水隔)
			驚蟄, 04시 39분, 2月의 節入, 月建 癸卯 適用.										
7	일	29	방 房	파 破	일백 一白	사 師	당 堂	사 死	남 男	손 巽	천 天	복덕 福德	大空亡日 玉堂黃道, 玉宇, 天貴, 鳴吠, 地虎不食 (重喪, 復日, 天賊, 披麻, 地火, 狼藉, 月破, 月厭, 大耗, 天獄, 劍鋒, 五離, 五虛, 荒蕪, 重座)
8	월	2/1	심 心	위 危	이흑 二黑	안 安	부 夫	조 竈	부 父	간 艮	천 天	복목 卜木	四相, 六合, 金堂, 龍德, 不將, 全吉 (天牢黑道, 瘟瘇, 天瘟, 月殺, 月虛, 四擊, 太虛, 敗破, 造廟破碎)
9	화	2	미 尾	성 成	삼벽 三碧	리 利	고 姑	당 堂	남 男	병 丙	巳方 大門僧寺	각기 角己	大明, 母倉, 月恩, 四相, 三合, 臨日, 天喜, 生氣, 萬通四吉, 地倉 (玄武黑道, 重日, 土禁, 神號, 太虛)
10	수	3	기 箕	수 收	사록 四綠	천 天	당 堂	상 牀	손 孫	신 辛	주조 廚竈	인전 人專	司命黃道, 不將, 母倉, 回駕帝星, 陽德, 福德, 麒麟 (天罡, 地賊, 地破, 氷消瓦解, 滅沒, 天隔, 月刑, 太虛, 大時, 大敗, 咸池, 八座)
11	목	4	두 斗	개 開	오황 五黃	해 害	옹 翁	사 死	사 死	간 艮	인방주사 寅方廚舍	입조 立早	伏斷日 月德合, 四季, 十全, 不將, 皇恩大赦, 天赦神, 時陽, 天倉, 敬安(勾陳黑道, 天狗, 九空, 五虛, 荒蕪, 九坎, 九焦, 焦坎, 枯焦, 長星)
12	금	5	우 牛	폐 閉	육백 六白	살 殺	제 第	수 睡	여 女	신 辛	오방 午方	요성 妖星	月忌日 青龍黃道, 不將, 全吉, 五合, 月空, 旺日, 天醫, 五富, 普護, 鳴吠, 青龍, 送禮 (遊禍, 歸忌, 血支, 黃砂, 地隔, 造廟破碎)
13	토	6	여 女	건 建	칠적 七赤	부 富	조 竈	문 門	모 母	정 丁	천 天	혹성 惑星	伏斷日 明堂黃道, 官日, 福生, 兵福, 六儀, 五合, 十全, 鳴吠, 送禮 (復日, 月建, 厭對, 小時, 招搖, 白波, 天火, 轉殺)
14	일	7	허 虛	제 除	팔백 八白	사 師	부 婦	로 路	부 婦	건 乾	천 天	화도 禾刀	大空亡日 大明, 守日, 吉期, 全吉, 太陽, 送禮 (天刑黑道, 受死, 滅亡, 獨火, 月害, 土皇)
15	월	8	위 危	만 滿	구자 九紫	재 災	주 廚	주 廚	객 客	갑 甲	대문승사 大門僧寺	복덕 福德	大空亡日 天德合, 相日, 天后, 聖心, 驛馬, 天巫, 送禮, 地倉 (朱雀黑道, 重日, 往亡, 紅紗, 飛廉, 土瘟, 土忌, 土府, 山隔, 大殺, 五虛, 土符, 荒蕪)

- **山祭吉凶日** - 산신제나 입산 기도하면 좋은 날과 나쁜 날.
  吉(길) = 1/28, 1/29, 2/1, 2/6, 2/9, 2/10, 2/17, 2/18, 2/22, 2/24, 2/25.
  흉(凶) = 2/4, 2/8, 2/16, 2/20, 2/21, 2/23, 2/28.
- **水神祭祀吉凶日** - 水神에 제사지내면 좋은 날과 나쁜 날.
  吉(길) = 2/2, 2/7, 2/8, 2/14, 2/19, 2/20, 2/26.
  흉(凶) = 2/11, 2/13, 2/18.
- **地神祭祀吉凶日** - 地神에 제사지내면 좋은 날과 나쁜 날.
  吉(길) = 2/3, 2/7, 2/15, 2/22, 2/26.
  흉(凶) = 1/28, 2/5, 2/13, 2/17, 2/25, 2/28.
- **七星祈禱吉凶日** - 하늘과 산에 기도하면 좋은 날과 나쁜 날.
  吉(길) = 2/3, 2/4, 2/5, 2/6, 2/7, 2/8, 2/13, 2/14, 2/15, 2/17, 2/18, 2/19, 2/20, 2/22, 2/23, 2/24, 2/26, 2/27.

三碧	八白	一白
二黑	四綠	六白
七赤	九紫	五黃

丁未年
陰曆 2月 大
月建 癸卯

丁未年 3月 大(31日)

(양력 16日 ~ 31日)

西紀 2027年 · 檀紀 4360年
陰曆 2027年 02月 09日부터
2027年 02月 24日까지

양력 날짜	간지 형상	음력 날짜	간지	오행	경축일 민속일	일출 일몰	월출 월몰	만조시각 물높이	일곱물때명 일반물때명	길한 행사 (불길한 행사)
3/16		2/9	갑오 甲午	金		06:44 18:41	11:30 02:13	사정巳正 해정亥正	무시 앉은조금	제사, 불공, 담장도색, 주변정리, 술거르기 (질병치료, 신상품출고, 투자, 사냥, 물고기잡이)
17		10	을미 乙未	金		06:42 18:42	12:40 03:10	자시子時 오시午時	한매 한조금	제사, 기도, 친목회, 예복, 건강검진, 술빚기, 재물관리 (외출, 치병, 수리, 상량, 이사, 개업, 문서, 정보탐색, 종자, 가축, 안장)
18		11	병신 丙申	火		06:41 18:43	13:54 03:58	축초丑初 미초未初	두매 한매	제사, 불공, 대청소, 정보탐색, 민원, 어로작업 (친목회, 외출, 약혼, 결혼, 치병, 이사, 터닦기, 상량, 술빚기, 개업, 문서, 파옥, 종자, 가축, 안장)
19		12	정유 丁酉	火		06:39 18:43	15:09 04:37	축중丑中 미중未中	세매 두매	諸事不宜
20		13	무술 戊戌	木	춘사(春社)	06:38 18:44	16:23 05:11	축정丑正 미정未正	네매 무릎사리	물고기잡이, 술거르기 (기도, 후임자, 원행, 문안인사, 동료돌봄, 개방, 치병, 제방, 상량, 수리, 출산준비, 도랑, 축대보수도색, 종자)
21		14	기해 己亥	木		06:36 18:45	17:34 05:40	인초寅初 신초申初	다섯매 배꼽사리	제사, 기도, 외출, 후임자, 배움, 문안, 치병, 구인, 개방, 이사, 수리, 상량, 개업, 문서, 투자, 종자, 가축 (결혼, 사냥, 물고기잡이)
					춘분, 05시 24분, 2월의 중기.					
22		15	경자 庚子	土	● 망(望), 보름	06:35 18:46	18:44 06:07	인정寅正 신정申正	여섯매 가슴사리	諸事不宜
23		16	신축 辛丑	土		06:33 18:47	19:53 06:34	묘초卯初 유초酉初	일곱매 턱사리	제사, 기도, 친목회, 원행, 동료보기, 치병, 이사, 수리, 상량, 우물, 가축 (술빚기, 개업, 문서, 신상품출고, 담장관리, 벌목, 사냥, 물고기잡기, 승선, 해외출장, 종자)
24		17	임인 壬寅	金		06:32 18:48	21:01 07:02	묘중卯中 유중酉中	여덟매 한사리	예복, 술빚기, 문서계약매매, 종자선별, 가축 (제사, 기도, 친목회, 원행, 동료초대, 약혼, 결혼, 이사, 치병, 수리, 상량, 개업)
25		18	계묘 癸卯	金		06:30 18:49	22:09 07:32	묘정卯正 유정酉正	아홉매 목사리	제사, 불공, 친목회, 원행, 동료보기, 문서 (약혼, 결혼, 치병, 수리, 상량, 신상품출고, 집헐기, 벌목, 물고기잡기, 승선, 안장)
26		19	갑진 甲辰	火		06:29 18:50	23:14 08:06	진초辰初 술초戌初	열매 어깨사리	제사, 기도, 친목회, 외출, 약혼, 결혼, 이사, 수리, 상량, 대청소, 종자, 가축, 안장 (치병, 신상품출고, 투자, 사냥, 물고기잡기)
27		20	을사 乙巳	火		06:27 18:51	─:─ 08:46	진중辰中 술중戌中	한꺽기 허리사리	제사, 기도, 친목회, 개업, 장류갈무리, 문서 (외출, 약혼, 결혼, 치병, 이사, 수리, 우물, 파옥, 사냥, 어로작업, 종자, 안장)
28		21	병오 丙午	水		06:26 18:52	00:16 09:31	진정辰正 술정戌正	두꺽기 한꺽기	제사, 도색정비, 주변정비, 장류갈무리 (친목회, 외출, 동료초대, 치병, 수리, 상량, 개업, 문서, 종자, 목축, 안장)
29		22	정미 丁未	水		06:24 18:53	01:12 10:22	사초巳初 해초亥初	아조 두꺽기	제사, 기도, 불공, 친목회, 외출, 동료보기, 이사, 수리, 상량, 지붕, 술빚기, 문서 (약혼, 결혼, 개방, 치병, 종자)
30		23	무신 戊申	土	◐ 하 현	06:23 18:53	02:01 11:18	사중巳中 해중亥中	조금 선조금	대청소, 주변탐색, 정보관리, 어로작업 (원행, 동료초대, 약혼, 결혼, 치병, 이사, 수리, 상량, 소송, 개업, 문서, 집헐기, 종자, 목축, 안장)
31		24	기유 己酉	土		06:21 18:54	02:43 12:17	사정巳正 해정亥正	무시 앉은조금	諸事不宜

기념일

셋째 수요일 : 상공의 날
넷째 금요일 : 서해수호의 날
24일 : 결핵예방의 날

- 神祠祈禱日 - 神位가 안치된 神堂이나 祠堂에 기도하면 좋은 날.
  吉(길) = 1/28, 1/29, 2/2, 2/6, 2/9, 2/10, 2/12, 2/17, 2/20, 2/21, 2/22, 2/23, 2/25.
- 雕繪神像開光日 - 神像을 그리고 조각하고 세우고 안치하면 좋은 날.
  吉(길) = 2/1, 2/8, 2/10, 2/12, 2/15, 2/19, 2/22, 2/25, 2/26.
- 合房不吉日 - 합방해 태어난 자녀에게 나쁜 날.
  흉(凶) = 1/28, 1/29, 2/1, 2/2, 2/8, 2/14, 2/15, 2/17, 2/23, 日蝕, 月蝕, 폭염, 폭우, 짙은 안개, 천둥, 번개, 무지개, 지진, 本宮日.
- 地主下降日(지주하강일) - 이 곳을 범하면 흉한 날.
  흉(凶) = 1일 부엌(竈).

농사정보

벼농사 1. 못자리설치에 필요한 볍씨, 육모상자, 상토 등 농자재 준비. 2. 상토는 산도가 4.5~5.5% 정도인 흙을 준비. 3. 상토흙은 한 달 전 채취 모잘록병 등 병충해 예방약제 살포. 4. 규산질 비료는 재해 상습지에 일찍 뿌려 유기물 분해 촉진 **밭농사** 1. 보리밭에 배수구 정비 웃거름 주고 흙넣기. 2. 습해로 황화현상이 생기면 요소 2% 액을 잎에 뿌려주고 유안 줘 생육을 촉진한다. 3. 봄감자 육묘상은 아주심기 25일 전 햇볕이 좋고 배수 좋은 곳에 설치한다. **채소** 1. 육모상 고추모 온도는 낮 25~28℃, 밤 15~18℃ 유지, 고온, 저온장해 예방. 2. 고추모가 웃자라지 않게 온도와 습도관리 잘하고 질소질 비료 적정량 준다. 3. 시설재배채소 변온관리로 난방비 절감. 4. 열매채소는 밤기온이 12℃ 이상, 잎채소는 8℃ 유지. **과수** 1. 사과와 배나무의 거친껍질 속에 있는 해충들은 비닐을 깔고 거친껍질을 깨끗이 벗겨 소각한다. 2. 거친껍질 벗길 땐 나무 안쪽에 상처 안 나도록 조심. **화훼** 1. 7월 출하할 국화는 품종을 선택 삽목한다. 2. 삽목 때 온도 20℃가 적당, 25℃를 넘지 않도록. **축산** 1. 축사 붕괴가 우려되는 곳을 보수하고, 깨끗이 청소한 후 소독. 2. 젖소가 활력을 되찾는 시기다. 3. 겨울철 발정 없었던 암소는 운동과 일광욕을 해준다. 4. 일교차가 심하다. 닭장 안에 온도변화를 줄여준다. 5. 구제역과 돼지콜레라 등 질병 예방. 6. 매주 수요일은 전국 일제 소독날이다. 축사 주변을 구석구석 철저히 소독한다. **버섯 약초 잠업** 1. 느타리버섯 재배 농가는 우량균종을 미리 신청. 2. 느타리버섯 재배에 필요한 볏짚과 폐면 등 자재 미리 준비. 3. 당귀, 강활, 더덕, 시호 등 다음달 파종할 약용작물의 우량종자나 종묘 확보. 4. 누에 먹이인 뽕나무를 재배하기 위해 묘목 준비. 5. 조상육잠실을 만든다.

양력 날짜	요 일	음력 날짜	28 수	12 신	紫白 九星	주당周堂				역혈인 逆血刃	구랑성 九狼星	구성법 九星法	주요 길신 (주요 흉신)
						이사	결혼	신행	안장				
3/16	화	2/9	실 室	평 平	일백 一白	안 安	부 夫	조 竈	부 父	정 丁	술해방 戌亥方	직성 直星	大空亡日 金櫃黃道, 月德, 民日, 天貴, 時德, 益後, 太陰, 鳴吠, 不守塚 (河魁, 天吏, 致死, 死神)
17	수	10	벽 壁	정 定	이흑 二黑	리 利	고 姑	당 堂	남 男	갑 甲	水步井 亥方	복목 卜木	天德黃道, 大明, 全吉, 四季, 地啞, 天貴, 三合, 續世, 陰德, 時陰, 寶光, 不守塚 (重喪, 復日, 死氣, 五墓, 血忌, 人隔)
18	목	11	규 奎	집 執	삼벽 三碧	천 天	당 堂	상 牀	손 孫	임 壬	천 天	각기 角己	楊公忌日 天德, 天聾, 四相, 天馬, 解神, 要安, 地德, 鳴吠, 不守塚 (白虎黑道, 小耗, 五離, 羅網, 水隔, 造廟破碎)
19	금	12	루 婁	파 破	사록 四綠	해 害	옹 翁	사 死	사 死	을 乙	사관 寺觀	인전 人專	玉堂黃道, 月恩, 玉宇, 全吉, 地啞, 四相, 鳴吠, 不守塚 (天賊, 月破, 月厭, 五虛, 荒蕪, 天獄, 披麻, 荒蕪, 劍鋒, 大耗, 地火, 五離)
20	토	13	위 胃	위 危	오황 五黃	살 殺	제 第	수 睡	여 女	곤 坤	州縣廳堂 城隍社廟	입조 立早	伏斷日 六空, 不將, 六合, 金堂, 龍德 (天牢黑道, 天瘟, 瘟瘽, 月殺, 月虛, 四擊, 太虛, 敗破)
21	일	14	묘 昴	성 成	육백 六白	부 富	조 竈	문 門	모 母	임 壬	사관 寺觀	요성 妖星	月忌日 德合, 母倉, 臨日, 地啞, 五空, 皆空, 三合, 萬通四吉, 天喜, 生氣, 送禮, 地倉 (玄武黑道, 重日, 土禁, 神號, 太虛, 造廟破碎)
			春分, 05시 24분, 2月의 中氣.										
22	월	15	필 畢	수 收	칠적 七赤	사 師	부 婦	로 路	부 婦	곤 坤	중정청 中庭廳	혹성 惑星	司命黃道, 母倉, 全吉, 六空, 天聾, 月空, 陽德, 福德, 麒麟, 不將, 回駕帝星, 鳴吠, 五空, 皆空, 送禮 (天罡, 地賊, 地破, 氷消瓦解, 滅沒, 天隔, 月刑, 大時, 大敗, 咸池, 太虛, 八座)
23	화	16	자 觜	개 開	팔백 八白	재 災	주 廚	주 廚	객 客	손 巽	천 天	화도 禾刀	地啞, 五空, 六空, 天赦神, 時陽, 皇恩大赦, 天倉, 敬安, 送禮 (勾陳黑道, 復日, 天狗, 九坎, 五虛, 荒蕪, 焦坎, 九空, 九焦, 枯焦)
24	수	17	참 參	폐 閉	구자 九紫	안 安	부 夫	조 竈	부 父	경 庚	東北丑午方 廚竈僑門路	복덕 福德	大空亡日 青龍黃道, 大明, 全吉, 五合, 六空, 旺日, 天醫, 五富, 青龍, 普護, 鳴吠 (遊禍, 黃砂, 地隔, 歸忌, 血支, 造廟破碎)
25	목	18	정 井	건 建	일백 一白	리 利	고 姑	당 堂	남 男	계 癸	천 天	직성 直星	大空亡日 明堂黃道, 官日, 福生, 全吉, 兵福, 五合, 十全, 六儀, 鳴吠, 不守塚 (天火, 月建, 厭對, 小時, 招搖, 轉殺, 白波)
26	금	19	귀 鬼	제 除	이흑 二黑	천 天	당 堂	상 牀	손 孫	손 巽	승당사묘 僧堂寺廟	복목 卜木	月德, 天貴, 大明, 守日, 吉期, 太陽, 兵寶 (天刑黑道, 受死, 獨火, 月害, 滅亡, 土皇, 造廟破碎, 短星)
27	토	20	류 柳	만 滿	삼벽 三碧	해 害	옹 翁	사 死	사 死	계 癸	천 天	각기 角己	天德合, 大明, 十全, 天貴, 相日, 天后, 聖心, 驛馬, 天巫, 送禮, 地倉 (朱雀黑道, 重喪, 復日, 重日, 往亡, 紅紗, 飛廉, 土瘟, 土忌, 土禁, 山隔, 大殺, 五虛, 荒蕪, 土符)
28	일	21	성 星	평 平	사록 四綠	살 殺	제 第	수 睡	여 女	신 辛	천 天	인전 人專	金櫃黃道, 大明, 全吉, 四相, 民日, 時德, 益後, 太陰, 死神, 鳴吠, 不守塚 (河魁, 天吏, 致死)
29	월	22	장 張	정 定	오황 五黃	부 富	조 竈	문 門	모 母	간 艮	僧堂 城隍社廟	입조 立早	伏斷日 天德黃道, 三合, 續世, 月恩, 全吉, 陰德, 時陰, 寶光, 四相, 不守塚 (血忌, 死氣, 八專, 人隔)
30	화	23	익 翼	집 執	육백 六白	사 師	부 婦	로 路	부 婦	병 丙	중정청 中正廳	요성 妖星	月忌日 解神, 要安, 地德, 天馬, 不守塚 (白虎黑道, 小耗, 五離, 羅網, 水隔, 天哭, 造廟破碎)
31	수	24	진 軫	파 破	칠적 七赤	재 災	주 廚	주 廚	객 客	신 辛	사관사묘 寺觀社廟	혹성 惑星	玉堂黃道, 月德合, 玉宇, 天恩, 大明, 鳴吠, 地虎不食 (天賊, 披麻, 月破, 地火, 月厭, 天獄, 五虛, 荒蕪, 大耗, 五離, 劍鋒)

- 竈王集會日(조왕집회일) - 조왕신에 제사지내면 좋은 날.
  吉(길) = 2/6, 2/12, 2/18, 2/21.
- 竈王上天日(조왕상천일) - 부엌 수리하면 좋은 날.
  吉(길) = 2/10, 2/24.

♣ 음력 2월의 민간비법

1) 초하루는 노래기 부적을 붙이고, 집안을 깨끗이 쓸고 닦으며 대청소를 했으며, 머슴날, 풍신제, 콩볶이도 했다.
2) 경칩날 담을 쌓거나 벽을 바르는 등 흙일을 했다.
3) 卯月 卯日 卯時에 아무 일도 안한다.
4) 卯月에 10일 이내 壬日이 들었으면 家業 繁昌日이라 한다. 흙벽을 바르면 좋다.

二黑	七赤	九紫
一白	三碧	五黃
六白	八白	四綠

丁未年
陰曆 3月 小
月建 甲辰

정미년 4월 小(30일)
(양력 1일 ~ 15일)

서기 2027년 · 단기 4360년
음력 2027년 02월 25일부터
2027년 03월 09일까지

양력날짜	간지형상	음력날짜	간지	오행	경축일 민속일	일출 일몰	월출 월몰	만조시각 물높이	일곱물때명 일반물때명	길한 행사 (불길한 행사)
4/1		2/25	경술 庚戌	金		06:20 18:55	03:18 13:17	자시子時 오시午時	한매 한조금	물고기잡이, 술거르기, 지붕관리 (기도, 원행, 치병, 예복, 상량, 우물, 파옥, 종자, 목축)
2		26	신해 辛亥	金		06:18 18:56	03:49 14:18	축초丑初 미초未初	두매 한매	친목회, 원행, 배움, 치병, 수리, 이사, 상량, 술거르기, 장류갈무리, 개업, 문서, 투자, 종자 (결혼, 안장)
3		27	임자 壬子	木		06:17 18:57	04:15 15:18	축중丑中 미중未中	세매 두매	諸事不宜
4		28	계축 癸丑	木		06:15 18:58	04:40 16:19	축정丑正 미정未正	네매 무릎사리	제사, 기도, 불공, 친목회, 배움, 외출, 치병, 이사, 개방, 술거르기, 장류갈무리, 가축 (약혼, 개업, 문서, 투자, 파옥, 사냥, 물고기잡기, 승선, 종자)
5		29	갑인 甲寅	水	식 목 일	06:14 18:59	05:04 17:20	인초寅初 신초申初	다섯매 배꼽사리	불공, 외출, 이사, 수리, 상량, 지붕, 개업, 장류갈무리, 문서, 우물 (침술, 벌목, 사냥, 어로작업)
					청명, 09시 17분, 3월의 절기, 월건 갑진 적용.					
6		30	을묘 乙卯	水	한 식 ◯ 회(晦), 그믐	06:12 19:00	05:28 08:24	인정寅正 신정申正	여섯매 가슴사리	축대보수, 담장도색 (기도, 원행, 이사, 수리, 상량, 술빚기, 개업, 문서, 수금, 우물, 안장)
7		3/1	병진 丙辰	土	삭(朔), 초하루	06:11 19:01	05:53 19:29	묘초卯初 유초酉初	일곱매 턱사리	제사, 고사, 불공 (외출, 이사, 수리, 상량, 술빚기, 개업, 문서, 수금, 우물)
8		2	정사 丁巳	土		06:09 19:02	06:22 20:38	묘중卯中 유중酉中	여덟매 한사리	제사, 고사, 기도, 친목회, 이사, 수리, 상량, 장류갈무리, 개업, 문서, 수금 (원행, 치병, 사냥, 어로작업)
9		3	무오 戊午	火	삼 짇 날	06:08 19:02	06:55 21:49	묘정卯正 유정酉正	아홉매 목사리	제사, 고사 (친목회, 외출, 이사, 수리, 상량, 개업, 문서, 수금, 터파기, 집헐기)
10		4	기미 己未	火		06:07 19:03	07:36 23:00	진초辰初 술초戌初	열매 어깨사리	諸事不宜
11		5	경신 庚申	木		06:05 19:04	08:25 -:-	진중辰中 술중戌中	한꺽기 허리사리	제사, 고사, 목욕, 대청소 (원행, 이사, 수리, 상량, 술빚기, 개업, 문서, 수금, 우물, 집헐기, 벌목, 사냥, 어로작업, 안장)
12		6	신유 辛酉	木		06:04 19:05	09:24 00:07	진정辰正 술정戌正	두꺽기 한꺽기	제사, 고사, 불공, 수신제가, 지붕, 대청소, 정보탐색 (원행, 이사, 제방, 상량, 술빚기, 개업, 문서, 어로작업, 안장)
13		7	임술 壬戌	水		06:02 19:06	10:32 01:06	사초巳初 해초亥初	아조 두꺽기	제사, 고사, 개방, 치병, 집수리 (친목회, 원행, 이사, 수리, 상량, 술빚기, 개업, 문서, 수금, 사냥, 어로작업)
14		8	계해 癸亥	水	◗ 상 현	06:01 19:07	11:44 01:56	사중巳中 해중亥中	조금 선조금	목욕 (후임자, 원행, 결혼, 개방, 치병, 수리, 출고, 투자, 안장기)
15		9	갑자 甲子	金	양둔하원	05:59 19:08	12:57 02:37	사정巳正 해정亥正	무시 앉은조금	제사, 기도, 불공, 원행, 상량, 지붕, 개업, 문서, 목축 (약혼, 결혼, 이사, 제방, 수리, 출고, 투자, 정보탐색, 정원손질, 헌집헐기, 종자, 안장)

기념일

1일 : 수산인의 날
3일 : 4.3희생자추념일
첫째 금요일 : 예비군의 날
5일 : 식목일
7일 : 보건의 날
11일 : 임정수립기념일
11일 : 도시농업의 날

2027 정미년 음력 3월 기도일 찾기

• 祭祀吉凶日 - 모든 제사에 좋은 날과 나쁜 날.
吉(길) = 2/30, 3/2, 3/3, 3/4, 3/5, 3/6, 3/9, 3/10, 3/12, 3/14, 3/15, 3/16, 3/17, 3/18, 3/21, 3/22, 3/24, 3/25, 3/26, 3/27, 3/28, 3/29.
흉(凶) = 2/29, 3/11, 3/20, 3/23, 3/25.

• 祈禱吉凶日 - 모든 기도에 좋은 날과 나쁜 날.
吉(길) = 2/30, 3/2, 3/3, 3/5, 3/6, 3/9, 3/12, 3/14, 3/17, 3/18, 3/21, 3/24, 3/26, 3/27, 3/29.
흉(凶) = 3/4, 3/16.

• 佛供吉凶日 - 불공드리면 좋은 날과 나쁜 날.
吉(길) = 2/29, 3/1, 3/6, 3/11, 3/9, 3/10, 3/15, 3/19, 3/23.
흉(凶) = 2/30, 3/12, 3/20.

4월의 평균기온	
서울 12.5	인천 11.3
대전 13.0	전주 12.8
목포 12.3	여수 13.2
부산 13.6	포항 13.8
대구 14.3	강릉 12.9
울릉도 11.1	제주도 13.8

4월의 주요약사 *1일 여의도 비행장 개장(1929), 향토예비군 창설(1968), 인터넷 통한 원경학부 운영 의결(2006) *2일 화성 연쇄살인사건 공소시효 말료(2006) *3일 제주폭동 일어남(1948), 농지개혁(1950) *6일 거제대교 개통(1971) *7일 독립신문 창간(1894) *8일 서울 전차 개통(1899), 와우아파트 붕괴(1970), 박태환 세계선수권대회에서 은메달 획득(2006) *10일 종로에 첫 전등불 들어옴(1900), 한국여자탁구팀 세계 제패(1973) *11일 제15대 국회의원 선거(1996), 신상옥 감독 80세로 졸(2006) *12일 서울지하철 제1호선 기공(1971) *13일 대한민국 임시정부 수립일(1919), 제16대 국회의원 선거(2000) *14일 세종문화회관 개관(1978) *19일 보스턴 마라톤대회에서 서윤복 씨 우승(1947), 3 · 15부정선거를 규탄하는 학생 시위가 전국 각처에서 일어남, 이 날을 4 · 19혁명기념일로 지정(1960) 고르바초프 대통령 제주도 방문(1991) *20일 조선산업박람회 개최(1935), 한명숙 첫 여성 총리 탄생(2006) *23일 용비어천가 간행(1445) *25일 천도교 창설(1860) *26일 부정선거로 이승만 씨 대통령직 하야성명(1960), 제13대 국회의원 선거(1988) *27일 증권시장 공영화(1963), 제7대 대통령 선거, 박정희 후보 당선(1971) *28일 대구 지하철공사장 가스폭발사고(1995), 정몽구 회장 구속(2006), 이랜드 프랑스계 할인점 까르푸 인수(2006).

양력 날짜	요 일	음력 날짜	28 수	12 신	紫白 九星	주당周堂				역혈인 逆血刃	구랑성 九狼星	구성법 九星法	주요 길신 (주요 흉신)
						이사	결혼	신행	안장				
4/1	목	2/25	각 角	위 危	팔백 八白	안 安	부 夫	조 竈	부 父	병 丙	사묘 社廟	화도 禾刀	天恩, 大明, 六合, 金堂, 月空, 不將 (天牢黑道, 月殺, 瘟瘽, 天瘟, 月虛, 四擊, 荒蕪, 太虛, 敗破, 造廟破碎)
2	금	26	항 亢	성 成	구자 九紫	리 利	고 姑	당 堂	남 男	갑 甲	사관 寺觀	복덕 福德	天德, 天恩, 大明, 母倉, 地啞, 三合, 萬通四吉, 臨日, 生氣, 天喜, 地倉 (玄武黑道, 重日, 復日, 神號, 太虛, 造廟破碎, 土禁)
3	토	27	저 氐	수 收	일백 一白	천 天	당 堂	상 牀	손 孫	정 丁	천 天	직성 直星	大空亡日 司命黃道, 天恩, 母倉, 福德, 四季, 天聾, 偸修, 回駕帝星, 麒麟, 陽德, 鳴吠 (地賊, 天罡, 地破, 氷消瓦解, 滅沒, 天隔, 月刑, 大時, 大敗, 太虛, 咸池, 八座)
4	일	28	방 房	개 開	이흑 二黑	해 害	옹 翁	사 死	사 死	건 乾	僧堂寺觀 社廟	복목 卜木	天恩, 四季, 地啞, 偸修, 全吉, 皇恩大赦, 天赦神, 時陽, 天倉, 敬安 (勾陳黑道, 焦坎, 地囊, 天狗, 九空, 九坎, 九焦, 五虛, 荒蕪, 八專, 觸水龍, 枯焦)
5	월	29	심 心	개 開	삼벽 三碧	살 殺	제 第	수 睡	여 女	갑 甲	축방 丑方	각기 角己	司命黃道, 五合, 旺日, 皇恩大赦, 天后, 六儀, 時陽, 全吉, 續世, 陽德, 驛馬, 天倉, 鳴吠, 天貴, 回駕帝星 (天賊, 血忌, 厭對, 招搖, 八專, 地囊, 天狗, 造廟破碎)
			清明, 09시 17분, 3月의 節入, 月建 甲辰 適用.										
6	화	30	미 尾	폐 閉	사록 四綠	부 富	조 竈	문 門	모 母	건 乾	천 天	인전 人專	天醫, 要安, 六空, 官日, 天貴, 鳴吠, 地倉 (勾陳黑道, 血支, 致死, 天吏, 山隔, 土皇, 月害, 獨火)
7	수	3/1	기 箕	건 建	오황 五黃	천 天	부 婦	주 廚	모 母	곤 坤	인진방 寅辰方	요성 妖星	伏斷日 青龍黃道, 月空, 四相, 天聾, 全吉, 守日, 玉宇, 兵福, 天赦神, 青龍, 地虎不食 (月建, 月刑, 小時, 瘟瘽, 天瘟, 白波)
8	목	2	두 斗	제 除	육백 六白	리 利	조 竈	로 路	여 女	임 壬	전문 前門	혹성 惑星	明堂黃道, 天德合, 月德合, 四相, 相日, 五富, 金堂, 吉期, 陰德, 兵寶, 太陽, 送禮 (重日, 羅網, 八風, 人隔, 五虛, 荒蕪, 造廟破碎)
9	금	3	우 牛	만 滿	칠적 七赤	안 安	제 第	문 門	사 死	을 乙	戌亥方 倂廚竈	화도 禾刀	民日, 時德, 天巫, 偸修 (天刑黑道, 復日, 天火, 大殺, 披麻, 土瘟, 天獄, 飛廉, 水隔)
10	토	4	여 女	평 平	팔백 八白	재 災	옹 翁	수 睡	손 孫	곤 坤	정 井	복덕 福德	偸修, 全吉, 太陰 (朱雀黑道, 重喪, 復日, 天罡, 月殺, 月虛, 滅亡, 死神, 八專)
11	일	5	허 虛	정 定	구자 九紫	사 師	당 堂	사 死	남 男	을 乙	橋井門路 社廟	직성 直星	月忌日 金櫃黃道, 月恩, 三合, 臨日, 時陰, 敬安, 鳴吠, 皆空, 偸修, 萬通四吉, 送禮 (往亡, 月厭, 地火, 死氣, 四廢, 五離, 八專, 陰錯, 土忌, 土府, 造廟破碎)
12	월	6	위 危	집 執	일백 一白	부 富	고 姑	상 牀	부 父	계 癸	오방 午方	복목 卜木	天德黃道, 六合, 普護, 地德, 寶光, 普護, 地啞, 鳴吠, 地倉, 偸修 (大時, 大敗, 咸池, 小耗, 四廢, 五離, 五虛, 荒蕪, 天哭, 土符, 劍鋒, 長星)
13	화	7	실 室	파 破	이흑 二黑	살 殺	부 夫	당 堂	객 客	손 巽	사관 寺觀	각기 角己	天德, 月德, 天馬, 解神, 福生 (白虎黑道, 焦坎, 月破, 九空, 九坎, 九焦, 大耗, 四擊, 天隔, 枯焦, 太虛, 造廟破碎)
14	수	8	벽 壁	위 危	삼벽 三碧	해 害	주 廚	조 竈	부 婦	경 庚	선사방 船巳方	인전 人專	伏斷日 玉堂黃道, 母倉, 龍德 (遊禍, 受死, 重日, 地賊, 滅沒, 土禁, 太虛, 造廟破碎)
15	목	9	규 奎	성 成	사록 四綠	천 天	부 婦	주 廚	모 母	계 癸	사묘 社廟	화도 禾刀	楊公忌日 天恩, 母倉, 全吉, 天喜, 天貴, 不將, 生氣, 天倉, 三合, 聖心 (天牢黑道, 黃砂, 地囊, 八龍, 地隔, 歸忌, 太虛, 敗破, 神號)

- 山祭吉凶日 - 산신제나 입산 기도하면 좋은 날과 나쁜 날.
  吉(길) = 3/9, 3/12, 3/14, 3/17, 3/19, 3/20, 3/21, 3/25, 3/29.
  흉(凶) = 3/1, 3/8, 3/11, 3/18, 3/22, 3/23.
- 水神祭祀吉凶日 - 水神에 제사지내면 좋은 날과 나쁜 날.
  吉(길) = 3/2, 3/6, 3/9, 3/14, 3/16, 3/18, 3/19, 3/26.
  흉(凶) = 3/5, 3/10, 3/29.
- 地神祭祀吉凶日 - 地神에 제사지내면 좋은 날과 나쁜 날.
  吉(길) = 3/3, 3/7, 3/15, 3/22, 3/26.
  흉(凶) = 3/9, 3/13, 3/18, 3/21, 3/25, 3/28.
- 七星祈禱吉凶日 - 하늘과 산에 기도하면 좋은 날과 나쁜 날.
  吉(길) = 3/3, 3/4, 3/5, 3/6, 3/7, 3/8, 3/15, 3/17, 3/18, 3/19, 3/20, 3/21, 3/22, 3/26, 3/27.

丁未年 4月 小(30日)

(양력 16日 ~ 30日)

二黑	七赤	九紫
一白	三碧	五黃
六白	八白	四綠

丁未年
陰曆 3月 小
月建 甲辰

西紀 2027年 · 檀紀 4360年
陰曆 2027年 03月 10日부터
2027年 03月 24日까지

양력 날짜	간지 형상	음력 날짜	간지	오행	경축일 민속일	일출 일몰	월출 월몰	만조시각 물높이	일곱물때명 일반물때명	길한 행사 (불길한 행사)
4/16		3/10	을축 乙丑	金		05:58	14:09	자시子時	한매	제사, 고사, 불공, 채용, 수금, 정보탐색, 물고기잡기,
						19:09	03:11	오시午時	한조금	목축 (친목회, 외출, 이사, 수리, 상량, 술빚기, 개업, 문서, 안장)
17		11	병인 丙寅	火	토왕용사	05:57	15:19	축초丑初	두매	원행, 친목회, 약혼, 선물, 치병, 이사, 수리, 상량, 술거름, 장류갈무리,
						19:10	03:41	미초未初	한매	개업, 문서, 신상품출고, 투자 (제사, 고사, 침술, 벌목, 사냥, 물고기잡기, 승선)
18		12	정묘 丁卯	火		05:55	16:28	축중丑中	세매	제사, 예복, 축대 담장보수, 술거르기, 장류갈무리
						19:11	04:08	미중未中	두매	(치병, 침술, 사냥, 물고기잡기)
19		13	무진 戊辰	木		05:54	17:35	축정丑正	네매	諸事不宜
						19:12	04:35	미정未正	무릎사리	
20		14	기사 己巳	木		05:53	18:43	인초寅初	다섯매	목욕, 대청소, 지붕손질
						19:12	05:02	신초申初	배꼽사리	(기도, 친목회, 원행, 약혼, 이사, 수리, 상량, 우물, 파옥, 안장)
				곡우, 16시 17분, 3월의 중기.						
21		15	경오 庚午	土	● 망(望), 보름	05:51	19:50	인정寅正	여섯매	제사, 불공, 술거르기
						19:13	05:31	신정申正	가슴사리	(원행, 동료보기, 혼인서약, 예복, 수리, 상량, 이사, 술담기, 개업)
22		16	신미 辛未	土		05:50	20:57	묘초卯初	일곱매	諸事不宜
						19:14	06:03	유초酉初	턱사리	
23		17	임신 壬申	金		05:49	22:01	묘중卯中	여덟매	제사, 목욕, 집안대청소
						19:15	06:40	유중酉中	한사리	(외출, 문안, 약혼, 결혼, 채용, 치병, 이사, 벌목, 사냥, 물고기잡기, 종자)
24		18	계유 癸酉	金		05:47	23:00	묘정卯正	아홉매	제사, 고사, 기도, 결혼, 치병, 대청소, 물고기잡기, 안장
						19:16	07:23	유정酉正	목사리	(친목회, 수리, 개업, 문서, 투자, 출고, 정보탐색, 집헐기, 종자)
25		19	갑술 甲戌	火		05:46	23:53	진초辰初	열매	제사, 불공, 목욕, 치병, 구옥헐기 (후임자, 친목회, 원행, 문안, 약혼,
						19:17	08:13	술초戌初	어깨사리	결혼, 채용, 이사, 수리, 상량, 개업, 출고, 종자, 물고기잡기, 벌목, 승선, 안장)
26		20	을해 乙亥	火		05:45	-:-	진중辰中	한꺽기	휴식, 목욕, 물고기잡기, 가축
						19:18	09:07	술중戌中	허리사리	(원행, 혼약, 결혼, 채용, 개방, 치병, 개업, 문서, 수금, 출고, 종자, 안장)
27		21	병자 丙子	水		05:44	00:38	진정辰正	두꺽기	제사, 고사, 기도, 약혼, 결혼, 치병, 개방, 제방, 수리, 상량, 술거름
						19:19	10:06	술정戌正	한꺽기	장류갈무리, 개업, 문서, 수금 (이사, 장거리여행, 어로작업, 승선, 진수식)
28		22	정축 丁丑	水		05:42	01:15	사초巳初	아조	제사, 기도, 친목회, 원행, 동료돌봄, 약혼, 결혼, 이사,
						19:20	11:06	해초亥初	두꺽기	수리, 상량, 장담기, 안장 (성인식, 치병, 사냥, 어로작업)
29		23	무인 戊寅	土	◐ 하 현	05:41	01:48	사중巳中	조금	불공, 원행, 친목회, 약혼, 결혼, 치병, 이사, 개방, 수리, 상량, 개업, 문
						19:21	12:06	해중亥中	선조금	서, 도랑정비, 종자 (고사, 침술, 벌목, 사냥, 어로작업)
30		24	기묘 己卯	土		05:40	02:16	사정巳正	무시	축대보수, 담장정비
						19:21	13:05	해정亥正	앉은조금	(기도, 원행, 약혼, 결혼, 치병, 침술, 제방, 이사, 수리, 상량, 개업, 문서, 수금)

기념일

19일 : 4.19혁명기념일
20일 : 장애인의 날
21일 : 과학의 날
22일 : 정보통신의 날
22일 : 자전거의 날
22일 : 새마을의 날
23일 : 세계 책의 날
25일 : 법의 날
28일 : 충무공 탄신일

- **神祠祈禱日(신사기도일) - 神位가 안치된 神堂이나 祠堂에 기도하면 좋은 날.**
  吉(길) = 3/2, 3/7, 3/9, 3/10, 3/13, 3/14, 3/20, 3/21, 3/22, 3/27, 3/29.
- **雕繪神像開光日(조회신상개광일) - 神像을 그리고 조각하고 세우고 안치하면 좋은 날.**
  吉(길) = 2/29, 3/1, 3/3, 3/6, 3/13, 3/20, 3/27, 3/28.
- **合房不吉日 - 합방해 태어난 자녀에게 나쁜 날.**
  흉(凶) = 2/29, 3/1, 3/5, 3/8, 3/9, 3/15, 3/16, 3/23, 3/2 3/29, 日蝕, 月蝕, 폭염, 폭우, 짙은 안개, 천둥, 번개, 무개, 지진, 本宮日.
- **地主下降日(지주하강일) - 이 곳을 범하면 흉한 날.**
  흉(凶) = 1일 - 부엌(竈).

농사정보 ● **벼농사** 1. 볍씨는 소금물에 담궈 충실하게 여문 것으로 골라 소독. 2. 밤에도 보온 가능한 곳에 일주일 정도 씨 담그기. 3. 씨 담그기가 끝난 볍씨는 1~2㎜정도 싹을 틔워 파종. 4. 볍씨로 전염되는 병을 예방 위해 씨담그기 전 꼭 소독. 5. 객토논은 서둘러 볏짚과 퇴비 등 유기물 투입 토양개량 제살포, 객토효과 증대. ● **밭농사** 1. 봄감자는 늦서리시기 감안 적당시기에 정식. 2. 고구마 육묘상은 한낮에 2~3시간 정도 창문열어 고온장해 예방. ● **채소** 1. 고추씨 파종 뒤 한 달 이상 지난 육묘상은 낮 23~28℃, 밤15℃ 이하 내려가지 않도록. 2. 고추모판 흙이 마르지 않게 20℃의 미지근한 물을 오전 10~12시 사이 뿌려준다. 3. 논 재배 마늘과 양파는 배수구 정비 습해 예방. ● **과수** 1. 과수의 꽃봉오리, 꽃 솎아 주기를 실시. 2. 꽃봉오리 솎기는 한 손으로 가지 끝을 잡고 다른 손 엄지와 검지로 훑어주는 방법이 효과적이다. 3. 개화기 전후로 늦서리에 대비. 4. 동해피해가 우려되면, 온수 스프링클러를 가동하여 동해피해를 줄인다. ● **화훼** 1. 장미는 일조량 불량이나 밤기온 14℃ 이하면 블라인드 현상. 2. 정원수를 심을 땐 물충분히 줘 뿌리와 흙사이 틈이 생기기 않게. ● **축산** 1. 소에게 볏짚, 담근먹이를 주다 갑자기 푸른 풀을 주면 고창증과 설사가 온다. 2. 설사를 막으려면 말린 조사료와 푸른풀 섞어 먹인다. 3. 젖소 산유량이 증가하면 충분한 에너지를 공급한다. 4. 과도한 체중감소는 번식장애가 있다. 5. 바이러스병원균 활동이 왕성해 진다. 축사위생과 청결을 철저히. ● **버섯 약초 잠업** 1. 버섯재배사 주위와 바닥에 버섯파리 방제 살충제 살포. 2. 맥문동 등 약초는 제때 파종하고 약초 특성에 따라 물주기. 3. 뽕나무 묘목은 퇴비 넣은 땅에 심고, '에바구미' 방제용 BHC를 살포.

양력 날짜	요일	음력 날짜	28수	12신	紫白 九星	주당周堂 이사	결혼	신행	안장	역혈인 逆血刃	구랑성 九狼星	구성법 九星法	주요 길신 (주요 흉신)
4/16	금	3/10	루 婁	수 收	오황 五黃	리 利	조 竈	로 路	여 女	경 庚	주 廚	복덕 福德	大空亡日 天恩, 四季, 地啞, 全吉, 十全, 不將, 天貴, 福德, 益後, 玉帝赦日(玄武黑道, 河魁, 地破, 氷消瓦解, 紅紗, 五虛, 荒蕪, 八座)
17	토	11	위 胃	개 開	육백 六白	안 安	제 第	문 門	사 死	병 丙	천 天	직성 直星	司命黃道, 月空, 全吉, 四相, 五合, 天恩, 天聾, 回駕帝星, 皇恩大赦, 天赦神, 天后, 大儀, 時陽, 續世, 驛馬, 麒麟, 陽德, 旺日, 鳴吠 (天賊, 血忌, 天狗, 厭對, 招搖, 造廟破碎)
18	일	12	묘 昴	폐 閉	칠적 七赤	재 災	옹 翁	수 睡	손 孫	신 辛	後門寅艮方 神廟道觀	복목 卜木	天德合, 月德合, 四相, 五合, 十全, 天恩, 天醫, 地啞, 鳴吠, 要安, 官日, 地倉 (勾陳黑道, 山隔, 土皇, 血支, 獨火, 月害, 天吏, 致死)
19	월	13	필 畢	건 建	팔백 八白	사 師	당 堂	사 死	남 男	간 艮	寅辰方 寺觀	각기 角己	靑龍黃道, 天恩, 天聾, 兵福, 守日, 玉宇, 天赦神, 靑龍 (復日, 月建, 瘟瘟, 天瘟, 月刑, 小時, 五墓, 白波, 造廟破碎)
20	화	14	자 觜	제 除	구자 九紫	부 富	고 姑	상 牀	부 父	병 丙	신방사관 申方寺觀	인전 人專	月忌日 明堂黃道, 相日, 五富, 金堂, 吉期, 兵寶, 陰德, 全吉, 太陽 (重喪, 復日, 重日, 羅網, 五虛, 荒蕪, 造廟破碎, 人隔, 重座)
			穀雨, 16시 17분, 3月의 中氣.										
21	수	15	참 參	만 滿	일백 一白	살 殺	부 夫	당 堂	객 客	경 庚	천 天	입조 立早	月恩, 全吉, 民日, 時德, 天巫, 鳴吠, 不守塚 (天刑黑道, 土瘟, 披麻, 飛廉, 水隔, 天火, 災殺, 天獄, 大殺)
22	목	16	정 井	평 平	이흑 二黑	해 害	주 廚	조 竈	부 婦	건 乾	천 天	요성 妖星	大明, 不守塚, 全吉, 太陰 (朱雀黑道, 天罡, 月殺, 月虛, 滅亡, 死神, 短星)
23	금	17	귀 鬼	정 定	삼벽 三碧	천 天	부 婦	주 廚	모 母	갑 甲	정청 正廳	혹성 惑星	伏斷日 金櫃黃道, 天德, 月德, 大明, 三合, 臨日, 時陰, 萬通四吉, 敬安, 鳴吠 (五離, 往亡, 土忌, 月厭, 地火, 死氣, 土府, 月建)
24	토	18	류 柳	집 執	사록 四綠	리 利	조 竈	로 路	여 女	정 丁	寅艮卯方 午方後門	화도 禾刀	天德黃道, 六合, 普護, 寶光, 地德, 鳴吠, 地虎不食, 大明, 全吉, 地倉 (土符, 大時, 五虛, 大敗, 咸池, 小耗, 五籬, 劍鋒, 天哭)
25	일	19	성 星	파 破	오황 五黃	안 安	제 第	문 門	사 死	건 乾	신조주현 神廟州縣	복덕 福德	大空亡日 天貴, 天馬, 不將, 解神, 福生, 全吉 (白虎黑道, 天隔, 月破, 九空, 焦坎, 四擊, 枯焦, 大耗, 九坎, 九焦, 太虛)
26	월	20	장 張	위 危	육백 六白	재 災	옹 翁	수 睡	손 孫	정 丁	사관 寺觀	직성 直星	大空亡日 玉堂黃道, 天貴, 母倉, 全吉, 龍德 (遊禍, 受死, 重日, 地賊, 滅沒, 咸池, 土禁, 八龍, 太虛)
27	화	21	익 翼	성 成	칠적 七赤	사 師	당 堂	사 死	남 男	을 乙	중정 中庭	복목 卜木	母倉, 四季, 天聾, 三合, 聖心, 天喜, 生氣, 月空, 四相, 不將, 天倉, 鳴吠, 全吉 (天牢黑道, 地隔, 歸忌, 觸水龍, 太虛, 敗破, 神號)
28	수	22	진 軫	수 收	팔백 八白	부 富	고 姑	상 牀	부 父	곤 坤	인방주정 寅方廚井	각기 角己	天德合, 月德合, 四相, 福德, 益後, 不將, 大明, 四季 (玄武黑道, 河魁, 地破, 氷消瓦解, 紅紗, 五虛, 八風, 八座)
29	목	23	각 角	개 開	구자 九紫	살 殺	부 夫	당 堂	객 客	임 壬	동북방 東北方	인전 人專	月忌日 司命黃道, 天赦, 天瑞, 五合, 旺日, 皇恩大赦, 回駕帝星, 天后, 六儀, 續世, 陽德, 驛馬, 時陽, 不守塚 (復日, 天賊, 厭對, 天狗, 招搖, 血忌, 造廟破碎)
30	금	24	항 亢	폐 閉	일백 一白	해 害	주 廚	조 竈	부 婦	을 乙	僧尼寺觀 後門	입조 立早	天恩, 五合, 天瑞, 大明, 要安, 官日, 地啞, 天醫, 地倉, 送禮 (勾陳黑道, 重喪, 復日, 山隔, 土皇, 血支, 獨火, 月害, 天吏, 致死, 重座)

- 竈王集會日(조왕집회일) - 조왕신 제사 지내면 좋은 날.
  吉(길) = 3/6, 3/12, 3/18, 3/21.
- 竈王上天日(조왕상천일) - 부엌 수리하면 좋은 날.
  吉(길) = 3/10, 3/24.

♣ 음력 3월의 민간비법

1) 辰月 辰日 辰時에는 일이 되질 않는다.
2) 배춧꽃을 요 밑에 두면 좋다.
3) 복숭아 잎을 응달에 말려 아침마다 다려서 복용하면 가슴아리병을 피할 수 있다.

부 록

일러두기 : 음력을 원칙으로 한다

육갑(六甲)과 음양(陰陽)과 오행(五行)의 기초

모든 역학 이치의 바탕이 되는 육갑이나 음양, 오행법을 잘 알아야 역리나 역술의 이치를 공부하는 모든 학문에 원활히 사용할 수가 있다. 이 기초편을 완전히 습득하는 것이 가장 중요하다.

1. 육갑(六甲)

천간(天干)의 열 종류와 지지(地支)의 열두 종류를 서로 맞추어 구성된 육십 개의 간지(干支)를 말한다.

천간의 음양과 종류

- 陽天干 = 甲, 丙, 戊, 庚, 壬
- 陰天干 = 乙, 丁, 己, 辛, 癸

지지의 음양과 종류

- 陽地支 = 子, 寅, 辰, 午, 申, 戌
- 陰地支 = 丑, 卯, 巳, 未, 酉, 亥

2. 육십갑자

갑자甲子	을축乙丑	병인丙寅	정묘丁卯	무진戊辰	기사己巳	경오庚午	신미辛未	임신壬申	계유癸酉
갑술甲戌	을해乙亥	병자丙子	정축丁丑	무인戊寅	기묘己卯	경진庚辰	신사辛巳	임오壬午	계미癸未
갑신甲申	을유乙酉	병술丙戌	정해丁亥	무자戊子	기축己丑	경인庚寅	신묘辛卯	임진壬辰	계사癸巳
갑오甲午	을미乙未	병신丙申	정유丁酉	무술戊戌	기해己亥	경자庚子	신축辛丑	임인壬寅	계묘癸卯
갑진甲辰	을사乙巳	병오丙午	정미丁未	무신戊申	기유己酉	경술庚戌	신해辛亥	임자壬子	계축癸丑
갑인甲寅	을묘乙卯	병진丙辰	정사丁巳	무오戊午	기미己未	경신庚申	신유辛酉	임술壬戌	계해癸亥

육갑(六甲)의 응용

1. 오행(五行)

■ 오행의 종류

목(木), 화(火), 토(土), 금(金), 수(水)

■ 오행의 상생과 상극

상생相生	목생화木生火	화생토火生土	토생금土生金	금생수金生水	수생목水生木
상극相剋	금극목金剋木	목극토木剋土	토극수土剋水	수극화水剋火	화극금火剋金

■ 선천수(先天數)

간지	갑기자오甲己子午	을경축미乙庚丑未	병신인신丙辛寅申	정임묘유丁壬卯酉	무계진술戊癸辰戌	사해巳亥
선천수	구九	팔八	칠七	육六	오五	사四

2. 간지의 合과 沖

천간합	천간충	지지삼합(地支三合)	지지방향합(地支方向合)	지지육충(地支六沖)	지지육합(地支六合)
갑기합토甲己合土	갑경충甲庚沖	신자진합수申子辰合水	해자축북방수국亥子丑北方水局	자오충子午沖	자축합토子丑合土
을경합금乙庚合金	을신충乙辛沖	사유축합금巳酉丑合金	인묘진동방목국寅卯辰東方木局	축미충丑未沖	인해합목寅亥合木
병신합수丙辛合水	병임충丙壬沖	인오술합화寅午戌合火	사오미남방화국巳午未南方火局	인신충寅申沖	묘술합화卯戌合火
정임합목丁壬合木	정계충丁癸沖	해묘미합목亥卯未合木	신유술서방금국申酉戌西方金局	묘유충卯酉沖	진유합금辰酉合金
무계합화戊癸合火	무기충戊己沖			진술충辰戌沖	사신합수巳申合水
				사해충巳亥沖	오미합불변午未合不變

3. 형, 파, 해, 천, 원진

지지상형地支相刑	지지육파地支六破	지지육해地支六害	지지상천地支相穿	원진관계怨嗔關係
인사신 삼형寅巳申 三刑(寅刑巳, 巳刑申, 申刑寅)	자파유子破酉	자해미子害未	자미상천子未相穿	자—미 子—未
축술미 삼형丑戌未 三刑(丑刑戌, 戌刑未, 未刑丑)	인파해寅破亥	축해오丑害午	축오상천丑午相穿	축—오 丑—午
자묘상형子卯相刑(子刑卯, 卯刑子)	진파축辰破丑	인해사寅害巳	인사상천寅巳相穿	인—유 寅—酉
진오유해 자형辰午酉亥 自刑	오파묘午破卯	묘해진卯害辰	묘진상천卯辰相穿	묘—신 卯—申
(辰刑辰, 午刑午, 酉刑酉, 亥刑亥)	신파사申破巳	신해해申害亥	신해상천申亥相穿	진—해 辰—亥
	술파미戌破未	유해술酉害戌	유술상천酉戌相穿	사—술 巳—戌

4. 五行의 속성

	목木		화火		토土				금金		수水	
	양陽	음陰	양陽	음陰	양陽		음陰		양陽	음陰	양陽	음陰
천간天干	갑甲	을乙	병丙	정丁	무戊		기己		경庚	신辛	임壬	계癸
육신六神	청룡青龍		주작朱雀		구진句陳		등사騰蛇		백호白虎		현무玄武	
지지地支 띠별	인寅 호랑이	묘卯 토끼	오午 말	사巳 뱀	진辰 용	술戌 개	축丑 소	미未 양	신申 원숭이	유酉 닭	자子 쥐	해亥 돼지
계절	봄		여름		3월	9월	12월	6월	가을		겨울	
방위	동쪽		남쪽		중앙				서쪽		북쪽	
색	청青		적赤		황黃				백白		흑黑	
성질	인仁		예禮		신信				의義		지智	
맛	신맛		쓴맛		단맛				매운맛		짠맛	
수數	삼三, 팔八		이二, 칠七		오五, 십十				사四, 구九		일一, 육六	
왕旺	춘春		하夏		사계四季				추秋		동冬	
상相	동冬		춘春		하夏				사계四季		추秋	
사死	추秋		동冬		춘春				하夏		사계四季	
수囚	사계四季		추秋		동冬				춘春		하夏	
휴休	하夏		사계四季		추秋				동冬		춘春	

5. 삼재법(三災法)

태어난해生年	신 · 자 · 진申 · 子 · 辰	사 · 유 · 축巳 · 酉 · 丑	인 · 오 · 술寅 · 午 · 戌	해 · 묘 · 미亥 · 卯 · 未
삼재해三災年	인 · 묘 · 진寅 · 卯 · 辰	해 · 자 · 축亥 · 子 · 丑	신 · 유 · 술申 · 酉 · 戌	사 · 오 · 미巳 · 午 · 未

5. 정월법(定月法)

- 정월 = 寅月 • 2월 = 卯月 • 3월 = 辰月 4월 = 巳月 • 5월 = 午月 • 6월 = 未月
- 7월 = 申月 • 8월 = 酉月 • 9월 = 戌月 10월 = 亥月 • 11월 = 子月 • 12월 = 丑月

6. 정시법(定時法)

- 子時 = 오후 11시부터 오전 1시까지
- 丑時 = 오전 1시부터 오전 3시까지
- 寅時 = 오전 3시부터 오전 5시까지
- 卯時 = 오전 5시부터 오전 7시까지
- 辰時 = 오전 7시부터 오전 9시까지
- 巳時 = 오전 9시부터 오전 11시까지
- 午時 = 오전 11시부터 오후 1시까지
- 未時 = 오후 1시부터 오후 3시까지
- 申時 = 오후 3시부터 오후 5시까지
- 酉時 = 오후 5시부터 오후 7시까지
- 戌時 = 오후 7시부터 오후 9시까지
- 亥時 = 오후 9시부터 오후 11시까지

7. 점사에 쓰이는 시각 : 1961년 8월 10일 동경 135도에서 시각을 우리나라 서울 127도 기점 시각으로 적용하기로 정했으니 30분씩 뒤로 미뤄졌으며 점사 시각은 30분을 뒤로 미뤄 이용하는 것이 옳다.

- 조자시(朝子時) 0시 ~ 1시 30분
- 묘시(卯時) 5시 30분 ~ 7시 30분
- 오시(午時) 11시 30분 ~ 13시 30분
- 유시(酉時) 17시 30분 ~ 19시 30분
- 야자시(夜子時) 23시 30분 ~ 24시까지
- 축시(丑時) 1시 30분 ~ 3시 30분
- 진시(辰時) 7시 30분 ~ 9시 30분
- 미시(未時) 13시 30분 ~ 15시 30분
- 술시(戌時) 19시 30분 ~ 21시 30분
- 인시(寅時) 3시 30분 ~ 5시 30분
- 사시(巳時) 9시 30분 ~ 11시 30분
- 신시(申時) 15시 30분 ~ 17시 30분
- 해시(亥時) 21시 30분 ~ 23시 30분

8. 둔월법(遁月法) : 年에 月의 천간과 지지를 순서대로 적용 배합해서 월(月)을 산출하는 방법을 말한다.

年 / 月	正月	2月	3月	4月	5月	6月	7月	8月	9月	10月	11月	12月
甲己年	丙寅	丁卯	戊辰	己巳	庚午	辛未	壬申	癸酉	甲戌	乙亥	丙子	丁丑
乙庚年	戊寅	己卯	庚辰	辛巳	壬午	癸未	甲申	乙酉	丙戌	丁亥	戊子	己丑
丙辛年	庚寅	辛卯	壬辰	癸巳	甲午	乙未	丙申	丁酉	戊戌	己亥	庚子	辛丑
丁壬年	壬寅	癸卯	甲辰	乙巳	丙午	丁未	戊申	己酉	庚戌	辛亥	壬子	癸丑
戊癸年	甲寅	乙卯	丙辰	丁巳	戊午	己未	庚申	辛酉	壬戌	癸亥	甲子	乙丑

9. 둔시법(遁時法) : 日에 時의 천간과 지지를 순서대로 적용 배합해서 시(時)를 산출하는 방법을 말한다.

日 / 時	子時	丑時	寅時	卯時	辰時	巳時	午時	未時	申時	酉時	戌時	亥時
甲己日	甲子	乙丑	丙寅	丁卯	戊辰	己巳	庚午	辛未	壬申	癸酉	甲戌	乙亥
乙庚日	丙子	丁丑	戊寅	己卯	庚辰	辛巳	壬午	癸未	甲申	乙酉	丙戌	丁亥
丙辛日	戊子	己丑	庚寅	辛卯	壬辰	癸巳	甲午	乙未	丙申	丁酉	戊戌	己亥
丁壬日	庚子	辛丑	壬寅	癸卯	甲辰	乙巳	丙午	丁未	戊申	己酉	庚戌	辛亥
戊癸日	壬子	癸丑	甲寅	乙卯	丙辰	丁巳	戊午	己未	庚申	辛酉	壬戌	癸亥

10. 육갑(六甲)공망

갑자순(甲子旬)	甲子, 乙丑, 丙寅, 丁卯, 戊辰, 己巳, 庚午, 辛未, 壬申, 癸酉	술해(戌亥)가 공망
갑술순(甲戌旬)	甲戌, 乙亥, 丙子, 丁丑, 戊寅, 己卯, 庚辰, 辛巳, 壬午, 癸未	신유(申酉)가 공망
갑신순(甲申旬)	甲申, 乙酉, 丙戌, 丁亥, 戊子, 己丑, 庚寅, 辛卯, 壬辰, 癸巳	오미(午未)가 공망
갑오순(甲午旬)	甲午, 乙未, 丙申, 丁酉, 戊戌, 己亥, 庚子, 辛丑, 壬寅, 癸卯	진사(辰巳)가 공망
갑진순(甲辰旬)	甲辰, 乙巳, 丙午, 丁未, 戊申, 己酉, 庚戌, 辛亥, 壬子, 癸丑	인묘(寅卯)가 공망
갑인순(甲寅旬)	甲寅, 乙卯, 丙辰, 丁巳, 戊午, 己未, 庚申, 辛酉, 壬戌, 癸亥	자축(子丑)이 공망

11. **신살(神殺)** : 신살은 육효(六爻)에도 적용할 수 있다.

건록建祿	일생동안 건강하고 직장운과 식복이 항상 좋다. 갑록인(甲祿寅), 을록묘(乙祿卯), 병무록사(丙戊祿巳), 정기록오(丁己祿午), 경록신(庚祿申), 신록유(辛祿酉), 임록해(壬祿亥), 계록자(癸祿子)
천을귀인 天乙貴人	천을귀인이 사주에 들면 인덕과 천지신명의 도움이 항상 받는다. 갑무경일—축미(甲戊庚日—丑未), 을기일—자신(乙己日—子申), 병정일—해유(丙丁日—亥酉), 신일—인오(辛日—寅午), 임계일—묘사(壬癸日—卯巳)
역마驛馬	외향적이고 부지런히 돌아다니는 것을 좋아하여 무역이나 유통 등 외근직으로 성공한다. 신자진년—인(申子辰年—寅), 사유축년—해(巳酉丑年—亥), 인오술년—신(寅午戌年—申), 해묘미년—사(亥卯未年—巳)
고과살 孤寡殺	여자는 과수살, 남자는 고신살에 해당, 한 때라도 외롭게 지내는 수가 있다. 해자축년-인술(亥子丑年-寅戌), 인묘진년-사축(寅卯辰년-巳丑), 사오미년-신진(巳午未년-申辰), 신유술년-해미(申酉戌年-亥未)
겁살劫殺	액겁이 있어서 한 때라도 고생을 한다. 신자진년—사(申子辰年—巳(巽)), 사유축년—인(巳酉丑年—寅(艮)), 인오술년—해(寅午戌年—亥(乾)), 해묘미년—신(亥卯未年—申(坤)).
도화桃花	함지살(咸池殺)이라고도 하며, 이성으로 인하여 낭패를 볼 수 있으니 조심하라. 신자진—유(申子辰—酉), 사유축—오(巳酉丑—午), 인오술—묘(寅午戌—卯), 해묘미—자(亥卯未—子)
삼기三奇	목표가 원대하고 재능이 출중하며 액이 적어 영웅수재가 많이 난다. 갑무경 전부(甲戊庚 전부), 정병을 전부(丁丙乙 전부), 임계신 전부(壬癸辛 전부)
육수六秀	이 날에 태어난 사람은 수리에 밝고 똑똑하며 총명하고 야무지고 인물이 출중하다. 무자일(戊子日), 기축일(己丑日), 병오일(丙午日), 정미일(丁未日), 무오일(戊午日), 기미일(己未日)
천사天赦	날씨가 점점 맑아지고, 어려운 일도 잘 해결되며, 승진과 포상의 기회도 생긴다. 춘—무인일(春—戊寅日), 하—갑오일(夏—甲午日), 추—무신일(秋—戊申日), 동—갑자일(冬—甲子日)
공망空亡	길신이 들면 불리하고, 흉신이 들면 흉살작용이 감소시킨다. 갑자순중—술해공(甲子旬中—戌亥空), 갑술순중—신유공(甲戌旬中—申酉空), 갑신순중—오미공(甲申旬中—午未空), 갑오순중—진사공(甲午旬中—辰巳空), 갑진순중—인묘공(甲辰旬中—寅卯空), 갑인순중—자축공(甲寅旬中—子丑空)
괴강魁罡	길흉이 극단적으로 작용한다. 강인하고 고집스러워 고독하기 쉽다. 경진일생(庚辰日生), 경술일생(庚戌日生), 임진일생(壬辰日生), 임술일생(壬戌日生), 무진일생(戊辰日生), 무술일생(戊戌日生)

12. **육친법(六親法)** : 육친이란 원래 부, 모, 형, 제, 처, 자를 말하는데 사주에서는 일간(日干, 일주日主)을 위주로 보며 또 다른 이름은 십신(十神) 또는 육신(六神)이다.

비겁比劫	비화자 형제(比和者 兄弟) : 일주와 같은 오행.	
	1. 비견(比肩) - 일간과 오행 그리고 음양이 모두 같은 것.	2. 겁재(劫財) - 일간과 오행은 같고, 음양이 다른 것.
식상食傷	아생자 자손(我生者 子孫) : 일주가 생하는 오행.	
	1. 식신(食神) - 일간이 도와주는 간지로 음양이 같은 것.	2. 상관(傷官) - 일간이 도와주는 간지나 음양이 다른 것.
재성財星	아극자 처재(我剋者 妻財) : 일주가 극하는 오행.	
	1. 편재(偏財) - 일간이 극하는 간지로 음양이 같은 것.	2. 정재(正財) - 일간이 극하는 간지로 음양이 다른 것.
관성官星	극아자 관귀(剋我者 官鬼) : 일주를 극하는 오행.	
	1. 편관(偏官, 칠살七殺) - 일간을 극하는 간지로 음양이 같은 것.	2. 정관(正官) - 일간을 극하는 간지로 음양이 다른 것.
인성印星	생아자 부모(生我者 父母) : 일주를 생하는 오행.	
	1. 편인(偏印, 효신梟神, 도식倒食) — 일간을 도와주는 간지로 음양이 같은 것. 2. 정인(正印) - 일간을 도와주는 간지로 음양이 다른 것.	

궁합(宮合)

1. 납음오행도 : 생년으로 보는 60甲子 納音五行圖

간지干支	갑자甲子	을축乙丑	병인丙寅	정묘丁卯	무진戊辰	기사己巳	경오庚午	신미辛未	임신壬申	계유癸酉
오행五行	해중금海中金		노중화爐中火		대림목大林木		노방토路傍土		검봉금劍鋒金	
간지干支	갑술甲戌	을해乙亥	병자丙子	정축丁丑	무인戊寅	기묘己卯	경진庚辰	신사辛巳	임오壬午	계미癸未
오행五行	산두화山頭火		간하수澗下水		성두토城頭土		백납금白蠟金		양류목楊柳木	
간지干支	갑신甲申	을유乙酉	병술丙戌	정해丁亥	무자戊子	기축己丑	경인庚寅	신묘辛卯	임진壬辰	계사癸巳
오행五行	천중수泉中水		옥상토屋上土		벽력화霹靂火		송백목松柏木		장류수長流水	
간지干支	갑오甲午	을미乙未	병신丙申	정유丁酉	무술戊戌	기해己亥	경자庚子	신축辛丑	임인壬寅	계묘癸卯
오행五行	사중금沙中金		산하화山下火		평지목平地木		벽상토壁上土		금박금金箔金	
간지干支	갑진甲辰	을사乙巳	병오丙午	정미丁未	무신戊申	기유己酉	경술庚戌	신해辛亥	임자壬子	계축癸丑
오행五行	복등화覆燈火		천하수天河水		대역토大驛土		채천금釵釧金		상자목桑柘木	
간지干支	갑인甲寅	을묘乙卯	병진丙辰	정사丁巳	무오戊午	기미己未	경신庚申	신유辛酉	임술壬戌	계해癸亥
오행五行	대계수大溪水		사중토沙中土		천상화天上火		석류목石榴木		대해수大海水	

2. 궁합의 상극과 상생과 중화의 묘리 - 관성제화묘법(官星制化妙法)

오행에 있어서 꼭 상생만이 길(吉)한 것이 아니고, 상극의 힘을 받더라도 길(吉)해질 수 있는 것은 삶과 역의 묘리다. 어떤 것이 상극의 위치에서 길한 것인지 살펴보자.

1. 검봉금(劍鋒金) · 사중금(沙中金)은 불(火)을 만나야 아름다운 모양을 형성한다.
2. 평지일수목(平地一秀木)은 금(金)이 없으면 영화(榮華)를 얻지 못한다.
3. 천하수(天河水) · 대해수(大海水)는 흙(土)을 만나야 자연히 형통한다.
4. 벽력화(霹靂火) · 천상화(天上火)는 물(水)을 얻어야 복록(福綠)과 영화(榮華)를 누린다.
5. 대역토(大驛土) · 사중토(沙中土)는 나무(木)가 없으면 평생을 그르친다.

3. 남녀 궁합해설표

- 男木女木 : 목과 목이 만나 서로 합해지니 평생 길함과 흉함이 반반이다. 부부 사이는 화목하고, 자손은 효도한다. 서로의 자존심만 지켜주면 계획한 대로 발전하고 순탄하여 안정된다.
- 男木女火 : 목과 불이 상생하니 부부사이 금슬 좋고, 자손은 번성한다. 웃어른의 도움과 신임에 힘입어 성공한다. 겸손하고 양보해야 큰 복이 온다. 재물과 명예를 성취하여 부귀롭다.
- 男木女土 : 목토가 상극. 부부사이 불화가 심하고 자손이 불화하여 여러모로 어려움이 많다. 자기관리를 제대로 하지 못한다. 위장질환을 조심하라. 서로 조심하면 안정되고, 평탄하면 성공한다.
- 男木女金 : 금목이 상극이다. 부부가 해로하기 어렵고 일생 가난하며 자손이 귀하다. 언행은 신중하나 생활이 변화가 심하다. 외견상으론 무표정하나 많은 생각을 하고 있다. 폐질환을 조심하라.
- 男木女水 : 수목이 상생이라 부부금슬이 아주 좋고 일가가 화목하여 복록이 무궁하며 부귀하고 장수한다. 가정을 화목케하여 가풍을 좋게 세우면 더욱 좋겠다.
- 男火女木 : 목화가 상생이라 만사 대길하다. 부부 사이가 좋고 자손도 효도하며 부귀를 누린다. 성공과 발전이 뜻한 바대로 이루어진다. 승부 근성이 강하여 승진운도 좋다.
- 男火女火 : 불이 불을 만났으니 부부간에 다투면 화재수가 있다. 조심하라 길함이 적고, 흉함이 많다. 타인과 동업이나 협력하는 일에는 탁월한 성격이다. 지성이면 감천이니 노력하라.

- 男火女土 : 화토가 상생으로 부부가 해로하고 자손이 번창하고 부귀와 명예가 겸하여 넉넉하고 만사가 여유롭다. 관운이 있고 부모덕이 좋아 무병장수한다.
- 男火女金 : 화금상극이라 매사가 막혀 인간관계가 어렵고 재앙이 많다. 덕이 없고 원만치 못한 성격이라 액이 우려되며 숨은 근심도 있다. 불화, 스트레스 질환, 호흡기 질환을 조심하라.
- 男火女水 : 수화상극이라 모든 일이 흉하고 상부상처할 운이다. 일가가 화목하지 않아 재물이 흩어진다. 고집이 세고 불손하여 윗사람과 마찰이 많이 생긴다. 건강과 횡액, 수하사람으로 인한 재난을 주의하라.
- 男土女木 : 목토상극이니 부부사이는 불화하고 관재구설수가 많아 비록 부유하나 재물이 사라지고 근심이 쌓인다. 인덕도 배우자운도 자식운도 없다. 외형상 평범하지만 속빈 강정이다. 자립해야 한다.
- 男土女火 : 화토상생이라 부부 사이가 좋아 재물이 쌓이며 효자를 두어 크게 편안하다. 명예운과 횡재수가 있다. 성공운이 강해 사람들이 많이 따른다. 난관이 있어도 계획대로 하면 성공한다. 여성은 이성 관계와 언행을 조심하라.
- 男土女土 : 흙이 흙을 만나 합해지니 자손이 번창하고 부귀하며 풍류를 즐길 수 있는 길운이다. 순조로운 삶으로 큰 어려움이 없이 지낸다. 지나치게 소극적이거나 융통성이 없으면 대인 관계가 좋지 않아 불운하다.
- 男土女金 : 토금 상생하니 재물운이 좋고 일생 근심이 없다. 부귀와 명예, 인덕이 있고 자기 확신이 강해 이기적이지만 신용도 좋다. 노력한 만큼 성공한다. 섬세하고 주도면밀해서 일처리가 능숙하다. 중년 이후에는 이혼, 별거 조심하라.
- 男土女水 : 토수상극이라 자손이 흩어지고 부부간에 생이별하고 가업이 쇠잔해 진다. 재능은 출중하고 성실하지만 고난이 많다. 건강에 유의하라. 의외의 재난과 불운이 겹쳐 실패수도 있다. 노력을 많이 하나 돌아오는 대가가 적다.
- 男金女木 : 금목상극이라 모든 일에 구설이 많고 자손도 불화하여 집안이 쇄진하여 재물이 궁핍하다. 매사에 장애와 난관이 겹쳐 신경이 날카롭고 불신감과 불만이 많다. 감정은 풍부하나 예민하고 소심하여 근심이 많다. 뇌질환과 신경쇠약, 호흡기 질환을 주의하라.
- 男金女火 : 화금상극이라 자기 확신이 지나쳐 윗사람에게 불손하여 사회생활이 곤란하다. 잡념이 많고 인내심이 적다. 허영심이 있어 금방 좋아하고 싫어지는 등 쉽게 자포자기를 해 몰락을 자초한다. 부부운과 자손운이 미약하다.
- 男金女土 : 토금상생이라 자손이 번성하고 문서가 많고 명예가 진동한다. 성품이 온화하고 윗사람에게 공손하며 타고난 지혜와 인덕으로 성공운이 열린다. 가정이 화목하고 성공과 행복이 계속된다.
- 男金女金 : 금이 금을 만나 형제가 불화하고 패가망신한다. 고집이 강하여 가정적으로 사회적으로 융화하지 못하고 불화로 반목을 초래한다. 두뇌가 총명하고 재능이 출중하나 자만심이 높아 재물운이 없다. 간과 폐를 조심하라.
- 男金女水 : 금수상생하니 부귀복록이 많아 자손이 영리하고 부부간 금슬이 좋다. 음덕이 많다. 원만한 성격이나 병약하거나 숨은 근심이 우려된다. 총명하고 깔끔하다.
- 男水女木 : 수목상생이라 부부 금슬이 좋고 일가가 화목하여 부귀가 따른다. 윗사람의 덕이 크다. 후반 운세가 강하다. 노력한 만큼 재물과 명예를 얻게 되어 중년 이후 다복한 생활을 한다.
- 男水女火 : 수화상극이라 부부 불화하고 자손이 불효하여 자연히 어려워진다. 부모덕이 없고 윗사람에게 고통을 당한다. 고군분투하는 노력형이지만 주변협력이 적고 장애가 겹친다.
- 男水女土 : 토수상극이라 부부가 불화하고 자손이 불효하여 집안이 어렵고 재물이 부족하여 마침내 부부가 이별한다. 자만심이 지나쳐 잘못하고도 충고는 듣지 않고 애써 자기 합리화를 해서 어렵다. 아집을 버리고 협력을 요청하면 발전운이 기대된다.
- 男水女金 : 금수상생이라 부귀하고 자손이 번창해 풍족하고 화목하다. 품행이 바르고 성품이 어질며 책임을 끝까지 완수한다. 중년 이후 부귀영화를 누린다. 여성은 늦게 결혼하거나 일찍 결혼하면 실패하여 재혼해 가정을 꾸린다.
- 男水女水 : 물이 물을 만나니 재산이 풍족하고 영화와 명예를 얻고 자손이 번성하며 일생이 태평하다. 재능이 많고 총명하나 너무 과신하거나 방심하거나 허영에 들떠 재물을 낭비하면 평생 곤궁한 생활을 하게 된다. 근검절약하라.

4. 원진관계

원진(怨嗔)이란? 부부간에 까닭 없이 사소한 일로 미워하며 다툼수가 일어나 불화가 끊임없이 일어나는 관계를 말한다.

• 子(쥐)띠 – 未(양)띠	• 寅(범)띠 – 酉(닭)띠	• 辰(용)띠 – 亥(돼지)띠
• 丑(소)띠 – 午(말)띠	• 卯(토끼)띠 – 申(원숭이)띠	• 巳(뱀)띠 – 戌(개)띠

5. 생월(生月) 궁합(宮合) - 가취멸문법(嫁娶滅門法) : 여자가 태어날 달과 남자가 태어날 달을 비교해서 나쁜 인연은 피하자.

여자생월	남자생월	흉사풀이
정월	9월	남편이 부인 역할을 한다.
2월	8월	다툼이 끊이지 않는다.
3월	5월	건강이 좋지 못하다.
4월	6월	서로에게 등을 돌린다.
5월	정월	밖으로 나돌아 다닌다.
6월	12월	서로를 원망한다.
7월	3월	남편을 무서워 한다.
8월	10월	서로 자신의 이익만 챙긴다.
9월	4월	서로를 미워한다.
10월	11월	남편을 의심한다.
11월	2월	자손 근심이 생기고 단명한다.
12월	7월	무자식이나 자식일로 속태운다.

택일편

1. 생기복덕(生氣福德)표

택일을 할 때 가장 먼저 생각해야 할 것이 생기복덕이다. 좋은 날을 택일해도 복이 없는 날은 좋지 않다. 조견표는 결혼이나 장례, 개업, 이사 등등 모든 일에 두루두루 택일에 사용하는 매우 중요한 조견표다. 이 생기복덕조견표를 찾는 방법은 먼저 주인공의 나이를 보고, 사용하려는 날의 일진을 보고서 좋은가 나쁜가를 찾아보면 된다.

길(吉) : 아주 좋은 날, 평(平) : 보통날, 흉(凶) : 나쁜 날

성별	나이											구분 / 길흉	생기일 生氣日	천의일 天醫日	절체일 絶體日	유혼일 遊魂日	화해일 禍害日	복덕일 福德日	절명일 絶命日	귀혼일 歸魂日
													길吉	길吉	평平	평平	흉凶	길吉	흉凶	평平
남	2	10	18	26	34	42	50	58	66	74	82	90	戌·亥	午	丑·寅	辰·巳	子	未·申	卯	酉
여	10	18	26	34	42	50	58	66	74	82	90	98	개, 돼지	말	소, 호랑이	용, 뱀	쥐	양, 원숭이	토끼	닭
남	3	11	19	27	35	43	51	59	67	75	83	91	酉	卯	未·申	子	辰·巳	丑·寅	午	戌·亥
여	9	17	25	33	41	49	57	65	73	81	89	97	닭	토끼	양, 원숭이	쥐	용,뱀	소, 호랑이	말	개, 돼지
남	4	12	20	28	36	44	52	60	68	76	84	92	辰·巳	丑·寅	午	戌·亥	酉	卯	未·申	子
여	8	16	24	32	40	48	56	64	72	80	88	96	용, 뱀	소, 호랑이	말	개,돼지	닭	토끼	양, 원숭이	쥐
남	5	13	21	29	37	45	53	61	69	77	85	93	未·申	子	酉	卯	午	戌·亥	辰·巳	丑·寅
여		15	23	31	39	47	55	63	71	79	87	95	양, 원숭이	쥐	닭	토끼	말	개, 돼지	용, 뱀	소, 호랑이
남	6	14	22	30	38	46	54	62	70	78	86	94	午	戌·亥	辰·巳	丑·寅	未·申	子	酉	卯
여	7	14	22	30	38	46	54	62	70	78	86	94	말	개, 돼지	용, 뱀	소, 호랑이	양, 원숭이	쥐	닭	토끼
남	7	15	23	31	39	47	55	63	71	79	87	95	子	未·申	卯	酉	戌·亥	午	丑·寅	辰·巳
여	6	13	21	29	37	45	53	61	69	77	85	93	쥐	양, 원숭이	토끼	닭	개, 돼지	말	소, 호랑이	용, 뱀
남	8	16	24	32	40	48	56	64	72	80	88	96	卯	酉	子	未·申	丑·寅	辰·巳	戌·亥	午
여	5	12	20	28	36	44	52	60	68	76	84	92	토끼	닭	쥐	양, 원숭이	소, 호랑이	용, 뱀	개, 돼지	말
남	9	17	25	33	41	49	57	65	73	81	89	97	丑·寅	辰·巳	戌·亥	午	卯	酉	子	未·申
여	4	11	19	27	35	43	51	59	67	75	83	91	소, 호랑이	용, 뱀	개, 돼지	말	토끼	닭	쥐	양, 원숭이

- 생기일(生氣日) : 아주 좋은 일진. 결혼, 투자, 개업, 여행, 매매 등 모두 다 좋다.
- 천의일(天宜日) : 모든 일에 좋은 일진. 특히 질병치료나 상담, 수술 등에 좋다.
- 복덕일(福德日) : 모든 일에 좋은 일진. 창업이나 약혼 등 일의 시작도 좋다.
- 절체일(節體日) : 평범한 일진. 사용해도 괜찮다.
- 유혼일(遊魂日) : 평범한 일진. 사용해도 괜찮다.
- 화해일(禍害日) : 흉한 일진. 도난, 사고, 관재구설 등 따르니 피하는 것이 좋다.
- 절명일(絶命日) : 흉한 일진. 사고, 부상, 횡액 등이 따르니 피하는 것이 상책이다.
- 귀혼일(歸魂日) : 평범한 일진. 사용해도 괜찮다.

2. **백기일(百忌日)** : 해당되는 날에는 무슨 일이든 하면 좋지 않다고 하니 일상생활에서 될 수 있으면 이 날을 피해 좋은 일이 있기를 바라며 따져보는 날.

<table>
<tr><td>천간백기일
(天干百忌日)</td><td>• 甲不開倉(갑불개창) : 甲日엔 창고의 물건을 출고하거나 개업하지 말라.
• 乙不栽植(을불재식) : 乙日엔 파종을 하거나 나무와 화초를 심지 말라.
• 丙不修竈(병불수조) : 丙日엔 부뚜막이나 아궁이와 구들을 고치거나 만들지 말라.
• 丁不削髮(정불삭발) : 丁日엔 이발을 하거나 머리를 손질하지 말라.
• 戊不受田(무불수전) : 戊日엔 토지,전답을 매매하거나 상속받지 말라.
• 己不破券(기불파권) : 己日엔 책이나 문서를 파손하거나 문서계약 파기를 하지 말라.
• 庚不經絡(경불경락) : 庚日엔 병원에서 수술이나 침, 뜸을 하지 말라.
• 辛不合醬(신불합장) : 辛日엔 간장이나 고추장을 담지 말라.
• 壬不決水(임불결수) : 壬日엔 논에 물을 가두거나 물길을 돌리지 말라.
• 癸不訟事(계불송사) : 癸日엔 고소나 송사 등 시비를 하지 말라.</td></tr>
<tr><td>지지백기일
(地支百忌日)</td><td>• 子不問卜(자불문복) : 子日엔 점을 치지 말라.
• 丑不冠帶(축불관대) : 丑日엔 약혼식이나 성인식 등 관대를 매지 말라.
• 寅不祭祀(인불제사) : 寅日엔 고사를 지내지 말라.
• 卯不穿井(묘불천정) : 卯日엔 우물이나 연못 등 구덩이를 파지 않고 수도를 설치하거나 수리하지 말라.
• 辰不哭泣(진불곡읍) : 辰日엔 서러운 일이 있어도 울지 말아야 한다.
• 巳不遠行(사불원행) : 巳日엔 먼 곳에 여행을 떠나거나 이사하지 말아라.
• 午不苫蓋(오불점개) : 午日엔 지붕을 덮지 않고 사냥을 하지 말라.
• 未不服藥(미불복약) : 未日엔 약을 먹거나 입원하지 말라.
• 申不安牀(신불안상) : 申日엔 책상이나 침구를 만들거나 사지 말라.
• 酉不會客(유불회객) : 酉日엔 손님을 초청하지 말고 접대를 하지 말라.
• 戌不乞狗(술불걸구) : 戌日엔 개를 집에 들이지 말라.
• 亥不嫁娶(해불가취) : 亥日엔 혼인을 하지 말라.</td></tr>
</table>

3. **황흑도(黃黑道)조견표** : 결혼 · 이사 · 기도 · 장례 등 큰일이나 작은 일이나 택일을 할 땐 좋은 날을 골라 택일을 했다. 황흑도조견표는 여러 행사를 택일할 때 두루두루 쓰였다. 달(月)로써 날(日)을 찾고, 날(日)로써 좋은 시간(時間)을 찾으면 된다.

<table>
<tr><td colspan="2" rowspan="2">택일할 날
시간
황도이름 길흉</td><td>날</td><td>시간</td><td>날</td><td>시간</td><td>날</td><td>시간</td><td>날</td><td>시간</td><td>날</td><td>시간</td><td>날</td><td>시간</td></tr>
<tr><td>정월
7월</td><td>寅日
申日</td><td>2월
8월</td><td>卯日
酉日</td><td>3월
9월</td><td>辰日
戌日</td><td>4월
10월</td><td>巳日
亥日</td><td>5월
11월</td><td>午日
子日</td><td>6월
12월</td><td>未日
丑日</td></tr>
<tr><td>청룡황도靑龍黃道</td><td>吉</td><td colspan="2">子</td><td colspan="2">寅</td><td colspan="2">辰</td><td colspan="2">午</td><td colspan="2">申</td><td colspan="2">戌</td></tr>
<tr><td>금궤황도金櫃黃道</td><td>吉</td><td colspan="2">辰</td><td colspan="2">午</td><td colspan="2">申</td><td colspan="2">戌</td><td colspan="2">子</td><td colspan="2">寅</td></tr>
<tr><td>명당황도明堂黃道</td><td>吉</td><td colspan="2">丑</td><td colspan="2">卯</td><td colspan="2">巳</td><td colspan="2">未</td><td colspan="2">酉</td><td colspan="2">亥</td></tr>
<tr><td>천덕황도天德黃道</td><td>吉</td><td colspan="2">巳</td><td colspan="2">未</td><td colspan="2">酉</td><td colspan="2">亥</td><td colspan="2">丑</td><td colspan="2">卯</td></tr>
<tr><td>천형흑도天刑黑道</td><td>凶</td><td colspan="2">寅</td><td colspan="2">辰</td><td colspan="2">午</td><td colspan="2">申</td><td colspan="2">戌</td><td colspan="2">子</td></tr>
<tr><td>주작흑도朱雀黑道</td><td>凶</td><td colspan="2">卯</td><td colspan="2">巳</td><td colspan="2">未</td><td colspan="2">酉</td><td colspan="2">亥</td><td colspan="2">丑</td></tr>
<tr><td>백호흑도白虎黑道</td><td>凶</td><td colspan="2">午</td><td colspan="2">申</td><td colspan="2">戌</td><td colspan="2">子</td><td colspan="2">寅</td><td colspan="2">辰</td></tr>
<tr><td>옥당황도玉堂黃道</td><td>吉</td><td colspan="2">未</td><td colspan="2">酉</td><td colspan="2">亥</td><td colspan="2">丑</td><td colspan="2">卯</td><td colspan="2">巳</td></tr>
<tr><td>천뇌흑도天牢黑道</td><td>凶</td><td colspan="2">申</td><td colspan="2">戌</td><td colspan="2">子</td><td colspan="2">寅</td><td colspan="2">辰</td><td colspan="2">午</td></tr>
<tr><td>현무흑도玄武黑道</td><td>凶</td><td colspan="2">酉</td><td colspan="2">亥</td><td colspan="2">丑</td><td colspan="2">卯</td><td colspan="2">巳</td><td colspan="2">未</td></tr>
<tr><td>사명황도司命黃道</td><td>吉</td><td colspan="2">戌</td><td colspan="2">子</td><td colspan="2">寅</td><td colspan="2">辰</td><td colspan="2">午</td><td colspan="2">申</td></tr>
<tr><td>구진흑도勾陳黑道</td><td>凶</td><td colspan="2">亥</td><td colspan="2">丑</td><td colspan="2">卯</td><td colspan="2">巳</td><td colspan="2">未</td><td colspan="2">酉</td></tr>
</table>

1. 年을 가리는 법

■ 혼인흉년(婚姻凶年) : 결혼을 할 때 여자나 남자에게 나쁜 해가 있다

	쥐띠	소띠	호랑이띠	토끼띠	용띠	뱀띠	말띠	양띠	원숭이띠	닭띠	개띠	돼지띠
여자흉년	묘卯	인寅	축丑	자子	해亥	술戌	유酉	신申	미未	오午	사巳	진辰
남자흉년	미未	신申	유酉	술戌	해亥	자子	축丑	인寅	묘卯	진辰	사巳	오午

2. 月을 가리는 법

■ 가취월(嫁娶月)

길월과 흉월의 해설 \ 띠		쥐띠 말띠	소띠 양띠	호랑이 원숭이	토끼 닭띠	용띠 개띠	뱀띠 돼지
대이월 大利月	모든 일이 길하고, 부귀영화를 누리는 달	6 12	5 11	2 8	1 7	4 10	3 9
방매씨월 妨媒氏月	연애결혼은 무난하나 중매결혼은 불길한 달	1 7	4 10	3 9	6 12	5 11	2 8
방옹고월 妨翁姑月	61세 이상의 노인이 계시면 그 노인이 해를 입는 달	2 8	3 9	4 10	5 11	6 12	1 7
방여부모월 妨女父母月	친정 부모님이 안 계실 때 사용하는 달	3 9	2 8	5 11	4 10	1 7	6 12
방부주월 妨夫主月	신랑에게 불길한 달	4 10	1 7	6 12	3 9	2 8	5 11
방여신월 妨女身月	신부에게 불길한 달	5 11	6 12	1 7	2 8	3 9	4 10

■ 살부대기월(殺夫大忌月)
여자의 띠로 보는 살부대기월은 이 달에 결혼하면 남편이 일찍 죽는다는 속설이 있다.

여자의 띠	쥐	소	호랑이	토끼	용	뱀	말	양	원숭이	닭	개	돼지
나쁜 달	1월 2월	4월	7월	11월	4월	5월	8월 12월	6월 7월	6월 7월	8월	12월	

3. 日을 가리는 법

■ 길일(吉日)

➔ 십전대길일(十全大吉日) : 이 날은 모든 덕이 서로 만나 더욱 더 좋은 날.

아주좋은 날	을축乙丑, 을사乙巳, 병자丙子, 정축丁丑, 정묘丁卯, 기축己丑, 신묘辛卯, 임자壬子, 계축癸丑, 계묘癸卯

➔ 음양부장길일(陰陽不將吉日) : 결혼에 있어서 음양부장길일은 가장 길한 날이다. 五合, 天德, 月德, 黃道, 生甲, 天恩, 母倉, 天赦, 大明, 十全大吉日 등에서 2~3개 이상의 길신을 겸하여 택일하면 아주 좋고, 십전대길일과 같이 택일이 되면 최상의 길일이 된다. 다만, 남녀본명일이나 禍害日, 絶命日과 婚姻總忌日을 피해야만 된다.

월별月別	좋은 날 吉日
정월	병자丙子, 병인丙寅, 정축丁丑, 정묘丁卯, 무자戊子, 무인戊寅, 기축己丑, 기묘己卯, 경자庚子, 경인庚寅, 신축辛丑, 신묘辛卯
2월	을축乙丑, 병자丙子, 병인丙寅, 병술丙戌, 정축丁丑, 무자戊子, 무인戊寅, 무술戊戌, 기축己丑, 경자庚子, 경인庚寅, 경술庚戌
3월	갑자甲子, 갑술甲戌, 을축乙丑, 을유乙酉, 병자丙子, 병술丙戌, 정축丁丑, 정유丁酉, 무자戊子, 무술戊戌, 기축己丑, 기유己酉
4월	갑자甲子, 갑신甲申, 갑술甲戌, 을유乙酉, 병자丙子, 병신丙申, 병술丙戌, 정유丁酉, 무자戊子, 무신戊申, 무술戊戌, 기유己酉
5월	갑신甲申, 갑술甲戌, 을미乙未, 을유乙酉, 병신丙申, 병술丙戌, 무신戊申, 무술戊戌, 계미癸未, 계유癸酉
6월	갑오甲午, 갑신甲申, 갑술甲戌, 을미乙未, 을유乙酉, 임오壬午, 임신壬申, 임술壬戌, 계미癸未, 계유癸酉
7월	갑오甲午, 갑신甲申, 을사乙巳, 을미乙未, 을유乙酉, 임오壬午, 임신壬申, 계사癸巳, 계미癸未, 계유癸酉
8월	갑진甲辰, 갑오甲午, 갑신甲申, 신사辛巳, 신미辛未, 임진壬辰, 임오壬午, 임신壬申, 계사癸巳, 계미癸未
9월	경진庚辰, 경오庚午, 신묘辛卯, 신사辛巳, 신미辛未, 임진壬辰, 임오壬午, 계묘癸卯, 계사癸巳, 계미癸未
10월	경인庚寅, 경진庚辰, 경오庚午, 신묘辛卯, 신사辛巳, 임인壬寅, 임진壬辰, 임오壬午, 계묘癸卯, 계사癸巳
11월	정축丁丑, 정묘丁卯, 정사丁巳, 기축己丑, 기사己巳, 경인庚寅, 경진庚辰, 신축辛丑, 신묘辛卯, 신사辛巳, 임인壬寅, 임진壬辰
12월	병자丙子, 병인丙寅, 병진丙辰, 정축丁丑, 정묘丁卯, 무자戊子, 무인戊寅, 무진戊辰, 기축己丑, 기묘己卯, 경자庚子, 경인庚寅, 경진庚辰, 신축辛丑, 신묘辛卯

➔ 오합일(五合日) : 오합일과 음양부장길일과 합일이 되면 영원히 크게 길하다고 전해지며, 月忌, 月殺, 十惡, 死甲 등의 흉신을 制化할 수 있는 길신이다.

명 칭	해 석	날 짜
일월합日月合	달과 해가 만난 것처럼 좋다.	갑인일甲寅日 · 을묘일乙卯日
음양합陰陽合	음과 양이 만나 태극을 이룬 듯 좋다.	병인일丙寅日 · 정묘일丁卯日
인민합人民合	사람들이 모여 큰뜻을 이룬 듯 좋다.	무인일戊寅日 · 기묘일己卯日
금석합金石合	금과 돌이 어울리듯 좋다.	경인일庚寅日 · 신묘일辛卯日
강하합江河合	강물들이 모여 큰 물을 이루듯 좋다.	임인일壬寅日 · 계묘일癸卯日

➔ 통용길일(通用吉日) : 부장길일 다음으로 좋은 날.

차길일次吉日	경인庚寅, 계사癸巳, 임오壬午, 을미乙未, 병진丙辰, 신유辛酉

➔ 사계길일(四季吉日)

춘春	을축乙丑, 병자丙子, 정축丁丑, 임오壬午, 기축己丑, 을미乙未, 임자壬子, 계축癸丑
하夏	을축乙丑, 정묘丁卯, 기축己丑, 계사癸巳, 을미乙未, 계묘癸卯, 을사乙巳, 을묘乙卯
추秋	병자丙子, 정축丁丑, 임오壬午, 신묘辛卯, 계사癸巳, 을미乙未, 계묘癸卯, 을사乙巳, 임자壬子, 계축癸丑
동冬	정묘丁卯, 계사癸巳, 신묘辛卯, 계묘癸卯, 을사乙巳, 을묘乙卯

■ 흉일(凶日)

➔ 혼인총기일(婚姻總忌日) : 혼인 택일에 가장 기피하는 흉일.

	정월	2월	3월	4월	5월	6월	7월	8월	9월	10월	11월	12월
천강(天罡)	巳	子	未	寅	酉	辰	亥	午	丑	申	卯	戌
하괴(河魁)	亥	午	丑	申	卯	戌	巳	子	未	寅	酉	辰
천적(天賊)	辰	酉	寅	未	子	巳	戌	卯	申	丑	午	亥
홍사(紅紗)	酉	巳	丑	酉	巳	丑	酉	巳	丑	酉	巳	丑
피마(披麻)	子	酉	午	卯	子	酉	午	卯	子	酉	午	卯
수사(受死)	戌	辰	亥	巳	子	午	丑	未	寅	申	卯	酉
월살(月殺)	丑	戌	未	辰	丑	戌	未	辰	丑	戌	未	辰
월파(月破)	申	酉	戌	亥	子	丑	寅	卯	辰	巳	午	未
월염(月厭)	戌	酉	申	未	午	巳	辰	卯	寅	丑	子	亥
염대(厭對)	辰	卯	寅	丑	子	亥	戌	酉	申	未	午	巳

➔ 월기일(月忌日) – 매월 5일, 14일, 23일

➔ 십악일(十惡日)

甲己年	• 3월 戊戌日 • 7월 癸亥日 • 10월 丙申日 • 11월 丁亥日
乙庚年	• 4월 壬申日 • 9월 乙巳日
丙辛年	• 3월 辛巳日 • 9월 庚辰日
丁壬年	• 無忌 – 해로운 날이 없다.
戊癸年	• 6월 丑日

➔ 가취대흉일 – 이 날도 흉한 날이라 택일에서 기피하는 날.

• 春 – 甲子日, 乙丑日	• 夏 – 丙子日, 丁丑日	• 秋 – 庚子日, 辛丑日	• 冬 – 壬子日, 癸丑日
• 1월 5월 9월의 庚日	• 2월 6월 10월의 乙日	• 3월 7월 11월의 丙日	• 4월 8월 12월의 癸日

➔ 상부상처일(喪夫喪妻日) : 사별수(死別數)가 있어 배우자를 잃는다고 하여 택일 때 피하는 날.

성별性別	월별月別	간지干支
상처살喪妻殺 : 부인에게 해로운 날	정월, 2월, 3월	병오일丙午日 · 정미일丁未日
상부살喪夫殺 : 남편에게 해로운 날	10월, 11월, 12월	임자일壬子日 · 계해일癸亥日

➔ 고과일 : 여자의 띠로 보는 이 살은 이별수가 있어 별거나 외로움이 있다고 택일하는데 피하는 살.

	띠에 해당하는 고과살 일진			
여성의 띠	亥年 돼지띠 子年 쥐띠 丑年 소띠	寅年 호랑이띠 卯年 토끼띠 辰年 용띠	巳年 뱀띠 午年 말띠 未年 양띠	申年 원숭이띠 酉年 닭띠 戌年 개띠
피해야 할 날	寅日 호랑이날 戌日 개날	巳日 뱀날 丑日 소날	申日 원숭이날 辰日 용날	亥日 돼지날 未日 양날

성조택일문(成造擇日門)=양택(陽宅)

천기대요에는 성조택일의 중요성을 아래와 같이 강조하고 있다.

"세인들에게 오로지 성조운으로 인하여 살림살이가 절단날 일이 많을 것이니, 마땅히 하늘의 천운과 땅의 지운을 얻어 본명과 합하는 것이 길할 것이다.[世人專用成造運 致敗者甚多 須用天運地運 俱合本命爲吉]" 라고 강조했다.

또 황제가 구천현녀에게 "세인(世人)이 선택한 일진(日辰)에 따라 가옥을 건립하거나 수리하는데, 어찌 흥하고 망하는 것이 다른가?" 하고 물으니 현녀가 대답하기를 "무릇 가택을 건립하는 데는 하늘과 땅의 기운이 서로 통하고 육합, 삼신, 생병사 갑순과 전길일을 만나는 날에 조작하면 만사가 대길하고, 현무, 구진, 주작, 백호를 만나는 날에 조작하면 크게 불리합니다." 고 하였다.

옛 어른들이 이렇듯 성조운이 중요하다 강조하니 길한 성조운을 알아보자.

1. 삼갑년(三甲年)

60갑자(甲子)를 육갑(六甲)으로 나누어 생갑순(生甲旬), 병갑순(病甲旬), 사갑순(死甲旬)으로 분류하여 당해년의 지지(地支)를 기준으로 일진(日辰)의 길흉(吉凶)을 보는 법이다. 이사, 입택, 혼인, 성조(양택), 취임, 부임 등에는 생갑순(生甲旬)은 길하고, 병갑순(病甲旬)은 불리하며, 사갑순(死甲旬)에는 아주 불길하여 사망과 질병이 따른다. 반대로 매장(埋葬)과 같은 장사(葬事)에는 사갑순(死甲旬)의 일진이 대길하고, 병갑순(病甲旬)의 일진은 평이하며, 생갑순(生甲旬)의 일진에는 불리하여 재물의 손실을 크게 입는다.

해당년	생병사	갑순중	일진
子年 午年 卯年 酉年	생갑년	갑자순	갑자, 을축, 병인, 정묘, 무진, 기사, 경오, 신미, 임신, 계유
		갑오순	갑오, 을미, 병신, 정유, 무술, 기해, 경자, 신축, 임인, 계묘
	병갑년	갑인순	갑인, 을묘, 병진, 정사, 무오, 기미, 경신, 신유, 임술, 계해
		갑신순	갑신, 을유, 병술, 정해, 무자, 기축, 경인, 신묘, 임진, 계사
	사갑년	갑진순	갑진, 을사, 병오, 정미, 무신, 기유, 경술, 신해, 임자, 계축
		갑술순	갑술, 을해, 병자, 정축, 무인, 기묘, 경진, 신사, 임오, 계미
辰年 戌年 丑年 未年	생갑년	갑진순	갑진, 을사, 병오, 정미, 무신, 기유, 경술, 신해, 임자, 계축
		갑술순	갑술, 을해, 병자, 정축, 무인, 기묘, 경진, 신사, 임오, 계미
	병갑년	갑자순	갑자, 을축, 병인, 정묘, 무진, 기사, 경오, 신미, 임신, 계유
		갑오순	갑오, 을미, 병신, 정유, 무술, 기해, 경자, 신축, 임인, 계묘
	사갑년	갑인순	갑인, 을묘, 병진, 정사, 무오, 기미, 경신, 신유, 임술, 계해
		갑신순	갑신, 을유, 병술, 정해, 무자, 기축, 경인, 신묘, 임진, 계사
寅年 申年 巳年 亥年	생갑년	갑인순	갑인, 을묘, 병진, 정사, 무오, 기미, 경신, 신유, 임술, 계해
		갑신순	갑신, 을유, 병술, 정해, 무자, 기축, 경인, 신묘, 임진, 계사
	병갑년	갑진순	갑진, 을사, 병오, 정미, 무신, 기유, 경술, 신해, 임자, 계축
		갑술순	갑술, 을해, 병자, 정축, 무인, 기묘, 경진, 신사, 임오, 계미
	사갑년	갑자순	갑자, 을축, 병인, 정묘, 무진, 기사, 경오, 신미, 임신, 계유
		갑오순	갑오, 을미, 병신, 정유, 무술, 기해, 경자, 신축, 임인, 계묘

2. 성조 본명사각법(成造 本命四角法)

성조운(成造運)에는 대체로 이 성조본명사각법을 사용하는 것이 좋은데, 가주(家主)의 나이가 기준이 된다.

구궁도의 곤궁(坤宮)에서 1세를 시작하여 태궁(兌宮)은 2세, 건궁(乾宮)은 3세, 감궁(坎宮)은 4세, 중궁(中宮)은 5세, 간궁(艮宮)은 6세, 진궁(震宮)은 7세, 손궁(巽宮)은 8세, 이궁(離宮)은 9세, 그리고 다시 곤궁(坤宮)엔 10세, 태궁(兌宮)엔 11세,

건궁(乾宮)엔 12세, 감궁(坎宮)엔 13세, 간궁(艮宮)엔 14세, 중궁(中宮)엔 15세, 진궁(震宮)엔 16세의 순서로 계속 짚어가다가 집을 짓거나 개수하고자 하는 가주(家主)의 나이에 해당되는 난을 찾는다. 단 5세, 15세, 25세, 35세, 45세, 50세, 55세, 65세, 75세, 85세, 95세는 무조건 중궁(中宮)에 들어가도록 배치한다.

그러므로 성조본명사각법은 아래 구궁도처럼 다른 궁위로 들어갔다가도 다시 중궁에 들어오는 순서로 짚어가야 한다. 사정위(四正位)인 감(坎), 진(震), 이(離), 태(兌)에 해당되면 성조(成造)에 대길(大吉)한 연령이고, 사유위(四維位)인 건(乾), 곤(坤), 간(艮), 손(巽)과 중궁(中宮)에 위치하면 사각위(四角位)이라 대단히 흉(凶)한 연령이다.

■ 부모님이 생존할 때 성조본명사각도 :

妻四角	吉運	母四角
吉運	蠶四角	吉運
自四角	吉運	父四角

■ 부모님이 돌아가신 후 성조본명사각도 :

女四角	吉運	妻四角
吉運	蠶四角	吉運
子四角	吉運	自四角

■ 성조본명사각조견표

손(巽) : 흉(凶) 8, 17, 26, 34, 43, 53, 62, 71, 80, 89, 98	이(離) : 대길(大吉) 9, 18, 27, 36, 44, 54, 63, 72, 81, 90, 99	곤(坤) : 흉(凶) 1, 10, 19, 28, 37, 46, 56, 64, 73, 82, 91, 100
진(震) : 대길(大吉) 7, 16, 24, 33, 42, 52, 61, 70, 79, 88, 97	중궁(中宮) : 흉(凶) 5, 15, 25, 35, 45, 50, 55, 65, 75, 85, 95	태(兌) : 대길(大吉) 2, 11, 20, 29, 38, 47, 57, 66, 74, 83, 92
간(艮) : 흉(凶) 6, 14, 23, 32, 41, 51, 60, 69, 78, 87, 96	감(坎) : 대길(大吉) 4, 13, 22, 31, 40, 49, 59, 68, 77, 86, 94	건(乾) : 흉(凶) 3, 12, 21, 30, 39, 48, 58, 67, 76, 84, 93

이때 간궁(艮宮)을 자사각(自四角)이나 자사각(子四角)이라 하고, 손궁(巽宮)은 처사각(妻四角), 여사각(女四角)이라 하고, 곤궁(坤宮)은 모사각(母四角), 처사각(妻四角)이라 하고, 건궁(乾宮)은 부사각(父四角), 자사각(自四角)이라 하고, 중궁(中宮)은 잠사각(蠶四角)이라고 한다. 이 사각위 조견표의 화복은 다음과 같다. 자사각(自四角), 자사각(子四角) : 50세 전에는 가주 자신한테 안 좋고, 부모님이 돌아가신 50세 이후에 아들에게 해로운 나이로 집의 신축이나 개수를 할 수 없다. 패가망신(敗家亡身)이 따르고, 해롭다. 처사각(妻四角), 모사각(母四角) : 가주의 나이가 이 사각에 해당되는 해에 집을 새로 짓거나 개수하면 모친이나 부인의 신상에 안 좋은 일이 발생한다. 해당자가 없으면 무관하다. 부사각(父四角), 자사각(自四角) : 가주의 나이가 이 사각에 해당되는 해에 집을 새로 짓거나 개축하면 가주의 부친이나 본인에게 안 좋은 일이 발생한다. 만약 부친이 이미 사망했으면 본인에게만 해당되며 해롭다. 잠사각 (蠶四角) : 가주의 나이가 잠사각에 해당되는 해에 집을 신개축(新改築)하면 사업이 파산(破産)한다. 처사각(妻四角), 여사각(女四角) : 가주의 나이가 이 사각에 해당되는 해에 집을 새로 짓거나 개수하면 부인이나 딸에게 해롭다. 해당자가 없으면 무방하다.

3. 금루사각법(金樓四角法)

금루사각법(金樓四角法)을 볼 때는 가장(家長)의 나이가 기준이 된다.

구궁도(九宮圖)의 태궁(兌宮)에서 1세를 시작하여 건궁(乾宮)은 2세, 감궁(坎宮)은 3세, 중궁(中宮)은 4세와 5세, 그리고 간궁(艮宮)은 6세, 진궁(震宮)은 7세, 손궁(巽宮)은 8세, 이궁(離宮)은 9세, 곤궁(坤宮)이 10세, 그리고 다시 태궁(胎宮)이 11세, 건궁(乾宮)이 12세의 순서로 짚어가다가 집을 짓고자 하는 나이에 해당한 위치를 찾는다. 만약 감(坎), 진(震), 이(離), 태(兌) 사정위(四正位)에 위치하면, 그 해에 집을 새로 짓거나 수리를 하면 대길하다.
그러나 사유위(四維位)인 건(乾), 곤(坤), 간(艮), 손(巽)과 중궁(中宮)에 나이가 해당되면 사각위(四角位)가 되는데, 이 해에 집의 신축하거나 개수를 하면 재물이 불길하다.

■ 금루사각조견표

손(巽) : 불길(不吉) 8, 18, 28, 38, 48, 58, 68, 78 88, 98	이(離) : 대길(大吉) 9, 19, 29, 39, 49, 59, 69, 79, 89, 99	곤(坤) : 불길(不吉) 10, 20, 30, 40, 50, 60, 70, 80, 90, 100
진(震) : 대길(大吉) 7, 17, 27, 37, 47, 57, 67, 77, 87, 97	중궁(中宮) : 불길(不吉) 4, 5, 14, 15, 24, 25, 34, 35, 44, 45, 54, 55, 64, 65, 74, 75, 84, 85, 94, 95	태(兌) : 대길(大吉) 1, 11, 21, 31, 41, 51, 61, 71, 81, 91
간(艮) : 불길(不吉) 6, 16, 26, 36, 46, 56, 66, 76, 86, 86, 96	감(坎) : 대길(大吉) 3, 13, 23, 33, 43, 53, 63, 73, 83, 93	건(乾) : 불길(不吉) 2, 12, 22, 32, 42, 52, 62, 72, 82, 92

4. 조문길일(造門吉日)

이 조문길일에는 새집이나 옛 집을 막론하고 대문, 방문, 부엌문, 창문 등 문을 만들어 달거나, 새로 문을 내는데 아주 길한 날이다. 갑자(甲子), 을축(乙丑), 신미(辛未), 계유(癸酉), 갑술(甲戌), 임오(壬午), 갑신(甲申), 을유(乙酉), 무자(戊子), 기축(己丑), 신묘(辛卯), 계사(癸巳), 을미(乙未), 기해(己亥), 경자(庚子), 임인(壬寅), 무신(戊申), 임자(壬子), 갑인(甲寅), 병진(丙辰), 무오(戊午) 일진에 황도(黃道), 생기(生氣), 천덕(天德), 월덕(月德) 등의 길신(吉神)이 합해지면 더욱 좋은 날이 된다.
하지만 봄에는 동문(東門), 여름에는 남문(南門), 가을에는 서문(西門), 겨울에는 북문(北門)을 새로 만들어 달거나 수리를 하는 것은 불길하다.

5. 수문길일(修門吉日)

수문길일은 대문, 방문, 부엌문, 창문 등 문을 수리하는데 길한 날이다.
음력으로 큰달과 작은달의 길한 날과 불길한 날에 차이가 있다. 아래 조견표를 보면서 찾아보자.
큰달과 작은달 날짜에 ○표를 만나면 대길(大吉)하고, ●표를 만나면 가축(家畜)에 손실이 있으며, 인(人)자를 만나면 사람에게 손해(損害)가 있어서 불리(不利)하다.

작은달	1	2	3	4	5	6	7	8	9	10	11	12	13	14	15	16	17	18	19	20	21	22	23	24	25	26	27	28	29	
	○	○	●	●	●	○	○	人	人	人	○	○	○	●	●	●	○	○	○	人	人	人	○	○	●	●	●	○	○	○
큰달	30	29	28	27	26	25	24	23	22	21	20	19	18	17	16	15	14	13	12	11	10	9	8	7	6	5	4	3	2	1

○ : 대길　　● : 가축 손해　　人 : 사람에게 손해 불리

1. 이사방위길흉도 : 이사할 때도 나이와 성별에 따라 좋은 방향, 나쁜 방향이 있다. 나이와 성별에 따라 조견표를 찾아보고 각자 이사에 좋은 방향을 알아보자.

방향풀이 \ 길흉 \ 성별 \ 나이											
			1	2	3	4	5	6	7	8	9
			10	11	12	13	14	15	16	17	18
			19	20	21	22	23	24	25	26	27
			28	29	30	31	32	33	34	35	36
			37	38	39	40	41	42	43	44	45
			46	47	48	49	50	51	52	53	54
			55	56	57	58	59	60	61	62	63
			64	65	66	67	68	69	70	71	72
			73	74	75	76	77	78	79	80	81
			82	83	84	85	86	87	88	89	90
천록방(天祿方) 직장에서 진급되고 월급이 오름	길 吉	남	東方	西南	北方	南方	東北	西方	西北	中央	東南
		여	東南	東方	西南	北方	南方	東北	西方	西北	中央
안손방(眼損方) 재물을 잃고 눈에 병이 생김	흉 凶	남	東南	東方	西南	北方	南方	東北	西方	西北	中央
		여	中央	東南	東方	西南	北方	南方	東北	西方	西北
식신방(食神方) 재물이 쌓이고 의식이 풍족함	길 吉	남	中央	東南	東方	西南	北方	南方	東北	西方	西北
		여	西北	中央	東南	東方	西南	北方	南方	東北	西方
징파방(徵破方) 재물 잃고 사업부진으로 궁핍해짐	흉 凶	남	西北	中央	東南	東方	西南	北方	南方	東北	西方
		여	西方	西北	中央	東南	東方	西南	北方	南方	東北
오귀방(五鬼方) 재앙과 질병이 생김	평 平	남	西方	西北	中央	東南	東方	西南	北方	南方	東北
		여	東北	西方	西北	中央	東南	東方	西南	北方	南方
합식방(合食方) 재산과 곡식이 저절로 쌓임	길 吉	남	東北	西方	西北	中央	東南	東方	西南	北方	南方
		여	南方	東北	西方	西北	中央	東南	東方	西南	北方
진귀방(進鬼方) 걱정과 질병이 많음	평 平	남	南方	東北	西方	西北	中央	東南	東方	西南	北方
		여	北方	南方	東北	西方	西北	中央	東南	東方	西南
관인방(官印方) 평인은 직업을 얻고 직장인은 진급함	길 吉	남	北方	南方	東北	西方	西北	中央	東南	東方	西南
		여	西南	北方	南方	東北	西方	西北	中央	東南	東方
퇴식방(退食方) 재물이 점점 줄어듬	흉 凶	남	西南	北方	南方	東北	西方	西北	中央	東南	東方
		여	東方	西南	北方	南方	東北	西方	西北	中央	東南

2. 태백살방(太白殺方) : 손 있는 날이라고도 하는 태백살은 예로부터 이사를 택일할 때 피하는 살이다.

날짜	방향
1일, 11일, 21일	정동방正東方
2일, 12일, 22일	동남방東南方
3일, 13일, 23일	정남방正南方

날짜	방향
4일, 14일, 24일	서남방西南方
5일, 15일, 25일	정서방正西方
6일, 16일, 26일	서북방西北方

날짜	방향
7일, 17일, 27일	정북방正北方
8일, 18일, 28일	북동방北東方
9일, 10일, 19일, 29일, 30일	상천방上天方

3. **삼지방(三支方)** : 해마다, 달마다, 날마다 각각 해로운 방향이 있어서 이사를 하는데 선조들은 지혜롭게 피했다.

연삼지年三支	해당방향
申年 원숭이해 子年 쥐해 辰年 용해	亥 · 子 · 丑 해 · 자 · 축 북방쪽
巳年 뱀해 酉年 닭해 丑年 소해	申 · 酉 · 戌 신 · 유 · 술 서방쪽
寅年 호랑이해 午年 말해 戌年 개해	巳 · 午 · 未 사 · 오 · 미 남방쪽
亥年 돼지해 卯年 토끼해 未年 양해	寅 · 卯 · 辰 인 · 묘 · 진 동방쪽

월삼지月三支	해당방향
정월	인 · 묘 · 진寅 · 卯 · 辰, 동방쪽
2월	축 · 진 丑 · 辰, 중앙
3월	유酉, 서방쪽
4월	자子, 북방쪽
5월	묘卯, 동방쪽
6월	술戌, 중앙
7월	신申, 서방쪽
8월	자子, 북방쪽
9월	묘卯, 동방쪽
10월	오午, 남방쪽
11월	사巳, 남방쪽
12월	자子, 북방쪽

일삼지日三支	해당방향
寅日 호랑이날 午日 말날 戌日 개날	申酉戌 신유술 서방쪽
申日 원숭이날 子日 쥐날 辰日 용날	寅卯辰 인묘진 동방쪽
巳日 뱀날 酉日 닭날 丑日 소날	亥子丑 해자축 북방쪽
亥日 돼지날 卯日 토끼날 未日 양날	巳午未 사오미 남방쪽

행사택일

1. 이사길흉일

■ **신가옥 입택 길흉일** : 새로 건축한 새집에 입택이나 이사를 할 때 좋은 날.

길일吉日	갑자甲子, 을축乙丑, 병인丙寅, 정묘丁卯, 기사己巳, 경오庚午, 신미辛未, 갑술甲戌, 을해乙亥, 정축丁丑, 계미癸未, 갑신甲申, 경인庚寅, 임진壬辰, 을미乙未, 경자庚子, 임인壬寅, 계묘癸卯, 병오丙午, 정미丁未, 경술庚戌, 계축癸丑, 을묘乙卯, 기미己未, 경신庚申, 신유辛酉, 천덕天德, 월덕月德, 천은天恩, 황도黃道, 모창상길일母倉上吉日, 천덕합天德合, 월덕합月德合, 만滿, 성成, 개일開日, 역마일驛馬日
불길일不吉日	귀기歸忌, 복단伏斷, 수사受死, 천적天賊, 정충正沖, 건建, 파破, 평平, 수일收日, 가주본명일家主本命日

■ **구가옥 입택 길일** : 아주 오래된 고택에 이사하면 좋은 날.

春 3개월 – 甲寅일	夏 3개월 – 丙寅일	秋 3개월 – 庚寅일	冬 3개월 – 壬寅일

2. 출행

■ **출행길일(出行吉日)** : 여행이나 해외여행 또는 원행에는 禍害일이나 絶命일의 피하는 것이 좋고 忌日을 피하여 사용.

길일吉日	甲子, 乙丑, 丙寅, 丁卯, 戊辰, 庚午, 辛未, 甲戌, 乙亥, 丁丑, 己卯, 甲申, 丙戌, 己丑, 庚寅, 辛卯, 甲午, 乙未, 庚子, 辛丑, 壬寅, 癸卯, 丙午, 丁未, 己酉, 壬子, 癸丑, 甲寅, 乙卯, 庚申, 辛酉, 壬戌, 癸亥, 驛馬, 天馬, 四相, 建, 滿, 成, 開日
불길일不吉日	往亡. 四離, 四絶, 受死, 歸忌, 天賊, 巳日, 破, 平, 收, 滅沒

■ 행선길일 : 진수식이나 선박이 출항이나 입수에 아주 좋은 날이다. 忌日을 피하여 사용.

길일吉日	乙丑, 丙寅, 丁卯, 戊辰, 丁丑, 戊寅, 壬午, 乙酉, 辛卯, 甲午, 乙未, 庚子, 辛丑, 壬寅, 辛亥, 丙辰, 戊午, 己未, 辛酉, 天祐, 天恩, 普護, 復日, 滿, 成, 開日
불길일不吉日	風波, 河伯, 白浪. 天賊, 受死, 月破, 長, 箕, 宿, 水隔, 八風, 覆船, 伏斷, 建, 破, 危, 往亡, 歸忌

3. 기도

■ 기도일(祇禱日) : 무엇이든 원하는 일이 있을 때 정성껏 기도하면 효험이 있는 날.

길일	임신壬申, 을해乙亥, 병자丙子, 정축丁丑, 임오壬午, 계미癸未, 정해丁亥, 기축己丑, 신묘辛卯, 임진壬辰, 갑오甲午, 을미乙未, 정유丁酉, 임자壬子, 갑진甲辰, 무신戊申, 을묘乙卯, 병진丙辰, 무오戊午, 임술壬戌, 계해癸亥, 복생福生, 황도黃道, 천은天恩, 천사天赦, 천덕합天德合, 복덕福德, 월덕月德, 정定, 성成, 개開, 천덕天德, 모창상길일母倉上吉日
불길일	인寅, 수사受死, 천구天狗, 천구하식시天狗下食時, 건建, 파破, 평平, 수收

■ 불공길일 : 이날 불공을 드리면 만가지 복이 찾아오는 날.

길일	갑자甲子, 을축乙丑, 병인丙寅, 경오庚午, 갑술甲戌, 부인戊寅, 을유乙酉, 무자戊子, 기축己丑, 신묘辛卯, 갑오甲午, 병신丙申, 계묘癸卯, 정미丁未, 계축癸丑, 갑인甲寅, 병진丙辰, 신유辛酉
불길일	병오丙午, 임진壬辰, 을해乙亥, 정묘丁卯, 을묘乙卯

■ 산신제일(山神祭日) : 산에 관계되는 사람과 행사에 제를 올리면 좋은 효험이 있는 날.

길일	갑자甲子, 을해乙亥, 을유乙酉, 을묘乙卯, 병자丙子, 병술丙戌, 경술庚戌, 신묘辛卯, 임신壬申, 갑신甲申, 산신하강일
불길일	산명일山鳴日, 천구일天狗日, 산격일山隔日

■ 수신제일(水神祭日) : 용왕신, 해신, 수신한테 기도하는 날이지만, 배의 진수식에도 좋고, 물과 관계되는 모든 일에 동일하게 사용할 수 있는 날.

길일	경오庚午, 신미辛未, 임신壬申, 계유癸酉, 갑술甲戌, 경자更子, 신유辛酉, 제除, 만滿, 집執, 성成, 개開
불길일	천구일天狗日, 수명일水鳴日

■ 지신제일(地神祭日) : 땅에 관계되는 사람과 행사에 제를 올리면 효험이 특별한 날.

길일	매달 3일, 7일, 15일, 22일, 26일
불길일	지격일地隔日, 지명일地鳴日, 매월 13일, 25일

■ 조회신상개광일(雕繪神像開光日) : 신상을 그리거나 조각하고 세우는 일에 좋은 날.

길일	계미癸未, 을미乙未, 정유丁酉, 갑진甲辰, 경술庚戌, 신해辛亥, 병진丙辰, 무오戊午, 춘추2계春秋2季 = 위危 · 심心 · 필畢 · 장張, 동하2계冬夏2季 = 방房 · 허虛 · 성星, 앙昴

■ 제사일(祭祀日)과 고사일(告祀日) : 제를 지내면 복을 받는 날.

길일	천은天恩, 천사天赦, 월덕月德) 천덕합天德合, 월덕합月德合, 모창상길일母倉上吉日, 가주본명의 생기복덕일, 갑자甲子, 을축乙丑, 정묘丁卯, 무진戊辰, 신미辛未, 임신壬申, 갑술甲戌, 경진庚辰, 임오壬午, 갑신甲申, 병신丙申, 정유丁酉, 을사乙巳, 정미丁未, 기유己酉, 을묘乙卯, 기미己未, 신유辛酉, 계유癸酉, 기묘己卯, 정축丁丑, 을유乙酉, 병술丙戌, 정해丁亥, 신묘辛卯, 을미乙未, 경술庚戌, 병진丙辰, 정사丁巳, 무오戊午, 계해癸亥
불길일	인일寅日, 천구일天狗日, 천구하식시天狗下食時, 유화遊禍, 건建, 파破

■ 칠성기도일(七星祇禱日) : 칠성에 기도하는 날 – 하늘과 산에 기도하면 특히 효험이 있는 날.

정월(寅月)	3일, 7일, 15일, 22일, 26일, 27일	▶ 겹치면 피하는 날 : 복단일(伏斷日) 본명일(本命日) 육해일(六害日) ▶겹치면 더욱 좋은 날 : 생기일(生氣日) 복덕일(福德日) 천덕일(天德日) 월덕일(月德日)
2월(卯月)	3일, 7일, 8일, 15일, 22일, 26일, 27일	
3월(辰月)	3일, 7일, 8일, 15일, 22일, 26일, 27일	
4월(巳月)	3일, 7일, 8일, 15일, 22일, 26일, 27일	
5월(午月)	3일, 7일, 8일, 15일, 22일, 26일, 27일	
6월(未月)	3일, 7일, 8일, 15일, 22일, 26일, 27일	
7월(申月)	3일, 7일, 15일, 22일, 27일	
8월(酉月)	3일, 7일, 8일, 11일, 15일, 19일, 22일, 27일	
9월(戌月)	3일, 7일, 8일, 15일, 19일, 22일, 27일	
10월(亥月)	3일, 7일, 8일, 15일, 22일, 27일, 28일	
11월(子月)	3일, 7일, 8일, 15일, 25일, 27일	
12월(丑月)	3일, 7일, 15일, 26일, 27일	

■ 조왕상천일(竈王上天日) : 주방을 깨끗이 청소하고 수리하면 가정이 화목하고 건강해지는 좋은 날.

길일	을축乙丑, 을미乙未, 을유乙酉, 기묘己卯

3. 재일법회(齋日法會)

법회는 부처님의 가르침을 널리 펴는 모든 의식으로 크게 6재일 법회와 10재일 법회 두 가지로 나눈다.

6재일이란 1년 중 정월과 5월 그리고 9월에 1일부터 15일까지 특별선행 강조기간을 정하고 몸과 입과 뜻을 깨끗하게 닦는 것이고, 10재일은 한 달 중 10일을 특별성현일로 정해 예배와 염불로 3업을 깨끗이 하는 것이다. 그러나 10재일 순행에 매이지 말고, 각자 사정에 맞게 열심히 자신의 생활을 점검하며 몸과 마음을 수행하고 기도하면 반드시 좋은 일이 있을 것이다.

■ 10재일순행표(十齋日順行表)

일자	재일명	원부처님	해당출생자
1일	정광재일	진광대왕	경오생, 신미생, 임신생, 계유생, 갑술생, 을해생
8일	약사재일	조강대왕	무자생, 기축생, 경인생, 신묘생, 임진생, 계사생
14일	현겁천재일	송재대왕	임오생, 계미생, 갑신생, 을유생, 병술생, 정해생
15일	아미타재일	오관대왕	갑자생, 을축생, 병인생, 정묘생, 무진생, 기사생
18일	지장재일	염라대왕	경자생, 신축생, 임인생, 계묘생, 갑진생, 을사생
23일	대세지재일	변성대왕	병자생, 정축생, 무인생, 기묘생, 경진생, 신사생
24일	관세음재일	태산대왕	갑오생, 을미생, 병신생, 정유생, 무술생, 기해생
28일	노사나재일	평등대왕	병오생, 정미생, 무신생, 기유생, 경술생, 신해생
29일	약왕재일	도시대왕	임자생, 계축생, 갑인생, 을묘생, 병진생, 정사생
30일	석가모니재일	오도전륜대왕	무오생, 기미생, 경신생, 신유생, 임술생, 계해생

4. 상량일 : 건축물에 대들보 올리는 날.

길일	황도黃道, 천덕天德, 월덕月德, 성成, 개일開日, 갑자甲子, 을축乙丑, 정묘丁卯, 무진戊辰, 기사己巳, 경오庚午, 신미辛未, 임신壬申, 갑술甲戌, 병자丙子, 무인戊寅, 경진庚辰, 임오壬午, 갑신甲申, 병술丙戌, 무자戊子, 경인庚寅, 갑오甲午, 병신丙申, 정유丁酉, 무술戊戌, 기해己亥, 경자庚子, 신축辛丑, 임인壬寅, 계묘癸卯, 을사乙巳, 정미丁未, 기유己酉, 정사丁巳, 신해辛亥, 계축癸丑, 을묘乙卯, 기미己未, 신유辛酉
불길일	주작흑도朱雀黑道, 천뢰天牢, 독화獨火, 월화月火, 빙소와해氷消瓦解, 천적天賊, 천온天瘟, 월파月破, 대모大耗, 천강天罡, 하괴河魁, 수사受死, 사폐四廢, 복단伏斷

5. 개업

■ 개업일(開業日) : 어떠한 업종이던지 개업을 할 때 사용하면 좋은 날.

길일	갑자甲子, 을축乙丑, 병인丙寅, 기사己巳, 경오庚午, 신미辛未, 갑술甲戌, 을해乙亥, 병자丙子, 기묘己卯, 임오壬午, 계미癸未, 갑신甲申, 경인庚寅, 신묘辛卯, 을미乙未, 기해己亥, 경자庚子, 계묘癸卯, 병오丙午, 임자壬子, 갑인甲寅, 을묘乙卯, 경신庚申,신유辛酉, 만滿, 개開

■ 개업식을 할 때 나이에 따라 피해야 할 날 : 명충(命沖)에 해당됨.

태어난 해 띠	子年生 쥐띠	丑年生 소띠	寅年生 호랑이띠	卯年生 토끼띠	辰年生 용띠	巳年生 뱀띠
피해야할 날	午日 말날	未日 양날	申日 원숭이날	酉日 닭날	戌日 개날	亥日 돼지날
태어난 해 띠	午年生 말띠	未年生 양띠	申年生 원숭띠	酉年生 닭띠	戌年生 개띠	亥年生 돼지띠
피해야할 날	子日 쥐날	丑日 소날	寅日 호랑이날	卯日 토끼날	辰日 용날	巳日 뱀날

의례서식儀禮書式

1. 봉투 서식

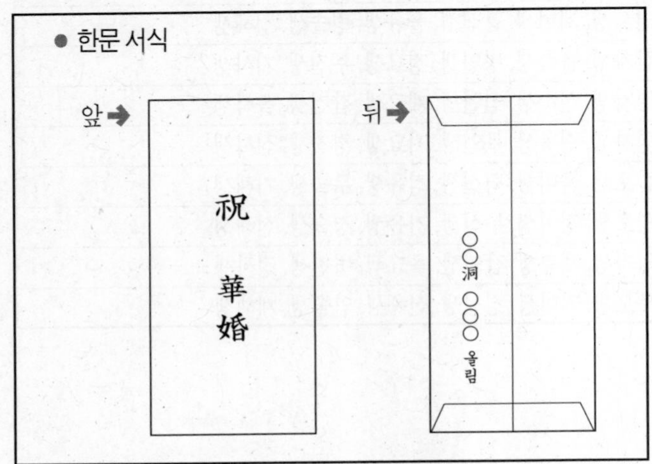

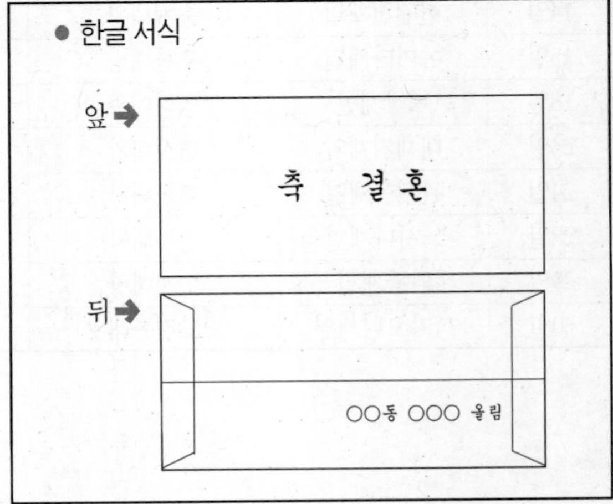

2. 봉투에 쓰는 문구

<table>
<tr><th colspan="2">행사명</th><th>문구</th></tr>
<tr><td colspan="2">약혼約婚</td><td>축약혼祝約婚</td></tr>
<tr><td colspan="2">결혼結婚</td><td>하하의賀賀儀, 축성혼祝聖婚, 축화혼祝華婚, 축성전祝盛典, 축결혼祝結婚</td></tr>
<tr><td colspan="2">수연壽筵</td><td>축회갑祝回甲, 축환갑祝環甲, 축주갑祝周甲, 축화갑祝華甲, 축화갑 祝花甲 61세,
축미수祝美壽 66세, 축고희祝古稀 70세, 축희수祝稀壽 77세, 축희수祝喜壽 77세,
축산수祝傘壽 80세, 축미수祝米壽 88세, 축백수祝白壽 99세, 축상수祝上壽 100세</td></tr>
<tr><td colspan="2">출산出產, 탄신誕辰</td><td>축순산祝順產, 축탄생祝誕生, 축공주탄생祝公主誕生, 축왕자탄생祝王子誕生, 축탄신祝誕辰</td></tr>
<tr><td colspan="2">환자위문患者慰問</td><td>기쾌유祈快癒, 기완쾌祈完快, 快癒를 祈願합니다, 빠른快癒</td></tr>
<tr><td rowspan="3">초상
初喪</td><td>초상初喪</td><td>조의弔儀, 조의弔意, 부의賻儀, 근조謹弔, 전의奠儀, 애도哀悼, 추모追慕, 추도追悼,
근도謹悼, 명복冥福, 향촉대香燭代</td></tr>
<tr><td>초상 표시初喪表示</td><td>기중忌中, 상중喪中</td></tr>
<tr><td>죽음의 표현들</td><td>* 亡人 : 죽은 사람 * 亡者 : 죽은 사람 * 亡子 : 죽은 아들 * 운명殞命
* 故人 : ①죽은 사람, ②오래된 벗 * 서거逝去 * 별세別世 * 소천召天 * 귀천歸天</td></tr>
<tr><td colspan="2">대소상大小喪</td><td>향전香奠, 전의奠儀, 비의菲儀, 비품菲品</td></tr>
<tr><td colspan="2">추도일追悼日, 기제사忌祭祀,
위령제慰靈祭</td><td>추도追悼, 추모追慕, 경모敬慕, 애모哀慕, 근도謹悼</td></tr>
<tr><td colspan="2">승진昇進, 취임就任, 영전榮轉</td><td>축승진祝昇進, 축영전祝榮轉, 축영진祝榮進, 축선임祝選任, 축중임祝重任, 축취임祝就任,
축연임祝連任</td></tr>
<tr><td colspan="2">개업開業, 이전移轉,
창립기념創立紀念</td><td>축발전祝發展, 축개업祝開業, 축번영祝繁榮, 축성업祝盛業, 축개장祝開場, 축개점祝開店,
축이전祝移轉, 축창립○주년祝創立○周年</td></tr>
<tr><td colspan="2">경선競選, 당선當選, 경연競演,
경기競技</td><td>축필승祝必勝, 축건승祝健勝, 축당선祝當選, 축입선祝入選, 축합격祝合格, 축피선祝被選,
축우승祝優勝, 축완승祝完勝, 축개선祝凱旋</td></tr>
<tr><td colspan="2">입학入學, 졸업卒業, 합격合格,
학위취득學位取得, 퇴임退任</td><td>축입학祝入學, 축졸업祝卒業, 축합격祝合格, 축개교祝開校, 축개교○주년祝開校○周年, 축
학위취득祝學位取得, 축정년퇴임祝停年退任, 송공頌功</td></tr>
<tr><td colspan="2">입주入住, 입택入宅, 개업開業,
건물 · 공장준공建物工場竣工</td><td>• 건물공장 ⇨ 축기공祝起工, 축상량祝上樑, 축완공祝完工, 축준공祝竣工, 축개통祝開通
• 입주입택 ⇨ 축입택祝入宅, 축입주祝入住, 가화만사성家和萬事成, 복류성해福流成海
• 개 업 ⇨ 축개원祝開院, 축개원祝開園, 축개관祝開館, 축제막식祝除幕式,
축만사형통祝萬事亨通</td></tr>
<tr><td colspan="2">전시회展示會, 연주회演奏會,
발표회發表會, 연극演劇</td><td>축전시회祝展示會, 축전람회祝展覽會, 축박람회祝博覽會, 축개인전祝個人展,
축연주회祝演奏會, 축독주회祝獨奏會, 축독창회祝獨唱會, 축합창회祝合唱會,
축발표회祝發表會, 축공연祝公演</td></tr>
<tr><td colspan="2">출판出版, 출간出刊,
출간기념出刊紀念</td><td>축창간祝創刊, 축출간祝出刊, 축출판祝出版, 축출판기념祝出版紀念,
축창간○○주년祝創刊○○周年</td></tr>
<tr><td colspan="2">사례謝禮</td><td>비품菲品, 박사薄謝, 약례略禮, 박례薄禮</td></tr>
<tr><td colspan="2">송별送別</td><td>전별餞別, 전별금餞別金, 송별送別, 장도長途－오랜여로, 먼길.
장도壯途－중요한 사명을 띠고 씩씩하게 떠나는 길.</td></tr>
<tr><td colspan="2">도서화기증圖書畵寄贈</td><td>• 책 ⇨ 윗분에게 : 혜존惠存, 소람笑覽, 청람淸覽
• 그림 ⇨ 윗분에게 : 배증拜贈, 기寄, 봉헌奉獻, 배정拜呈, 근정謹呈</td></tr>
<tr><td colspan="2">새해新年</td><td>신희新禧, 근하신년謹賀新年, 공하신년恭賀新年</td></tr>
<tr><td colspan="2">추석秋夕</td><td>중추절仲秋節, 중추가절仲秋佳節</td></tr>
<tr><td colspan="2">군인軍人</td><td>축진급祝進級, 축건승祝健勝, 무운장구武運長久, 축개선祝凱旋</td></tr>
<tr><td colspan="2">종교宗教, 교회敎會</td><td>축헌당祝獻堂, 축장로장립祝長老將立, 목사안수牧師按手, 영명축일靈名祝日</td></tr>
</table>

혼인의례婚姻儀禮

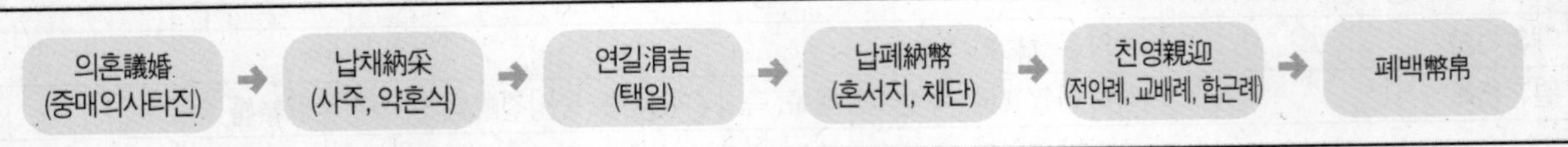

혼례는 남녀간 육체적 · 정신적 결합과 가문과 가문의 결합으로 인정받는 통과의례 중 가장 경사스럽고도 중대한 의례다.

① 의혼 : 신랑 신부 양가의 인물, 학식, 인품, 형제, 가법(家法) 등을 알아보고, 혼인 당사자를 살펴 본 후에 두 집안이 합의가 되면 혼인을 허락하는 것으로, 면약(面約)이라고도 한다.

② 납채 : 사성 또는 사주(四柱)를 말하다. 혼담의 합의를 본 후 신랑측의 주혼자가 신랑의 생년 · 월 · 일 · 시를 써서 신부측의 주혼자에게 보내 정식으로 청혼하면 그것을 신부집에서 받아들임으로써 약혼이 성립된다.

③ 연길 : 연길은 좋은 날을 고른다는 뜻이다. 신랑집에서 보낸 신랑의 사주를 가지고 신부집에서 궁합을 보고 택일하여 신랑집에 보낸다.

④ 납폐 : 혼인을 허락한 신부집에 감사의 뜻으로 보내는 예물을 말한다. 봉채 또는 함이라고도 한다. 이때 예물은 신부용 혼수와 예장(禮狀) 및 물목을 넣은 혼수함을 결혼식 전날 보낸다.

⑤ 친영 : 혼행(婚行)이라고도 한다. 신랑이 신부집에 가서 혼례식을 올리고 신부를 맞아오는 의식을 말한다. 친영은 전안례, 교배례, 합근례의 순서로 진행한다.

- 전안례(奠雁禮) : 신부의 부친이 신랑을 문 밖에서 맞아들이면, 신랑은 기러기를 받아들고 대청으로 올라가 신부의 어머니한테 기러기를 전하는 의례다.
- 교배례(交拜禮) : 신랑과 신부가 마주보고 절을 하는 의식, 즉 교배하는 의례이다.
- 합근례(合卺禮) : 신랑과 신부가 술잔을 주고받는, 즉 술을 교환함으로써 하나가 된다는 의례이다.

⑥ 폐백 : 신부의 집에서 혼례를 치르고 난 후 1~3일이 지나면 신랑을 따라 시댁으로 간다. 그때 친정어머니가 정성껏 마련해 준 대추, 밤, 마른안주 등 예물을 차려놓고 시부모와 시댁 식구들에게 처음으로 인사를 드리는 예식을 말한다.

혼례 서식

① 납채(사성) : 사주단자라고도 불리는 사성은 신랑집에서 신랑의 생년 · 월 · 일 · 시를 적어서 신부집으로 보내는 의례를 말한다.

● 사주 서식

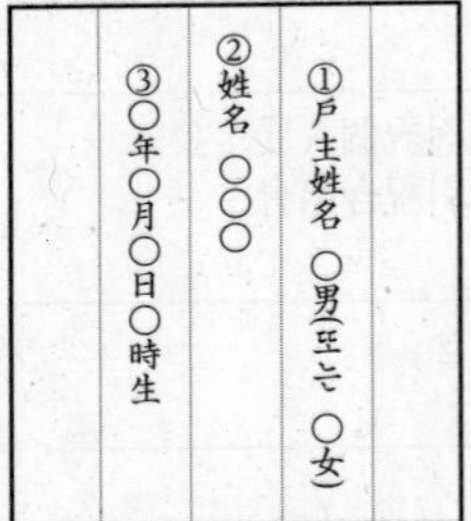

① 호주의 이름과 장남이나 차남(장녀나 차녀)을 적는다.
② 신랑의 이름을 적는다.
③ 신랑의 사주를 적는다.

● 사주 겉봉 서식

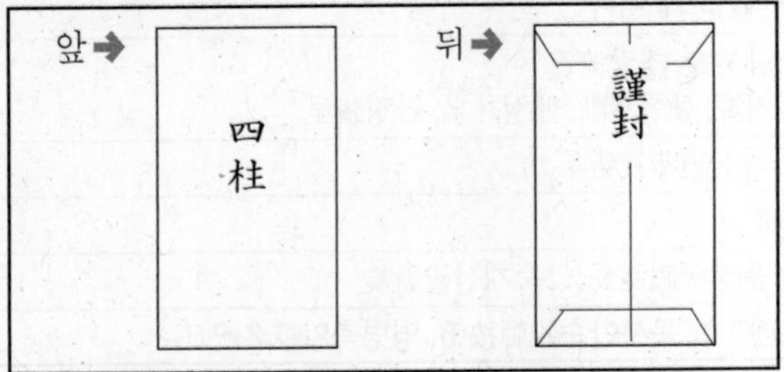

② 연길 : 신부집에서 신랑의 사주와 신부의 사주로 궁합을 보고 결혼식 날짜를 결정하여 신랑집으로 택한 날짜를 적어 보내는 의례를 말한다.

● 연길 서식

① 신부집의 본관과 성을 쓰고 수결한다.
② 결혼식 날짜와 시간을 적는다.
③ 연길 보내는 날짜를 적는다.

● 연길 겉봉 서식

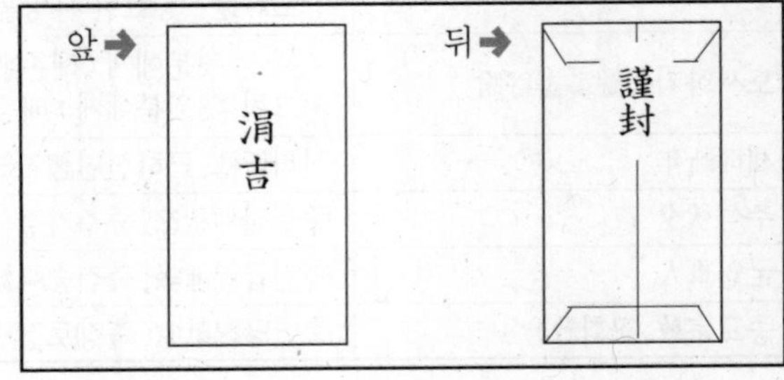

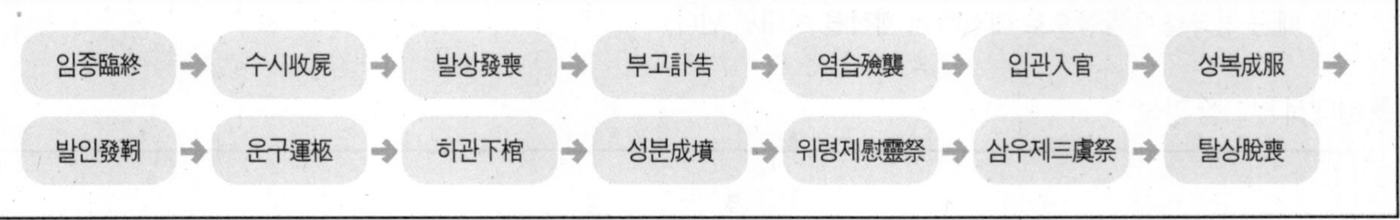

상장의례는 사람이 죽음을 맞아 그 주검을 갈무리해 장사를 지내며 가까운 이들이 일정기간 죽은 이를 기리는 의식절차다.

1. 조문객의 기본 예의

① 옷차림은 검정색 계통의 정장으로 하고, 가급적 검정 넥타이, 검정 구두를 착용한다.
② 정장이 없으면 화려하지 않는 수수하고 깨끗한 평상복으로 입고, 여성은 짙은 화장이나 화려한 악세서리는 피한다.
③ 상가에 도착하면 코트는 대문밖에서 벗고 들어간다.

2. 조문시

① 빈소에 도착하면 상주에게 목례한다.
② 영정 앞에 꿇어앉아 분향한다.
③ 영정을 향해 두 번 절을 하고 한 걸음 물러나 상주와 맞절을 한 뒤 조상인사를 하면서 장일장지 일정을 묻는다. 조객이 밀려 있을 경우는 긴 말은 하지 않으며 조상인사는 뜻만 전하면 된다.

3. 장례절차

① **임종** : 운명이라고도 하는 임종은 가족이나 가까운 혈족이 죽음을 맞이할 때 곁에서 지켜보는 것을 말한다. 유언이 있으면 기록하거나 녹음을 해 둔다.
② **수시** : 숨이 끊어지면 먼저 눈을 곱게 감도록 쓸어내리고 몸을 반듯하게 한 다음 손발을 고루 매만져 가지런히 하는 것을 수시라 하며 또한 정제수시(整齋收屍)라고도 말한다.
③ **발상** : 초상 난 것을 발표하고, 상례를 시작하는 것을 말한다.
④ **부고** : 고인이나 상제와 가까운 친척과 친지에게 알리는 행위나 글을 부고라 한다. 부고에는 반드시 장일과 장지를 기록한다.
⑤ **염습** : 운명하고 만 하루가 지나면 시신을 깨끗이 닦고 수의(壽衣)를 입히는 것을 말한다. 남자는 남자가 하고 여자는 여자가 염습을 한다.
⑥ **입관** : 염습이 끝나면 곧 입관을 한다. 이때 시신과 관벽 사이의 공간을 깨끗한 백지나 마포(麻布)나 삼베 등으로 꼭꼭 채워 시신이 움직이지 않도록 한다. 망인이 입던 옷을 둘둘 말아 빈곳을 채워도 무방하다. 평소 고인의 유품 중 염주나 묵주, 성경책 등을 넣어도 좋다.
⑦ **성복** : 성복이란 정식으로 상복을 입는다는 뜻이다. 입관이 끝나고 영좌를 마련한 뒤 상제(喪制)와 복인(服人)은 성복을 한다.
⑧ **조문** : 죽음을 슬퍼하며 상주(喪主)를 위문하는 것을 말한다.
⑨ **발인** : 영구가 집을 떠나가는 절차를 말한다. 발인 전에 간단한 제물을 차려놓고 제사를 지내는데 이를 발인제라고 한다.
⑩ **운구** : 영구를 운반하여 장지나 화장장까지 가는 것을 말한다. 묘소로 가는 도중 노제를 지내기도 한다.
⑪ **하관** : 관을 광중에 넣는 의식을 하관이라고 한다. 하관할 땐 상주들은 곡을 멈추고 광중으로 다른 물건이 떨어졌나

영구가 비뚤어지지 않았나를 살펴본다.

⑫ 성분 : 흙과 석회로 광중의 빈 공간을 채우고 흙으로 봉분을 만드는 것을 말한다. 성분이 끝나면 제물을 올리고 제사를 지낸다.

⑬ 위령제 : 성분이 끝나면 묘소 앞으로 영좌를 옮기고 간소한 제수를 차려 고인의 명복을 비는 제사를 말한다. 화장했을 때는 영좌를 유골함으로 대신하여 제사를 지내면 된다.

➔ 현대적 부고장 양식

부　　고

○○의 ○○께서(사망이유와 날짜, 시간)로 별세하였기에 삼가 알려 드립니다.

장례식장 : ○○○○
발인일시 : ○○월 ○○일 ○○시
장　　지 : ○○군 ○○면 ○○리
연 락 처 : 전화번호 ○○○-○○○○

미망인(혹은 부군) ○○○
아들 ○○○
딸 ○○○
손자 ○○○

○○○○년 ○○월 ○○일

호상 ○○○

➔ 부고장 쓰는 법

부고장은 집안에 어른이 돌아가셨을 때 호상(護喪)이 상주를 대신하여 상을 당한 사실을 알리는 안내문이다. 옛날에는 초상의 명의(名義)로 망인의 발병 사유와 사망 연월일만 알렸으나 오늘날에는 영결식장과 발인하는 날과 시간, 유족사항과 장지까지 덧붙여 작성한다.

부고장의 첫 머리에 상주의 성은 쓰지 않고 이름만 쓴다.

호상(護喪)이 상주의 8촌 이내면 호상의 위치에서 상주와의 관계를 나타내는 호칭을 이름 앞에 쓰고 8촌이 넘으면 상주와의 관계를 쓰지 않고 상주의 이름으로부터 시작한다.

장례일과 영결식장, 발인일과 시간, 그리고 장지를 확인해서 틀리지 않게 적는다.

상주의 이름을 차례대로 적는다.

부군이나 미망인, 그 밑에 장남, 아들, 딸, 며느리, 사위, 손자 등의 순서로 적는다.

➔ 부고장 용어 해설

- 부고(訃告) : 상을 당한 사실을 일가친척과 친지에게 알리는 일을 말한다.
- 호상(護喪) : 장례에 관한 모든 일을 맡아서 진행하는 사람을 말한다.
- 상주(喪主) : 고인의 자손으로 장례를 주관하는 사람을 말한다.
- 장지(葬地) : 시신을 화장하여 납골하는 장소 또는 매장하는 장소를 말한다.
- 발인(發靷) : 장례식장에서 영구를 운구하여 장지로 떠나는 일을 말한다.
- 장례식장 : 장례의식을 행하는 장소를 말한다.
- 빈소(殯所) : 고인의 영정이나 혼백을 모셔 놓은 장소를 말한다.

➔ 명정 쓰는 법

1. 전통적 방식(불교식)

學生	직위
光山	본관
金公	성별
之柩	지구

직위 : 학생－남자
유인－여자
관직명－시장, 도지사…
본관 : 광산, 김해, 전주, 안동…
성별 : 공(公)－남자
씨(氏)－여자
지구(之柩) : ○○의 관(棺).

2. 현대적 방식(일반적)

學生	직위
光山	본관
金公	성별
德洙	이름
之柩	지구

직위 : 학생－남자
유인－여자
관직명－시장, 도지사…
본관 : 광산, 김해, 전주, 안동…
성별 : 공(公)－남자
씨(氏)－여자
이름 : ○○
지구(之柩) : ○○의 관(棺).

현대에서는 이름을 중요시 여겨서 성별 다음에 이름을 적는다.

3. 천주교 방식

천주교신자는 대부분 직위에 성도라고 쓰고 성별 다음엔 꼭 세례명을 쓴다.

聖徒	大邱	徐公	요한	之柩
직위	본관	성별	세례명	지구

제사의례祭祀儀禮

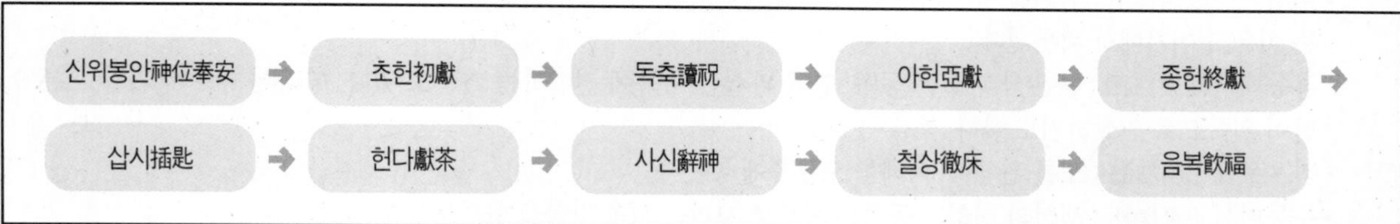

1. 제례의 의의

조상님의 음덕에 감사하는 의례다. 제사의 참뜻은 선조님의 은혜를 돌이켜 생각하고 그 뜻을 기억하고 조상님이 못다 이룬 일을 계승 발전시키겠다는 다짐의 의미가 있다.

남의 이목이나 허영심에서 벗어나 진정한 추모의 마음가짐으로 검소하고 소박하고, 단정한 제수를 마련하는 것이 옳다.

제사상은 방의 북쪽 벽에 병풍을 치고서 제사 참례자들은 남쪽에 서서 북쪽을 바라본다. 그러나 사정상 북쪽벽이 어려우면 합당한 장소에 병풍을 치고, 그 곳을 북쪽으로 생각하고 제사상을 차리면 된다.

종이에 쓴 지방은 임시 신주(神主)라 할 수 있다. 현대의 제사는 신위 대신 고인의 사진을 놓고 제사를 지내는 경향이 보편화되었다. 성묘는 조상님 묘를 살피고 조상님을 추모하러 가는 것이기에 제수는 차리지 않고 적당한 때에 찾아가서 재배 묵념한다. 보통 봄철의 한식, 여름철의 단오, 가을철의 추석 때에 성묘를 한다.

2. 제수진설

제수 진설은 각 가문과 지방에 따라 차이가 있다. 그러나 신위는 북쪽에 모시고 남쪽을 향하도록 하는 것은 동일하며 일반적인 제수의 진설법은 다음과 같다.

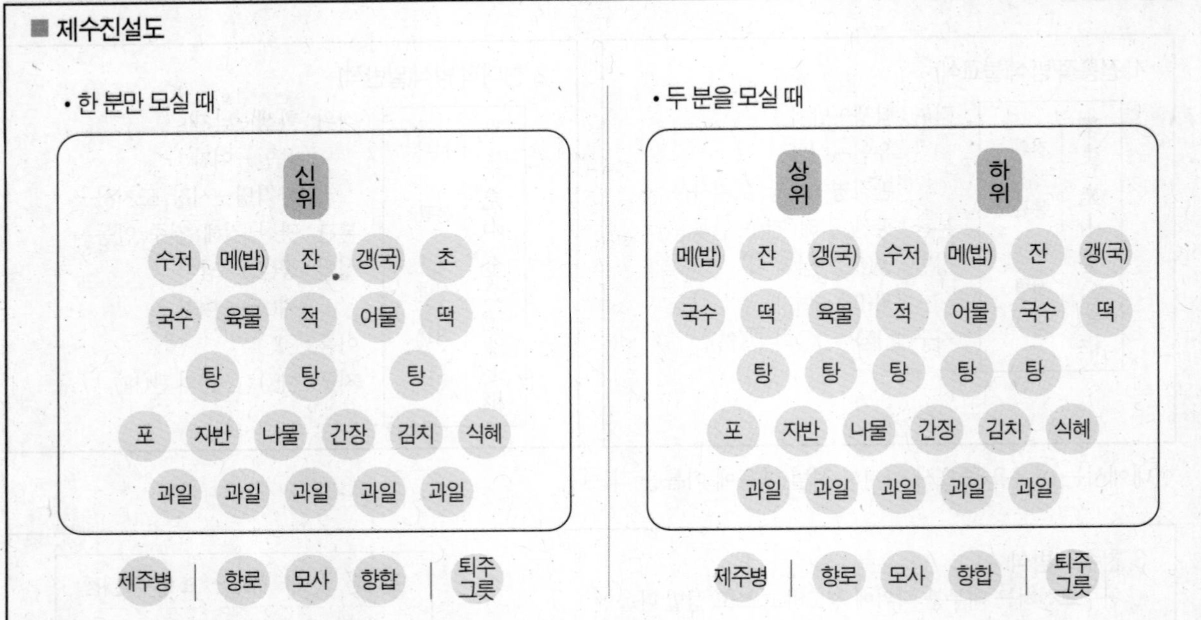

① 제수진설의 기본원칙

- 좌서우동左西右東 : 신위를 어느 쪽에 모셨든 신위를 모신 쪽이 北쪽이 되고 신위를 향해서 오른쪽이 東쪽이며 왼쪽이 西쪽이다.
- 어동육서魚東肉西 : 생선과 고기(肉類)를 함께 진설할 때는 생선은 東쪽, 고기는 西쪽이다. 따라서 세 종류의 탕을 쓸 때 어탕이 東쪽, 육탕이 西쪽, 계탕은 중앙에 놓게 된다.
- 이서위상以西爲上 : 신위를 향해서 왼쪽이 항상 상위가 된다. 지방을 붙일 때 高位(아버지)를 왼편, 즉 西쪽에 붙이는 이유도 여기에서 비롯된다.
- 홍동백서紅東白西 : 붉은색 과실은 동쪽, 흰색 과실은 서쪽에 진설하는 가문도 있다. 따라서 대추가 가장 오른쪽, 밤이 왼쪽으로 진설하기도 한다.
- 좌포우혜左脯右醯 : 포를 왼쪽에, 식혜를 오른쪽에 놓는다.
- 두동미서頭東尾西 : 생선의 머리가 동쪽 방향으로 꼬리는 서쪽 방향을 향하도록 한다.
- 과일 중 복숭아는 제사에 안 쓰며 생선 중에서 끝 자가 치자로된 꽁치, 멸치, 갈치, 삼치 등은 사용하지 않는다.
- 제사 음식은 짜고 맵고 화려한 색깔은 피하고 고춧가루와 마늘은 사용하지 않는다.
- 설에는 밥 대신 떡국을 놓으며 추석 때는 송편을 놓아도 된다.
- 수저를 꽂을 때에는 패인 곳을 제주의 동쪽으로 밥을 담은 그릇의 한복판에 꽂는다.
- 두 분을 모실 때에는 밥과 국과 수저을 각각 두 벌씩 놓으면 된다.
- 남좌여우(男左女右)라 하여 남자는 좌측 즉 왼쪽, 여자는 우측 즉 오른쪽에 모신다.
- 참고로 대추는 씨가 하나로 나라 임금을 뜻하고, 밤은 세 톨로 삼정승, 감 · 곶감은 여섯 개로 육방관속, 배는 여덟 개로 팔도관찰사를 뜻함으로 조율시이(棗栗柹梨)의 순서가 옳다고 주장하는 학자가 더 많다.

② 제수 진설의 순서

맨 앞줄은 과실이나 조과(造果)를 진설하고, 둘째줄에는 반찬류를 진설한다. 셋째줄은 탕(湯)을 진설하고, 넷째줄에는 적과 전을 진설한다.다섯째줄은 메(밥)와 갱(국)을 진설하고 잔을 놓는다. 향안(香案)은 향로와 향합을 올려놓는 상을 말한다.

축판은 향안에 올려 놓고 향로와 향합도 같이 올려 놓으며 향안 밑에는 모사그릇과 퇴주그릇, 제주(祭酒) 주전자 등을 놓는다. 양위가 모두 별세했을 때의 행사(行祀) 방법은 합설(合設)하는 것이 원칙이다.

3. 기제사의 진행순서

① **신위봉안** : 제상에 제수를 진설하고 지방을 써 붙인 다음 제주가 분향하고 모사그릇에 술을 부은 뒤 제주와 참석자 모두가 신위 앞에 두 번 절을 한다.

② **초헌** : 고인에게 제주가 술잔을 올리는 의례를 말한다. 술잔에 술을 가득 채워 두 손으로 받들어 향불 위를 거쳐 밥그릇과 국그릇 사이 앞쪽에 놓는다.

③ **독축** : 축문 읽는 것을 말한다. 초헌이 끝나면 제주와 참가자 모두는 꿇어 앉고, 제주는 축문을 읽고 두 번 절을 한다.

④ **아헌** : 두번째 잔을 올리는 것을 말한다. 아헌은 대부분 제주의 부인이 한다. 가득 찬 술잔을 올리고 재배를 한다.

⑤ **종헌** : 마지막 잔을 올리는 것을 말한다. 제주의 근친자가 술잔을 올리고 재배한다.

⑥ **삽시** : 제수를 많이 드시라고 행하는 의례다. 숟가락을 밥에 꽂고 젓가락을 옮겨놓은 다음 참사자 전원이 방에서 나와 문을 닫는다. 대청일 경우는 뜰 아래로 내려와 부복하고 조용히 3~4분간 기다린다. 그러나 단칸방이나 부득이 한 경우에는 제자리에 조용히 엎드렸다가 제주가 세 번 기침하면 모두 일어선다.

⑦ **헌다** : 숭늉을 국과 바꾸어 올리고 밥을 조금씩 3번 떠서 물에 말아놓고 숟가락을 숭늉 그릇에 반드시 담그어 놓는다

⑧ **사신** : 참가자 전원이 신위 앞에 큰절을 올리며 작별인사를 드린다.

⑨ **철상** : 지방을 거둬 축문과 함께 불사르고 상을 걷는 것을 말한다. 제수(祭需)는 뒤에서부터 물린다.

⑩ **음복** : 참가자 전원이 제사음식을 나눠먹는 것을 말한다. 음복을 하는 자손은 조상님으로부터 복을 받는다는 속설이 전해오고 있다.

4. 지방 작성법

본래는 신주를 모셔놓고 제사를 지내야 하지만 신주를 모시지 못할 경우 사진을 올려 놓거나 지방을 써서 제사를 지낸다. 지방 쓰는 법을 알아보자.

① **쓰기 전에** : 지방을 쓰기 전에 몸과 마음을 깨끗하게 가다듬는다. 신위(神位)는 고인의 사진으로 하나 마땅한 사진이 없으면 지방으로 대신한다. 제사 때에 지방을 붙이면 축문을 읽는 것 원칙이다.

② **규격** : 지방 규격은 가로 6cm, 세로 22cm의 깨끗한 한지나 백지에 먹으로 쓰고 상단 모서리를 조금씩 자른다.

③ **쓰는 법** : 남자의 경우, 관직이 없으면 학생(學生) 그 부인은 유인(孺人)이라 적고, 관직이 있을 경우는 그 관직명을 적고, 부인은 관직에 어울리는 부인호칭을 적는다. 생전에 관직이 있었던 여자의 경우는 그 관직 명칭을 써준다.
고(考)는 사후의 아버지를 뜻하며, 비(妣)는 사후의 어머니를 뜻한다. 아내의 제사는 자식이 있더라도 남편이 제사장이 되고, 자식의 제사는 손자가 있어도 아버지가 제사장이 되는 것이 원칙이다.

④ **지방 놓는 위치** : 지방 붙일 땐 제주가 바라보아서 왼쪽이 상위 위치고, 오른쪽이 하위 위치다. 한 분 할아버지에 두 분 할머니의 제사일 경우, 가장 왼쪽이 할아버지, 중간이 본할머니, 오른쪽이 재취할머니의 지방을 붙인다.

⑤ **지방의 형식과 예문**

1. 일반인의 경우

顯考學生府君神位
현고학생부군신위

(아버지 지방)

顯考學生府君神位 顯妣孺人光山金氏神位
현고학생부군신위 현비유인광산김씨신위

(부모 지방)

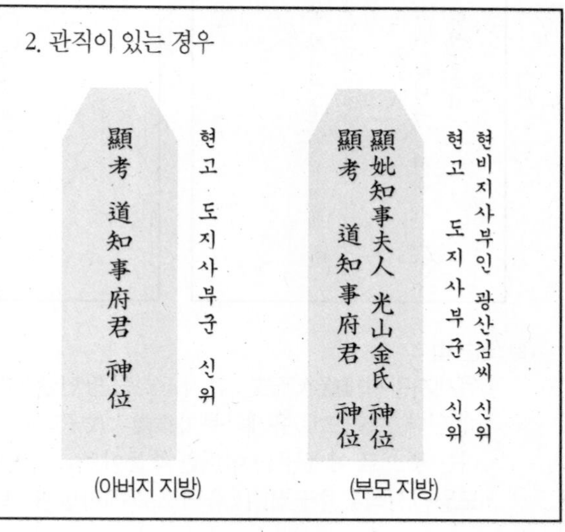

부	모	조부	조모	증조부	증조모	고조부	고조모	백부	백모	남편	아내	형	형수	동생	아들
顯考學生府君神位 (현고학생부군신위)	顯妣孺人光山金氏神位 (현비유인광산김씨신위)	顯祖考學生府君神位 (현조고학생부군신위)	顯祖妣孺人〇〇〇〇〇〇氏神位 (현조비유인〇〇〇〇〇〇씨신위)	顯曾祖考學生府君神位 (현증조고학생부군신위)	顯曾祖妣孺人〇〇〇〇〇〇氏神位 (현증조비유인〇〇〇〇〇〇씨신위)	顯高祖考學生府君神位 (현고조고학생부군신위)	顯高祖妣孺人〇〇〇〇〇〇氏神位 (현고조비유인〇〇〇〇〇〇씨신위)	顯伯父學生府君神位 (현백부학생부군신위)	顯伯母孺人〇〇〇〇〇〇氏神位 (현백모유인〇〇〇〇〇〇씨신위)	顯辟學生府君神位 (현벽학생부군신위)	故室孺人〇〇〇〇〇〇氏神位 (고실유인〇〇〇〇〇〇씨신위)	顯兄學生府君神位 (현형학생부군신위)	顯兄嫂孺人〇〇〇〇〇〇氏神位 (현형수유인〇〇〇〇〇〇씨신위)	亡弟學生〇〇神位 (망제학생(동생이름)신위)	亡子秀才〇〇神位 (망자수재(아들이름)신위)

5. 제문(축문) 쓰는 법

축문은 돌아가신 분 앞에 고하는 글로써, 그 내용은 간소하나마 정성껏 제수를 차렸으니 기쁘게 드시라는 뜻을 담고 있다. 요즘은 한문 뜻을 풀어 알기 쉽게 한글로 쓰기도 한다.

① 규격

축문의 규격은 가로 24cm, 세로 36cm 정도의 크기로 흰색 한지나 백지에 먹으로 쓴다. 제사의 대상이 누구냐에 따라 축문의 구절이 달라지니 잘 살펴서 사용해야 한다. 명절에는 제문(축문)은 쓰지 않는다.

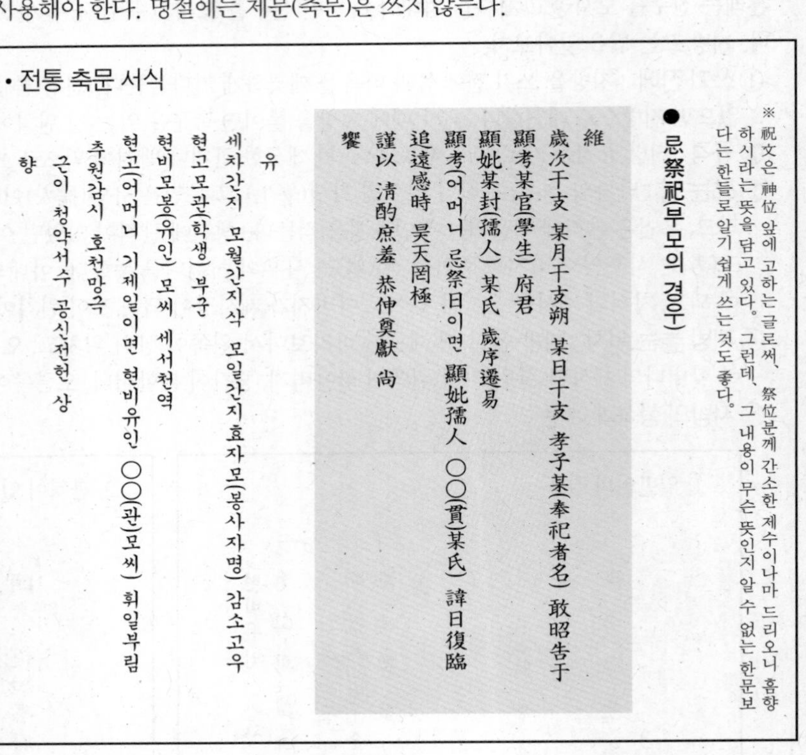

• 한글 축문 서식

● 忌祭祀(아버지와 할아버지의 경우)

一九〇〇년 〇월 〇일
아들(또는 손자) 〇〇는 아버님(또는 할아버님) 신위 전에
삼가 고하나이다。 아버님(또는 할아버님)께서 별세하시던 날
을
다시 당하오니 추모의 정을 금할 수 없습니다。 이에 간소한
제수를 드리오니 강림하시와 흠향하시옵소서。

• 전통 축문 서식

※ 祝文은 神位 앞에 고하는 글로써、祭位분께 간소한 제수이나마 드리오니 흠향하시라는 뜻을 담고 있다。 그런데、 그 내용이 무슨 뜻인지 알 수 없는 한문보다는 한글로 알기 쉽게 쓰는 것도 좋다。

● 忌祭祀(부모의 경우)

維
歲次干支 某月干支朔 某日干支 孝子某(奉祀者名) 敢昭告于
顯考某官(學生) 府君
顯妣某封(孺人) 某氏 歲序遷易
顯考(어머니 忌祭日이면 顯妣孺人 〇〇(貫)某氏) 諱日復臨
追遠感時 昊天罔極
謹以 清酌庶羞 恭伸奠獻 尚
饗

유
세차간지 모월간지삭 모일간지효자모(봉사자명) 감소고우
현고모관(학생) 부군
현비모봉(유인) 모씨 세서천역
현고(어머니 기제일이면 현비유인 〇〇(관)모씨) 휘일부림
추원감시 호천망극
근이 청약서수 공신전헌 상
향

② 쓰는 법

- 유세차간지維歲次干支 : 간지干支는 당년當年의 태세太歲를 말한다. 무자년이면 당년의 태세로써 무자戊子를 쓰게 된다. 그러므로 유세차무자維歲次戊子라고 쓰면 되는 것이다. 이어져 내려오는 해의 차례가 무자년으로 바뀌었다는 뜻으로 이 문구는 어떠한 축문이든 그 당년의 태세만 바꿔서 쓰면 된다.
- 모월간지삭某月干支朔 : 음력으로 제사달과 그 달 초하루의 일진이 정미丁未일 경우 이월정미삭二月丁未朔라고

쓰면 된다.

- **모일간지某日干支** : 음력으로 제사를 맞는 날짜와 그 날의 일진을 쓰면 된다. 돌아가신 날이 10일이고 그 날 일진이 병진丙辰일 경우, 십일병진十日丙辰이라고 쓰면 된다.
- **관칭關稱** : 이는 제사를 모시는 신위에 대하여 자기와의 관계를 나타내는 것으로써 부모님 제사에는 효자孝子, 조부모 제사에는 효손孝孫, 증조부 제사에는 효증손孝曾孫, 고조부는 효현손孝玄孫이라고 쓴다.
  앞에 효孝 자를 쓰는 것은 성씨가 같은 피 내림 종자宗子 경우에만 쓰고, 남편 제사는 주부主婦, 아내 제사는 부夫라고 쓴다. 다만 졸곡卒哭 전의 초종初終일 경우 부모의 상사喪事 때는 고자孤子, 조부모는 애손哀孫이라고 쓰고, 조부모가 모두 사망하였을 때는 고애손孤哀孫이라고 쓴다.
- **모某** : 제사를 모시는 사람의 이름을 쓰면 된다.
- **감소고우敢昭告于** : 이는 삼가 고하나이다라는 뜻으로 돌아가신 분의 제위가 윗 분일 경우에 쓰면 되고, 처妻인 경우에는 소고우昭告于라고 쓰고, 아우 이하의 어린 경우는 고우告于라고만 쓴다.
- **현모顯某** : 돌아가신 분에 대한 경칭어敬稱語로 아버지에 대하여는 현고顯考라 쓰고, 어머니에게는 현비顯妣라고 쓴다. 그리고 조부는 현조고顯祖考, 조모는 현조비顯祖妣, 처妻는 고실故室, 아랫사람인 경우는 현顯이란 글자를 망亡 자로 바꿔쓰면 된다. 아들인 경우에는 망자수재모亡子秀才某라고 쓴다.
- **모관某官** : 망자의 벼슬에 따라 쓰는데, 벼슬이 없을 경우에는 학생學生이라고 쓰면 되고, 안 제사內祭일 경우에는 남편의 벼슬이 있으면 이에 따라 준해서 쓰면 되고 벼슬이 없으면 유인孺人이라고 쓴다.
- **부군府君** : 남자의 제사에는 그대로 쓰면 되고, 여자는 본관과 성씨를 쓰고, 손아랫 사람에게는 쓰지 않는다.

③ 제문(축문) 풀이

- 유세차維歲次 : 해가 이어져 내려와 제사를 지내는 해가 돌아왔다는 뜻.
- 간지干支 : 태세, 월진, 일진, 육십갑자를 뜻한다.
- 기월모일幾月某日 : 몇 월 며칠을 뜻한다.
- 효자孝子 : 제주의 뜻하는 명칭.
- 감소고우敢昭告于 : 밝혀서 고한다는 뜻.
- 삭朔 : 초하루라는 뜻.
- 현고부군顯考府君 : 부모를 뜻하며 돌아가신 아버지의 존칭이다.
- 세서천역歲序遷易 : 세월이 흘러서 시절이 바뀌었다는 뜻.
- 휘일부림諱日復臨 : 돌아가신 날이 다시 돌아왔다라는 뜻.
- 추원감시追遠感時 : 돌아가신 날은 세월이 흐를수록 더욱 생각이 난다는 뜻.
- 호천망극昊天罔極 : 넓은 하늘과 같이 부모의 은혜가 크다는 뜻으로 부모 기제 때만 사용한다.
- 불승영모不勝永慕 : 영원하신 조상님 은혜가 크다는 뜻으로 조부모님 이상 기제 때에만 사용한다.
- 근이謹以 : 정성을 다한다는 뜻으로 고조부모, 증조부모, 조부모, 부모, 남편, 형의 축문에만 사용하고 아내를 비롯한 가족에게는 자이玆以라고 쓴다.
- 청작서수淸酌庶羞 : 맑은 술과 여러 가지 음식이라는 뜻.
- 공신전헌恭伸奠獻 : 정성을 다하여 받들어 올린다는 뜻으로, 고조부모, 증조부모, 조부모, 부모, 남편, 형의 축문에만 사용하고 아내를 비롯한 가족에게는 신차전의伸此奠儀라고 쓴다.
- 상향尙饗 : 두루두루 흠향하십시오라는 뜻.

④ 제문(축문)의 종류

계빈축 啓殯祝	관을 들어 낼려고 할 때 착수 전에 빈소에 고하는 축문.	
	금이길신천구 감고 **今以吉辰遷柩 敢告**	풀이 : 이제 관을 옮기려고 삼가 고합니다.
천구청사축 遷柩廳事祝	관을 들어 낼 때 읽는 축문.	
	청 천구우청사 **請 遷柩于廳事**	풀이 : 관을 밖으로 옮기려고 하여 청합니다.

조전축 祖奠祝	발인전날 저녁에 제사를 지낼 때 읽는 축문.	
	영천지례 영신불류 금봉구거 식준조도 **永遷之禮 靈辰不留 今奉柩車 式遵祖道**	풀이 : 영원히 가시는 례(禮)이오며 상여를 받들겠사오니 먼길을 인도하여 주소서.
천구취여축 遷柩就轝祝	관을 옮겨 상여에 모실 때 고하는 축문.	
	금 천구취여 감고 **今 遷柩就轝 敢告**	풀이 : 이제 관을 상여에 모시겠기에 고합니다. 이 때 처나 아우 이하는 감고(敢告) 대신에 자고(玆告)라고 쓴다.
견전축 遣奠祝	발인축이라고도 하며, 발인할 때 고하는 축으로 또는 영결축이라고도 한다.	
	영이기가 왕즉유택 재진견례 영결종천 **靈輀旣駕 往卽幽宅 載陳遣禮 永訣終天**	풀이 : 상여로 모시고 곧 무덤으로 갑니다. 보내드리는 예를 갖추오니 이젠 영원한 이별입니다.
노제축 路祭祝	운구 도중 고인의 제사나 벗들이 고인의 유덕을 추모하여 노제를 올리는 축문.	
	유 세차 간지(태세) 모월간지삭 모일간지 모(조 문 자 명) 감소고우 **維 歲次 干支(太歲) 某月干支朔 某日干支 某(조문자성명) 敢昭告于** 모관모공지구 상 향 **某官某公之柩 尙 饗**(조문자가 고인의 덕행과 업적을 칭송하는 내용이다.)	
	풀이 : ○○는 감히 ○○공의 棺에 고합니다. (고인의 덕행과 업적을 쓴 내용) 흠향하옵소서.	
산신축 山神祝	평토 후 땅을 주관하는 신에게 고하는 축문. 참토축(斬土祝), 토지신축(土地神祝)이라고도 한다.	
	유 세차 간지(태세) 모 간지월삭 모일 모(봉사자명) 감소고우 **維 歲次 干支(太歲) 某 干支月朔 某日 某(奉祀者名) 敢昭告于** 토지지신 금위모관부군 영건택조 신기보우 비무후간 근이청작 포혜 지천우신 상 향 **土地之神 今爲某官府君 營建宅兆 神其保佑 俾無後艱 謹以淸酌 脯醯 祗薦于神 尙 饗**	
	풀이 : 모월모일 아무개는 토지신께 감히 고합니다. 이제 이곳에 아무게의 묘를 마련하니 신께서 도우셔서 뒤에 어려움이 없도록 도와주시기 바라며 맑은 술과 포혜를 올리오니 흠향하소서.	
제주축 題主祝	매장을 끝내고 성분하였을 때 반혼전 묘에 고하는 축으로 성분축, 평토축이라고도 한다.	
	유 세차 간지(태세) 모월 간지 삭 모일 일진 고자 모(봉사자명) 감소고우 **維 歲次 干支(太歲) 某月 干支 朔 某日 日辰 孤子 某(奉祀者名) 敢昭告于** 현고 학생부군 형귀둔석 신반실당 신주미성 복유존령 혼상유존 잉구시의(의구시백 시빙시의) **顯考 學生府君 形歸窀穸 神返室堂 神主未成 伏惟尊靈 魂箱猶存 仍舊是依(依舊束帛 是憑是依)**	
	풀이 : 모는 아버님께 고합니다. 육신은 무덤으로 가셨으나 영혼은 집으로 돌아가시옵소서. 아직 신주를 만들지 못하였으나 혼백함이 있으니 존령은 옛과 같이 여기에 의지하시옵소서.	
초우축 初虞祝	반혼 후 처음으로 지내는 제사 축문으로 반혼축이라고도 한다.	
	유 세차 간지(태세) 모월 간지 삭 모일 일진 고자 모(봉사자명) 감소고우 **維 歲次 干支(太歲) 某月 干支 朔 某日 日辰 孤子 某(奉祀者名) 敢昭告于** 현고 학생부군 일월불거 엄급초우 숙흥야처 애모불녕 근이 청작서수 애천협사 상 향 **顯考 學生府君 日月不居 奄及初虞 夙興夜處 哀慕不寧 謹以 淸酌庶羞 哀薦祫事 尙 饗**	
	풀이 : 아버님 돌아가시고 이제 초우가 되었습니다. 밤과 낮으로 슬프고 사모하여 편할 수가 없습니다. 삼가 맑은 술과 몇가지 음식으로 제사를 올리오니 흠향하소서.	
재우축 再虞祝	반혼 후 첫 유일柔日 아침 제사축문(즉 乙, 丁, 己, 辛, 癸日).	
	유 세차 간지(태세) 모월 간지 삭 모일 일진 고자 모(봉사자명) 감소고우 **維 歲次 干支(太歲) 某月 干支 朔 某日 日辰 孤子 某(奉祀者名) 敢昭告于** 현고 학생부군 일월불거 엄급재우 숙흥야처 애모불녕 근이 청작서수 애천우사 상 향 **顯考 學生府君 日月不居 奄及再虞 夙興夜處 哀慕不寧 謹以 淸酌庶羞 哀薦虞事 尙 饗**	
	풀이 : 초우축문 참조	

삼우축 三虞祝	반혼후 첫 강일剛日 아침 제사축문(즉 甲, 丙, 戊, 庚, 壬日).
	유 세차 간지(태세) 모월 간지 삭 모일 일진 고자 모(봉사자명) 감소고우 **維 歲次 干支(太歲) 某月 干支 朔 某日 日辰 孤子 某(奉祀者名) 敢昭告于** 현고 학생부군 일월불거 엄급삼우 숙흥야처 애모불녕 근이 청작서수 애천성사 상 향 **顯考 學生府君 日月不居 奄及三虞 夙興夜處 哀慕不寧 謹以 清酌庶羞 哀薦成事 尚 饗**
소상축 小祥祝	사후 1년 기일에 지내는 제사축문.
	유 세차 간지(태세) 모월 간지 삭 모일 일진 고자 모(봉사자명) 감소고우 **維 歲次 干支(太歲) 某月 干支 朔 某日 日辰 孤子 某(奉祀者名) 敢昭告于** 현고 모관부군 일월불거 엄급소상 숙흥야처 애모불녕 근이 청작서수 애천상사 상 향 **顯考 某官府君 日月不居 奄及小祥 夙興夜處 哀慕不寧 謹以 清酌庶羞 哀薦常事 尚 饗**
	풀이 : 아버님이 돌아가시고 어언 소상 때가 되었습니다. 밤낮으로 슬피 사모하여 편할 수가 없습니다. 삼가 맑은 술과 몇가지 음식을 올리오니 흠향하옵소서.
대상축 大祥祝	사후 2년 기일에 지내는 제사축문.
	유 세차 간지(태세) 모월 간지 삭 모일 일진 고자 모(봉사자명) 감소고우 **維 歲次 干支(太歲) 某月 干支 朔 某日 日辰 孤子 某(奉祀者名) 敢昭告于** 현고 모관부군 일월불거 엄급대상 숙흥야처 애모불녕 근이 청작서수 애천상사 상 향 **顯考 某官府君 日月不居 奄及大祥 夙興夜處 哀慕不寧 謹以 清酌庶羞 哀薦祥事 尚 饗**
	풀이 : 소상축문 참조.
3년 탈상축 三年 脫祥祝	유 세차 간지(태세) 모월 간지 삭 모일 일진 효자 모(봉사자명) 감소고우 **維 歲次 干支(太歲) 某月 干支 朔 某日 日辰 孝子 某(奉祀者名) 敢昭告于** 현고 학생부군 일월불거 엄급기상 숙흥야처 애모불녕 **顯考 學生府君 日月不居 奄及朞祥 夙興夜處 哀慕不寧** 삼년봉상 어례지당 사세불체 혼귀분묘 근이 청작서수 애천상사 상 향 **三年奉祥 於禮至當 事勢不逮 魂歸墳墓 謹以 清酌庶羞 哀薦祥事 尚 饗**

※ 참고 : 백일百日 탈상 때는 엄급백일奄及百日하고, 화장火葬 시에는 혼귀분묘魂歸墳墓를 혼귀선경魂歸仙境이라고 한다.

고사의례告祀儀禮

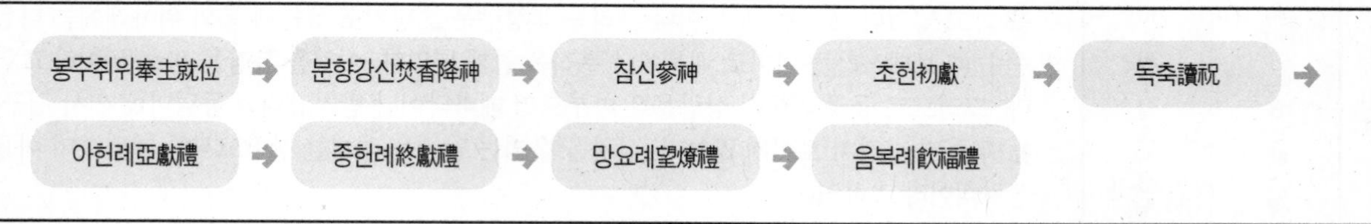

1. 고사의 의미

고사는 하늘과 땅을 주관하는 대우주의 섭리에 비해 너무나 하찮은 인간들이 사업이나 중요한 일을 앞두고 무탈과 만사형통을 기원하는 의식이다. 제사가 돌아가신 조상에 대한 추념을 중심으로 하는 의식이라면 고사는 천지신명께 액을 막고 복을 비는 의식이라는 점에서 차이가 있다. 제사의식은 정통 유교의 엄격한 형식을 따르면서 이어져 온 반면, 고사는 다양한 민간신앙에 바탕을 두고 계승, 발전되어 온 결과 제사에 비해 한층 자유롭고 주술적 성격이 강하다.
그러나 현대에 와서는 본래의 신앙적, 주술적 성격은 약해진 반면, 일을 시작과 과정을 주위 사람에게 널리 알려 사업의 활성화와 직원 사이에 심기일전 하는 계기를 삼고 있다. 제사보다 형식을 덜 따지는 고사(기원제)는 절차 면에서도 한층 자유로워 각자 사정에 맞게 참작해서 지내면 된다.

2. 고사의 진행절차

① 봉주취위奉主就位 : 고사의 시작을 알리는 첫 순서이다.
진행자는 떠온 물에 손을 씻은 후 참석자에게 인사를 하고, 교의에 신위를 올리고 촛대에 촛불을 밝힌다.

② 분향강신焚香降神 : 초헌자가 향을 세 번 집어 향불을 피워 신을 부르는 강신을 행한다.
초헌자는 진행자가 술잔에 술을 따르면 술을 모사그릇에 세 번에 걸쳐 붓는다. 모사그릇에 술을 붓는 의식은 하늘과 땅에 있는 신을 부르는 의식이다.

③ 참신參神 : 하늘과 땅의 신명이 강림하셨으므로 일동은 다같이 절을 세 번 한다.
초헌자가 삼 배할 때 행사 인원 모두 삼 배하는 것이 원칙이나 장소가 불편하고 인원이 많으면 정중하게 허리를 깊숙이 굽혀 경례를 세 번 해도 된다.

④ 초헌初獻 : 처음으로 초헌자가 술을 올리는 순서이다.
초헌자는 술잔을 머리 높이로 올려 신위 전에 올린 후 삼 배를 하고 앉는다.

⑤ 독축讀祝 : 축문을 낭독한다. 축문은 천지신명께 안전과 무사를 기원하는 글이다.
독축자가 낭독을 한 뒤 축문은 신위 전에 올려놓는다.

⑥ 아헌례亞獻禮 : 두번째 술을 올리는 순서이다.
아헌자는 대표자 다음 서열이나 공사 책임자가 맡으며, 초헌과 같은 방식으로 술을 올리고 삼 배한다.

⑦ 종헌례終獻禮 : 마지막 술잔을 올리는 순서로, 미리 정해진 순서에 따라 관계사 임원이나 협력업체의 내빈 중 대표가 술을 올리고 다함께 삼 배한다.
초헌, 아헌과 같은 방식으로 진행한다.

⑧ 망요례望燎禮 : 마지막 순서로 신위 전의 지방과 축문을 불살라 올리는 의식이다.
지방과 축문에 불을 붙여 하늘로 높이 던져 올리면서 연기가 피어오를 때 참석자 전원은 큰 박수와 큰소리로 만사형통을 기원한다.

⑨ 음복례飮福禮 : 초헌자는 신위 전에 있는 술을 음복하고, 참가자들은 별도 마련된 상에서 음복한다.

※ 초헌자 : 고사나 기원제에서 첫 술잔을 올리는 사람은 가장이나 사장 또는 대표가 초헌자가 된다.

※ 진행자 : 고사를 주관하는 사람으로 결혼식의 주례선생과 같은 역할이고 의식을 집례하고 축원한다.

3. 상량고사의례 서식

용	龍
무자년4월1일오시상량	戊子年四月一日午時上樑
응 천상지삼광 비 인간지오복	應 天上之三光 備 人間之五福
구	龜

① 상량문 : 상량문은 건물(한옥)을 새로 짓거나 고치거나 했을 경우, 일반 집에서는 장혀 배바닥에 먹글씨로 간략하게 붓글씨로 썼으므로 마루에서 올려다 볼 수 있었다. 그렇지만 궁이나 관아, 사원 등에서는 역사한 내역을 한지나 비단에다 그 일을 하게 된 내력과 일을 한 사람, 시기와 집을 지은 후 좋은 일이 있기를 기원하는 축원문도 상량문에 써서 상량대에 홈을 파고 넣었다. 또 대나무통이나 구리통에 상량문을 넣기도 했는데 통의 위아래에는 다음 중수 때 보태쓰라는 의미로 패물이나 부적을 함께 넣었다. 이것을 복장물(伏藏物)이라고 한다. 그러므로 공공 건물의 상량문은 마루도리 배바닥이나 받침장혀의 등덜미에 써서 결구(結構)하면 가려져 보이지 않는다. 상량을 올리는 날에는 성대한 상량고사를 지냈으며 이를 상량식이라고 하였다.

② 상량문 쓰는 법 : 세로로 길게 대들보 길이에 맞춰서 쓴다. 맨 위에는 용龍 자를 크게 거꾸로 쓰고 그 밑으로 某年某月某日某時上樑이라고 쓴 후에 그 아래에 좀 작은 글씨로 두 줄로 쓰는데 오른쪽에는 應 天上之三光, 왼쪽에는 備 人間之五福라고 쓴다. 그 뜻은 **'하늘의 해와 달과 별, 삼광이 감응하시어 인간을 위한 오복을 준비하시도다'** 는 내용이다. 그 밑에 큰 글씨로 거북 龜 자를 쓰면 되는데 용(龍) 자나 구(龜) 자를 상량문에 써 넣는 것은 화재로부터 보호해 달라는 염원도 들어 있다.

※ 예로부터 위와 같이 세로쓰기 상량문을 썼으나, 요사이는 가로쓰기로 某年某月某日某時 上樑이라고 쓴 후에 그 밑에 줄에다 좀 작은 글씨로 오른쪽에는 應天上之三光 왼쪽에는 備人間之五福라고 쓰기도 한다.

龍 辛卯年四月一日午時 上樑 應 天上之三光 備 人間之五福 龜	룡 신묘년4월1일 오시 상량 응 천상지삼광 비 인간지오복 구

※ 상량제 지방

지방은 상량문자체가 신이 강림한 자리를 나타내므로 생략을 해도 된다. 옆의 지방과 규격은 30cm~10cm로 그 뜻은 '높고 높으신 하늘과 땅을 주재하실 밝은 신의 자리' 라는 의미로 상량식을 포함한 각종 고사의례에 지방으로 사용할 수 있다.

顯天地神明 神位(현 천 지 신 명 신 위)

③ 상량제 축문

> 유(維)
> 단기 ○○○○년 세차 ○○월 ○○일 (주소지와 건축물 이름) 빌딩 건축 현장 ○○건설 현장 소장 ○○○은 영명하신 천지신명께 아뢰옵니다.
> 오늘 대한민국 최고의 항구도시이며 역사가 숨쉬는 거리인 인천광역시 중구 자유공원에 위치한 ○○○빌딩에 상량식을 거행함에 맑은 술과 과포를 정성껏 마련하여 올립니다. 간절히 기원하오니 모든 공정이 순조롭고 아무 사고없이 무탈하게 진행될 수 있도록 보살펴 주옵소서. ○○○. 상(尙)
> 향(響)
> 서기 ○○○○년 ○○월 ○○일 ○○건설 ○○○ 외 참석자 일동

4. 각종 고사 한글 축문의 실례

기공 고사 (건축물 · 시설물 등) 한글 축문 실례	천지신명이시여 굽어 살피소서 ○○○주식회사 대표 ○○○는 여기 (주소와 건축물 이름) 공사를 기공하고자 정성껏 술잔을 올리오니 안전과 성취를 두루 살펴 주소서 서기 ○○○○년 ○○월 ○○일
준공 고사 (건축물 · 시설물 등) 한글 축문 실례	천지신명이시여 굽어 살피소서 건축주 ○○○는 (주소와 건축물 이름) 빌딩을 준공하게 되어 정성껏 잔을 올리오니 안전과 번영과 쾌적함을 한결같이 보살펴 주소서 서기 ○○○○년 ○○월 ○○일
안택 고사 (집들이 · 개전 등) 한글 축문 실례	천지신명이시여 굽어 살피소서 ○○○ 한 가족은 여기 (주소)에 보금자리로 삼고저 정성껏 잔을 올리오니 안전하고 건강하고 쾌적한 다복을 두루 보살펴 주소서 서기 ○○○○년 ○○월 ○○일
안전 고사 (승용차 · 버스 · 특장차 등) 한글 축문 실례	천지신명이시여 굽어 살피소서 ○○○는 중장비 (사건이나 사물)를 운용하고자 하여 정성껏 잔을 올리오니 안전과 번영을 한결같이 보살펴 주소서 서기 ○○○○년 ○○월 ○○일
제막 고사 (건축물 · 시설물 · 동상 등) 한글 축문 실례	천지신명이시여 굽어 살피소서 여기 (주소와 비석 이름) 시비를 건립하여 제막하고자 건립 대표 ○○○는 정성껏 잔을 올리오니 이 시비를 오래오래 보살펴 주소서 서기 ○○○○년 ○○월 ○○일
개통 고사 (건축물 · 시설물 · 도로 등) 한글 축문 실례	천지신명이시여 굽어 살피소서 ○○의 대표 ○○○는 (주소와 도로명)○○선 ○○도로(철로) 개통에 즈음하여 삼사 잔을 올리오니 만인이 안전하고 쾌적하고, 유익하게 이용되도록 한결같이 보살펴 주소서 서기 ○○○○년 ○○월 ○○일

※ 일반적으로 한글세대들은 각종 고사 축문을 82쪽과 같이 작시(作詩)하여 독축하고 있으나 연세 드신 한문세대들은 아래와 같이 각종 고사 축문을 한문으로 작시(作詩)하여 독축하고 있다.

5. 각종 고사 한문 축문의 실례

■ 건축물 · 시설물 기공고사 倫堂 祝文

維
유
歲次 辛卯(주①) 七月(주②) 丁酉(주③)朔 七日(주④) 癸卯(주⑤)
세차 신묘 칠월 정유 삭 칠일 계묘
儒學 ○○○(주⑥) 敢昭告于
유학 ○○○ 감소고우
土地之神 今爲 인천광역시 남동구 간석동 ○○-○(주⑦)
토지지신 금위 인천광역시 남동구 간석동 ○○-○
○○○ 빌딩(주⑧) 起工 神其保佑 俾無後艱 仍舊是依 永久保全 尙
○○○ 빌딩 기공 신기보우 비무후간 잉구시의 영구보전 상
饗
향
三拜=天地人(주⑨)
삼배 = 천지인

- 주①: 고사 당해 년 12간지
- 주②: 고사 당해 월
- 주③: 고사 당해 월 초하루 간지
- 주④: 고사 당해 일
- 주⑤: 고사 당해 일 일진
- 주⑥: 고사자, 제주 등의 성명 기재
- 주⑦: 당해 건축물 · 시설물의 행정주소 기재
- 주⑧: 당해 건축물 · 시설물 명칭 기재
- 주⑨: 축문 독축 후 3배(天 · 地 · 人) 한다

■ 건축물 · 시설물 준공고사 倫堂 祝文

維
유
歲次 辛卯(주①) 七月(주②) 丁酉(주③)朔 七日(주④) 癸卯(주⑤)
세차 신묘 칠월 정유 삭 칠일 계묘
儒學 ○○○(주⑥) 敢昭告于
유학 ○○○ 감소고우
土地之神 今爲 인천광역시 남동구 간석동 ○○-○(주⑦)
토지지신 금위 인천광역시 남동구 간석3동 ○○-○
○○○ 빌딩(주⑧) 成主大聖 竈王之神 神其保佑 俾無後艱 謹以淸酌
○○○ 빌딩 성주대성 조왕지신 신기보우 비무후간 근이청작
公神殿(奠(주⑨))獻 尙
공신전(전)헌 상
饗
향
三拜=天地人(주⑩)
삼배 = 천지인

- 주①: 고사 당해 년 12간지
- 주②: 고사 당해 월
- 주③: 고사 당해 월 초하루 간지
- 주④: 고사 당해 일
- 주⑤: 고사 당해 일 일진
- 주⑥: 고사자, 제주 등의 성명 기재
- 주⑦: 당해 건축물 · 시설물의 행정주소 기재
- 주⑧: 당해 건축물 · 시설물 명칭 기재
- 주⑨: 축문 독축 후 3배(天 · 地 · 人) 한다

■ 승용차 · 버스 · 특장차 안전고사 倫堂 祝文

維
유
歲次 辛卯(주①) 七月(주②) 丁酉(주③)朔 七日(주④) 癸卯(주⑤)
세차 신묘 칠월 정유 삭 칠일 계묘
儒學 ○○○(주⑥) 敢昭告于
유학 ○○○ 감소고우
寶和天尊 今爲 인천광역시 남동구 간석동 ○○-○○(주⑦) ○○○(주⑥)의
보화천존 금위 인천광역시 남동구 간석동 ○○-○○
○○○ 자동차 1234-5678번(주⑨)
○○○ 자동차 1234-5678번
東西四方 出入諸處 無事告運轉 如意流通 神其保佑 公神殿(奠(주⑩))獻 尙
동서사방 출입제처 무사고운전 여의유통 신기보우 공신전헌 상
饗
향
三拜=天地人(주⑪)
삼배 = 천지인

- 주① : 고사 당해 년 12간지
- 주② : 고사 당해 월
- 주③ : 고사 당해 월 초하루 간지
- 주④ : 고사 당해 일
- 주⑤ : 고사 당해 일 일진)
- 주⑥ : 고사자, 제주 등의 성명 기재
- 주⑦ : 당해 승용차 · 버스 · 특장차 소유주의 행정주소 기재
- 주⑧ : 당해 승용차 · 버스 · 특장차 소유주 성명 기재
- 주⑨ : 당해 승용차 · 버스 · 특장차 번호판 차번호 기재
- 주⑩ : 더러는 殿 자 대신 奠 자를 쓰기도 한다.
- 주⑪ : 축문 독축 後 3배(天 · 地 · 人) 한다

■ 건축공사 · 토목공사 등 안전고사 倫堂 祝文

維
유
歲次 辛卯(주①) 七月(주②) 丁酉(주③)朔 七日(주④) 癸卯(주⑤)
세차 신묘 칠월 정유 삭 칠일 계묘
儒學 ○○○(주⑥) 敢昭告于
유학 ○○○ 감소고우
寶和天尊 今爲 인천광역시 남동구 간석동 ○○-○○(주⑦)
보화천존 금위 인천광역시 남동구 간석동 ○○-○○
시공자 대표 ○○○(주⑧)
시공자 대표 ○○○
萬人往來 公事力士 勞役執事 永世保護 合掌祈願 神其保佑 公神殿(奠(주⑨))獻 尙
만인왕래 공사력사 노역집사 영세보호 합장기원 신기보우 공신전헌 상
饗
향
三拜=天地人(주⑩)
삼배 = 천지인

- 주① : 당해 년 12간지
- 주② : 고사 당해 월
- 주③ : 고사 당해월 초하루 간지
- 주④ : 고사 당해일
- 주⑤ : 고사 당해일 일진)
- 주⑥ : 고사자, 제주 등의 성명 기재
- 주⑦ : 당해 건축공사 · 토목공사 등 안전고사 건축물의 행정주소 기재
- 주⑧ : 건축공사 · 토목공사 등 안전고사 건축물의 소유주 또는 대표자 성명 기재
- 주⑨ : 더러는 殿 자 대신 奠 자를 쓰기도 한다.
- 주⑩ : 축문 독축 後 3배(天 · 地 · 人) 한다

■ 건축공사 · 토목공사 등 안전고사 倫堂 祝文

維
유
歲次 庚寅(주①) 七月(주②) 丁酉(주③)朔 七日(주④) 癸卯(주⑤)
세차 경인 칠월 정유 삭 칠일 계묘
儒學 ○○○(주⑥) 敢昭告于
유학 ○○○ 감소고우
寶和天尊 今爲 인천광역시 남동구 간석동 ○○-○○(주⑦)
보화천존 금위 인천광역시 남동구 간석동 ○○-○○
시공자 및 지역대표, 기관장 대표 ○○○(주⑧)
東西四方 出入諸處 萬人往來 貴人相逢 如意流通 神其保佑 公神殿(奠(주⑨))獻 尚
동서사방 출입제처 만인왕래 귀인상봉 여의유통 신기보우 공신전헌 상
饗
향
三拜=天地人(주⑩)
삼배 = 천지인

■ 건축물 · 시설물 · 동상 제막고사 倫堂 祝文

維
유
歲次 庚寅(주①) 七月(주②) 丁酉(주③)朔 七日(주④) 癸卯(주⑤)
세차 경인 칠월 정유 삭 칠일 계묘
儒學 ○○○(주⑥) 敢昭告于
유학 ○○○ 감소고우
寶和天尊 今爲 인천광역시 남동구 간석동 ○○-○○(주⑦)
보화천존 금위 인천광역시 남동구 간석동 ○○-○○
시공자 및 지역대표, 기관장 대표 ○○○(주⑧)
日月星神 土地之神 萬人許庸(用(주⑨)) 開場以後 往來者
일월성신 토지지신 만인고용 개장이후 왕래자
各其 子孫昌成 如意成就 之 發源 神其保佑 公神殿(奠(주⑩))獻 尚
각기 자손창성 여의성취 지 발원 신기보우 공신전헌 상
饗
향
三拜=天地人(주⑪)
삼배 = 천지인

■ 시산제 명인축문 한문 서식

維
유

歲次 檀君紀元 43○○年 ○月○日
세차 단군기원 43○○년 ○월○일

○○山岳會長 幼學 ○○○ 外 會員一同 敢昭告于
○○산악회장 유학 ○○○ 외 회원일동감소고우

仁川 清凉山 土地之神 今年 ○○山岳會 山行
인천 청량산 토지지신 금년 ○○산악회 산행

白頭漢拏 何處選擇 無事安全山行 土地之神
백두한라 하처선택 무사안전산행 토지지신

神其保佑 俾無後艱 酒果脯醯 祗薦于神 尙
신기보우 비무후간 주과포혜 지천우신 상

饗
향

단군기원 사천삼백○○년 ○월 ○일
○○산악회장 유학 ○○○ 외 회원 일동은 인천 청량산 토지신께 삼가 고하나이다.
금년 ○○산악회가 백두산에서 한라산까지 어떤 곳을 산행지로 선택하여
산행을 하더라도 회원들 모두가 무사하고 안전한 산행이 될 수 있도록
청량산 토지신께서 보호하고 도우시어 아무런 탈이 없도록 보살펴주시옵기를 빌며
삼가 술과 과일과 포를 마련하여 진상하오니 적지만 흠향하여 주시옵소서.

■시산제 축문 한글 서식

단기 사천삼백○○년 ○월 ○일 정오. 우리 ○○산우회 회원 일동은 우리나라의 영산인 ○○산 정상에서 주 · 과 · 포를 진설하고 산신령님께 삼가 고하나이다.

우리 ○○산우회 회원일동은 자랑스런 우리 조국 강산의 여러 산과 계곡을 탐방하며 심신을 연마하려합니다. 바라옵건대, ○○년 한 해에도 우리를 굽어살피시어 회원과 회원 가족, 산을 사랑하는 동호인 모두에게 안전한 산행이 계속되게 하여주시옵고, 선량하고 참신한 많은 동호인들이 함께 하여 우리 ○○산우회가 날로 번창하도록 끊임없는 가호가 있으시길 간절히 소원하나이다.

아울러 직장생활을 하는 회원들에겐 어렵고 힘든 일이 닥치더라도 꿋꿋이 헤쳐 나갈 수 있는 용기와 지혜를 주시옵고, 사업을 하는 회원들은 사업이 날로 번창하여 그로 인해 가지지 못한 사람들에게 은혜를 베풀 수 있는 여유와 건강을 지킬 수 있도록 도와주시옵소서.

이제 우리 ○○산우회 회원 일동은 보배롭고 자랑스런 우리 조국의 금수강산을 보호하고 알뜰히 가꾸어 자손만대에 물려 줄 것을 다짐하오며, ○○산 정상에서 신령님께 이 잔을 올리옵나니 산신령이시여 우리들의 정성을 대례로 흔쾌히 받아주소서.

단기 사천삼백○○년 ○월 ○일

○○산우회 회원 일동

■ 종산제 축문 서식

저희 ㅇㅇ산악회 회원들은 저무는 해를 바라보며, 단기 43ㅇㅇ년 ㅇ월 ㅇ일,
단군 할아버지의 숨결이 느껴지는 이곳 인천광역시 강화군 마니산에서, 왼쪽으로는 청룡, 오른쪽으로는 백호, 남쪽으로는 주작과 북쪽으로는 현무를 좌우 사방으로 모시고, 이 땅 모든 강과 산을 굽어보시며, 그 속에 살고 있는 모든 생명을 지켜주시는 천지신명님께 성스러운 제를 올리고자 합니다.

올 한 해 동안 저희 ㅇㅇ산악회 회원 일동은 천지신명님의 보살핌이 있었기에, 이 땅 곳곳의 산봉우리와 능선과 계곡을 무사 안전하게 산행할 수 있었습니다. 저희는 매주 산행을 통하여 이 조국 강산의 아름다움을 몸으로 체험함은 물론이요, 대자연이 가르쳐주는 교훈과, 인간 사랑의 지혜를 배우는 한편 꾸준한 산행으로 육체는 강건해지고 정신은 평안함과 활력을 얻었습니다.

천지신명님이시여,
다시 한 번 감사를 드리오며 간절히 바라옵니다. 올 한 해 동안 저희 ㅇㅇ산우회 회원들이 모두 한 마음 한 뜻으로 협력하여 목표한 안전산행을 달성한 것처럼 이 같은 일들이 여기서 그치지 않고 내년에도 계속 이루어질 수 있도록 보살펴 주소서. 오늘을 축복하듯 날씨 또한 상서로운 가운데 저희들은 지난 한 해를 되돌아보며 반성하고, 깊이 감사드리며, 나라의 발전과 회원 개개인 가정의 행복과 번영을 기원하기 위하여, 여기 정성 들여 술과 음식을 준비하고 큰절을 올리오니,

천지신명님이시여, 이를 어여삐 여기시고 받아 거두어 주소서. ㅇㅇ산악회 회원 일동

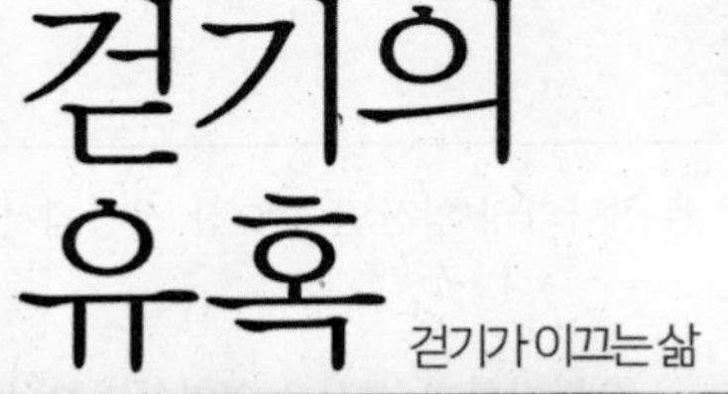

우 정 지음

"오늘 못 가면 내일로 미루고
아니면 집으로 돌아갔다가 한 달 후
혹은 몇 년 지난 후 걸으면 된다."

걷기는 치유수단이다

어쩌면 하나님은 당신의 건강을 위해 두 다리를 준 것인지 모르겠다. 걷기는 밖에서 안을 살찌게 하는 것이다. 걷기의 본질은 기(氣)를 살리는 것이다. 로버트 루이스 스티븐슨(Stevenson, 1850~1894)은 《보물섬》에서 "위대한 바깥"이 치유해 준다고 했다. 그렇다면 건강하게 기분 좋게 하루에 30분 만이라도 걸으며 산책을 즐기는 일이다. 그것이 삶의 교양수업이요 건강 유지의 비결이다.

세시풍속

1월(寅月)

- **설** : 음력 1월 1일로 한해의 첫날. 조상에게 차례를 올리고 웃어른께 세배를 하고 건강과 지혜의 덕담을 듣는다. 음식은 떡국을 먹는다. 설날 음식을 세찬, 세주라고 하고 떡국, 농주, 엿, 강정류는 일반적이다. 떡국은 세식으로 꼭 먹었는데, 이는 나이와 관계있는 음식으로 인식되기 때문이다.
- **지신밟기** : 정초에 지신을 진압함으로써 악귀와 잡신을 물리쳐서 마을의 평안과 농사의 풍작, 가정의 다복을 축원하는 마을 행사다. 지방에 따라 마당밟기, 매구, 걸립, 걸궁으로도 불린다.
- **쥐불놀이** : 정월 첫 쥐(子)날에 해가 지면 들에 쌓아논 짚과 잡초에 불을 붙여 태우는 것을 쥐불놀이라 한다.
이 불로 쥐와 해충을 죽이고 불의 기세를 보고 풍년 흉년과 마을의 길흉을 점쳤다. 한 해 동안 쓸 양의 복조리를 제석날 사서 대청에 걸어두고 쓰면 복을 받는다는 속설도 있다. 설날 밤에 야광이라는 귀신이 와서 신을 신고 간다며 마당에 장대를 세워 체를 걸어놓았다. 윷놀이를 정월 초하루에서부터 대보름날까지 했다. 널뛰기는 여자들의 대표적 민속놀이로 초판희, 판무, 도판희라고도 불리는데 단오나 추석에도 했다.
- **입춘**
1) 입춘은 봄이 시작되는 절기로 집집마다 입춘대길이라는 입춘첩을 써 붙이고 햇나물 무침을 먹는다.
2) 立春 뒤 처음 오는 甲子日에 비가 오면 그 해는 봄가뭄이 몹시 심해서, 광범위한 논밭에 흉년이 들어 농작물 수확이 거의 없게 된다는 것을 적지천리(赤地千里)라 한다.
3) 보리의 뿌리를 보고 치는 점을 맥근점(麥根占)이라 하는데, 立春 날 보리뿌리를 캐보고 그 해 농작물의 풍년 흉년을 알아보는 점으로 보리뿌리가 세 가닥이면 평년, 더 많으면 풍년, 가닥이 없으면 흉년이라고 했다.
4) 절기음식은 봄철에 새로 싹이 나오는 봄나물인 산개, 토당귀, 무, 생강류를 교자에 무쳐 낸 요리로 겨우내 부족했던 영양소를 새봄의 나물로 미각을 돋구고 영양분을 섭취했다.
5) 오신반은 재료가 극히 제한되고 귀한 것으로 일부상류층의 절기음식이었다.
- **대보름**
상원이라고도 하며 중원(음력 7월 15일, 백중날)과 하원(음력 10월 15일)에 대칭되는 날. 첫 보름달이 뜨는 정월 대보름은 설날만큼 비중이 컸다.
전날에는 열나흗날 저녁부터 보름날이 밝아야 운수가 좋다하여 가정마다 환하게 불을 켜며 배에도 불을 켜놓는다. 경기도는 열나흗날 밤에 제야와 같이 잠자면 눈썹이 센다고 해서 잠 안자기 내기도 한다.
절기음식으로 약밥, 오곡밥, 묵은 나물과 복쌈, 알부럼, 귀밝이술을 있고 풍년과 복을 비는 행사로는 볏가릿대 세우기, 복토 훔치기, 용알뜨기, 다리밟기, 나무시집보내기, 백가반먹기, 나무아홉짐하기, 곡식 안 내기 등이 있다. 또 이날 행해지는 농삿점은 달집태우기, 사발점, 그림자점, 달불이, 집불이, 소밥주기, 닭울음점 등이 있으며 제의와 놀이로는 지신밟기, 별신굿, 안택고사, 용궁맞이, 기세배, 쥐불놀이, 사자놀이, 관원놀음, 들놀음, 오광대탈놀음 등이 있다.

2월(卯月)

- **성묘** : 조상의 묘를 살피는 것으로 전묘, 배분, 배소례 또는 상묘의라고 부른다. 봄 성묘는 한식날, 가을 성묘는 10월 1일로 고정되었다.
- **춘기석전대제(春期釋奠大祭)** : 음력 2월 상정일(上丁日)에 문묘(文廟)에서 공자를 비롯하여 신위(神位)를 모시고 있는 4성(四聖) 10철(十哲) 18현(十八賢)을 제사 지내는 의식이며, 중요 무형 문화재 제85호이다.
- **원소절** : 음력 정월 15일로 또 다른 이름으로는 원석(元夕), 원야(元夜), 원절(元節)이라고도 불리는 중국 명절이다. 중국 민간에서는 역대로 이날 저녁 색등을 거는 풍습이 있어서 등절(燈節)이라고도 한다.
- **경칩** : 동면하던 동물들이 깨어날 무렵이다. 허리 아픈 데 좋고 몸을 보한다고 경칩일에 개구리알과 도롱뇽알을 먹기도 했다. 또 이날 흙일을 하면 탈이 없다고 일부러 흙벽을 바르고, 빈대가 심한 집은 재를 물에 탄 잿물그릇을 방 네 귀퉁이에 놓았다는 속설도 전해진다. 이날 보리싹 성장을 보아 그 해 농사 풍년과 흉년을 예측하고, 단풍나무나 고로쇠나무의 수액을 위장병이나 성병에 효과 있다하여 약으로 먹었다고 한다.
- **춘사(春社)** : 입춘 뒤에 다섯 번째 오는 戊日이다. 들판의 곡식 발육이 잘 되도록 곡식의 신에게 제사하는 날 이다.
- **삼짇날** : 강남갔던 제비가 돌아온다는 음력 3월 3일을 삼짇날이라고 하며 한자는 상사(上巳), 원사(元巳), 중삼(重三) 또는 상제(上除)라고도 한다. 이날 나비나 새도 나오는데 흰나비를 보면 그 해 상복을 입게 되고, 노랑나비나 호랑나비를 보면 운수가 좋다는 말이 전해온다. 삼짇날에는 여러 음식을 만들어 먹고 꽃놀이 새풀밟기 활쏘기 등 민속놀이를 즐겼고 또 닭싸움놀이도 했다.

3월(辰月)

- **한식** : 동지로부터 105일째 되는 날. 설날 단오 추석과 함께 4대 명절이다. 2월에 한식이 들면 철이 이르고 3월에 들면 철이 늦어서 '2월 한식은 꽃이 피어도 3월 한식은 꽃이 피지 않는다' 는 말이 있다. 한식 유래는 첫째 매년 봄나라에서 새 불을 만들 때 어느 기간 묵은 불을 일절 금했던 예속으로 보고, 둘째는 '개자추 전설' 에 의한 것으로 보는 견해다. 특히 비가 오는 한식은 '물한식' 이라며 한식날 비가 오면 그 해는 풍년이 든다는 속

설이 있다. 나라에서는 종묘와 능원에 제향했고 민간에서는 술과 포, 식혜, 떡, 국수, 탕, 적 등 음식으로 제사를 지냈는데 이를 '명절제사' 곧 '절사'라 했다. 성묘하고 조상 묘를 돌본다. 이날부터 농가는 채소 씨를 뿌리는 등 본격적인 농사철로 접어들었다. 이 날 천둥이 치면 흉년이 들고 나라에는 불상사가 일어난다고 믿었다.

- **토왕용사** : 입하의 그 전날부터 18일까지의 날이다. 이 토왕지절에 흙일을 하면 해롭다고 하지 않았다.
- **청명(淸明)** : 한식 전날이나 같은 날이 되고 식목일과도 대개 겹친다. 농가에센 청명을 기하여 농사가 시작되는 특별한 날이다. 이 날은 논농사 준비로 논둑, 밭둑에 가래질을 하고 곡우 때 못자리판을 만들어야 하기에 미리 일꾼을 구하느라 바빴다.
- **화류(花柳) 화전(花煎)** : 음력 3월이면 온통 꽃이 펴 들뜬 마음으로 자연을 찾아 즐기는 것을 화류놀이라고 한다. 봄 화류놀이에 냇가에서 물고기를 잡아 국 끓여 밥 먹는 것을 천렵(川獵)이라하고 또 산에서 진달래꽃을 따 전을 부쳐 먹는 것을 화전이라 한다.
- **답청 (踏靑)** : 화류와 비슷한 것으로 야외 나가 푸른 새 풀밭을 밟는데서 유래되었고, 답청절이라고 하는 삼짇날에는 서울의 대궐 서쪽 언덕 밑의 필운대(弼雲臺) 살구꽃, 성북동 골짜기의 북둔(北屯) 복숭아꽃, 동대문 밖의 버들에 많이 모여 봄놀이인 답청을 즐겼다.
- **풀각시놀이** : 봄철 여자아이들의 놀이. 여자아이들이 푸른 풀을 한줌 뜯어와 머리채를 만들고 나뭇가지로 몸채를 만든다음 치마를 입혀 각시라 부르며 노는 놀이로 그릇 깨진 것을 주워 다 그릇 삼고 채소나 풀로 찬을 담아 소꿉놀이를 했다.
- **유생 (柳笙)** : 여자아이들이 풀각시놀이를 할 때, 남자아이들은 물이 오른 버드나무 가지를 꺾어 피리를 만들어 불면서 노는 놀이를 유생이라 한다.

4월(巳月)

- **파일(八日)** : 음력 4월 8일 석가모니 탄신일을 기념하는 날이다. 이날을 등석이라고도 한다. 손님을 청해 느티떡과 볶은 검은 콩, 삶은 미나리나물 등 고기반찬이 없는 밥상을 내놓았는데 이를 '부처 생신날 소밥' 이라 한다. 어린이와 부녀자들은 수고(문장구)를 두드려 소리를 냈고, 인가에서는 밝아야 길하다는 생각에 자녀의 수대로 등을 밝혔다. 초파일은 석가 탄신일이 민속축제로 정착되어 모두가 즐기는 날이 되었는데, 연등회를 중국은 정월보름에 하고 우리나라는 4월 8일에 한다.
- **연등, 관등** : 음력 4월 8일 연등 다는 행사를 연등놀이라 하고, 연등 구경을 관등이라고 부른다. 불교의례 중 하나로 불전에 등을 밝히는 것을 등공양이라 하고 향공양과 함께 중요시했다.
- **물박치기** : 초파일에 물동이에 물을 담아 바가지를 엎어놓고 두드리는 것을 물박치기라 한다. 물박치기는 빗자루로 치면 둔탁한 소리가 나지만 가느다란 나뭇가지로 치면 맑은 소리가 난다. 한손엔 막대기 한손엔 손가락으로 장단을 치면 소박한 기악 반주가 된다. 할머니들이 노래 부를 때 물박치기 장단을 물박장단이라 한다.
- **천렵** : 여름철 경치 좋은 곳에서 물놀이를 하고 개울에서 물고기를 잡아 끓여 먹으며 주흥을 즐기는 일을 천렵이라고 한다. 봄철 화류와 화전처럼 뜻 맞는 사람끼리 때와 장소를 정하여 모여서 하루를 즐기는 것을 말한다.
- **증편(기주떡)** : 찹쌀가루에 술 넣고 반죽해 부풀게 하여 방울같이 만들어 삶은 콩에 꿀을 섞은 소를 방울모양의 떡 속에 넣고, 그 위에 대추의 살을 떼어 발라 찐 것을 말한다. 기주떡이라고도 하는 이 떡은 잘 상하지 않고 새콤한 맛이 더운 날 입맛에 맞고 소화도 잘되어 여름철의 대표적인 떡이다.
- **어채, 어만두** : 생선을 잘게 썰어 익혀 외나물, 국화잎, 파싹, 석이버섯, 익힌 전복, 계란 등을 섞은 것을 어채라 하고, 또 생선을 두껍고 넓게 잘라 조각을 만들고 그것으로 육소를 싼 것을 어만두라 한다. 첫여름의 시절음식이다.

5월(午月)

- **단오** : 음력 5월 5일로 수릿날, 중오절, 천중절, 단양이라고도 한다. 단오(端五)의 '단' 자는 첫 번째를 뜻하고 '오'는 다섯을 뜻하므로 단오는 '초닷새'라는 뜻이 된다. 일 년 중 가장 양기가 왕성한 날이라 큰 명절로 여겨졌고 여러 행사가 전국적으로 행해졌다. 풍속으로는 창포에 머리감기, 쑥과 익모초 뜯기, 부적 만들어 붙이기, 대추나무 시집보내기, 단오비녀꽂기 등이 있고, 민속놀이로는 그네뛰기, 활쏘기, 씨름 등이 행해졌다. 한편 궁중에서는 이날 제호탕, 옥추단, 애호, 단오부채 등을 만들어 신하들에게 하사하였다. 민간 행사로 단오제, 단오굿이 있다.
- **그네뛰기** : 한자로는 추천이다. 그네는 마을 어귀나 동네마당에 있는 큰 느티나무 혹은 버드나무 가지에 매어 놓고 동네사람들이 수시로 노는데 그 중 초파일 전후부터 단오까지 많이 즐겼다. 그네 뛰는 여인의 모습은 마치 제비가 나는 것 같고 선녀들 놀이 같이 아름다워 민요나 문학서에서 많이 표현되었다.
- **씨름** : 한자어로는 각저, 각력, 각희, 상박이라고 부른다. 두 사람이 샅바나 띠 또는 바지의 허리춤을 잡고 힘과 기술을 겨루어 상대방을 먼저 땅에 넘어뜨리는 것으로 승부를 결정하는 민속놀이이자 운동경기이다. 씨름은 경사스러운 날에 수시 행하였다. 단오 외에 상원(정월 보름), 삼짇날, 초파일, 백중날, 한가위, 중양일같은 명절날에 기쁨을 나누기 위해 씨름을 하였다. 바쁘다가 농한기를 맞으면 고된 몸과 정신적인 긴장을 풀기 위해 씨름을 즐겼다. 씨름의 기술로는 안걸이, 밭걸이, 둘러메치기 등 여러 자세가 있으며 힘이 세고 손 움직임이 민첩하여 자주 이기는 사람은 '도결국' 이라 한다. 중국 사람들은 씨름을 본 따 고려기, 또는 요교라 하여 즐긴다.
- **창포에 머리감기** : 음식 장만하여 창포가 무성한 못가나 물가에서 물맞이 놀이를 하고 창포 이슬을 받아 화장수로도 사용하고 창포를 삶아 창포탕을 만들어 그 물에 머리를 감으면 머리카락이 소담하고 윤기가 있으며 빠지지 않는다고 하며 또 몸에 좋다 하여 창포 삶은 물을 마시기도 했다.
- **단오장** : 이날 창포뿌리를 잘라 비녀를 만들어 양쪽에 수(壽), 복(福) 자를 써서 복을 빌며 머리에 꽂았는데 이 비녀가 단오장이다. 그리고 양쪽 볼에 붉게 연지를 발라 악귀를 쫓았다.

- **익모초와 쑥 뜯기** : 일년 중 가장 양기가 왕성한 단오날 오시가 가장 양기가 왕성한 시각이다. 이 때를 농가에서는 익모초와 쑥을 뜯어 여름철 식욕이 없을 때 익모초즙을 먹었다. 이 즙은 식욕을 왕성하게 하고 몸을 보호하는데 효과가 있다. 쑥은 떡도 하고, 또 창포탕에 넣어 함께 삶기도 했는데 귀신을 쫓는 데 효과가 있다고 믿었다. 농가에서는 쑥을 뜯어 말렸다가 홰를 만들어 들에서 일할 때 불을 붙여놓고 담배불을 당기는 데 사용했다.
- **대추나무 시집보내기** : 나뭇가지 사이에 돌을 끼워 많은 열매가 맺기를 기원하는 풍습으로 나무시집보내기라고 한다. 단오 무렵엔 대추가 막 열리기 시작하므로 돌을 끼워 대추풍년을 기원하였다. 이를 대추나무 시집보내기라 한다.

6월(未月)

- **유두** : 음력 6월 15일은 유두일이다. 흐르는 물에 머리를 감는다는 동류수두목욕(東流水頭沐浴)의 말에서 생겼다.
맑은 시내나 산간폭포에서 머리 감고 몸을 씻은 후 가지고 간 음식을 먹으면서 서늘하게 하루를 보내는 것을 유두잔치(유두연)이라고 한다. 이러면 여름 질병을 물리치고 더위를 먹지 않는다는 이 풍속은 신라 때부터 있었다.
- **복날** : 음력 6월과 7월 사이에 있는 세 번의 절기로 첫번째 복날을 초복, 두번째 복날을 중복, 세번째 복날의 말복이라 한다. 초복은 하지로부터 세번째 경일(庚日), 중복은 네번째 경일, 말복은 입추로부터 첫번째 경일이다. 삼복기간은 여름철 중 가장 더운 시기여서 몹시 더운 날씨를 가리켜 삼복더위라고 한다. 복날 보신을 위해 영계백숙을 먹거나 팥죽을 먹으면 더위를 이기고 질병에도 걸리지 않는다고 한다. 아이들이나 부인네들은 참외나 수박을 먹고, 어른들은 산간계곡물에 발을 담궈 더위를 피하기도 한다. 해안지방은 바닷가 백사장에서 모래찜질을 하며 더위를 이겨내기도 한다.

7월(申月)

- **백중** : 음력 7월 15일로 다른 말로 백종, 중원 또는 망혼일이라고도 한다. 백종은, 이 때 과실 채소가 많이 나와 백 가지 곡식의 씨앗을 갖추어 놓았다 해서 유래된 명칭이다. 중원은 도가에서 유래된 말로 천상 선관이 일 년에 세 번 인간의 선악을 살피는데 그 때를 '원' 이라고 한다. 상원은 1월 15일 하원은 10월 15일인데, 7월 15일 중원과 함께 삼원이라 해서 초제를 지내는 풍속이 있다. 망혼일은 이날 영혼을 위로하기 위해 술, 음식, 과일을 차려놓는 천신(그 해 새로 난 과일이나 농산물을 신에게 먼저 올리는 일)에서 유래했다.
불가에는 목련이 어머니 영혼을 구하기 위해 7월 15일에 오미백과를 공양했다는 고사에 따라 우란분회를 연다. 백중이면 가정에서 사당에 천신차례를 지냈으며 농가에선 머슴에게 돈을 주며 하루 쉬게 했다. 머슴들은 그 돈으로 장에 가서 물건을 구입해서 백중장이란 말이 생겼다.
- **추사(秋社)** : 입추 뒤에 다섯 번째 오는 戊日이다. 곡식의 수확에 대한 감사를 곡식의 신에게 제사하는 날이다.
- **칠석** : 음력 7월 7일이다. 밀전병과 햇과일을 차려놓고 장독대 위에 정화수를 떠놓고 가족의 장수와 집안의 평안을 빈다. 또 처녀들은 직녀별에게 바느질 솜씨를 좋게 해달라고 장독대에 정화수를 떠놓은 그 위에 고운 재를 평평하게 담은 쟁반을 올려놓고 빌면 다음날 재 위에 지나간 흔적이 있으면 영험이 있어 바느질 솜씨가 좋아진다고 믿는 것이다.
서낭당에서 자녀의 무병과 수명을 빌고, 의복이나 책을 볕에 쬐어 거풍한다. 이처럼 책과 관련된 날이라 글공부하는 서당 소년들은 칠석날 별을 보며 시나 공부를 잘하게 해달라고 비는 풍속도 있다. 절기음식은 밀국수와 밀전병은 꼭 상에 오른다. 찬바람이 일면 철 지난 밀가루 음식은 밀냄새가 난다고 한다. 생선은 넙치가 제철이며, 나물은 취 고비가 입맛을 돋우고 떡은 증편이 점차 사라지고 계피떡이 등장한다.중부지방 무속에는 이날 단골네에게 자녀 무탈 기원을 청했던 부인들이 자녀의 수양어머니인 단골네를 찾아가는 날인데 이것을 칠석맞이라고 한다.

8월(酉月)

- **추기 석전대제(秋期 釋典大祭)** : 음력 8월 상정일(上丁日)에 문묘(文廟)에서 공자를 비롯하여 신위(神位)를 모시고 있는 4성(四聖) 10철(十哲) 18현(十八賢)을 제사 지내는 의식이며, 중요 무형 문화재 제85호이다.
- **추석** : 음력 8월15일이며 한가위 또는 중추절이라고도 한다. 살기에 알맞은 계절이라 '더도 말고 덜도 말고 한가위만큼만' 이란 속담도 생겼다. 추석을 명절로 삼은 것은 삼국시대 초기였다. 오랜 전통이 있는 추석 명절에는 여러 가지 행사와 놀이가 세시풍속으로 전승되고 있다. 아침 일찍 일어나 햅쌀로 밥을 짓고 햅쌀로 술을 빚고 햇곡식으로 송편을 만들어 차례를 지내는 것이 상례이다. 놀이로는 소놀이, 거북놀이, 부녀자들의 놀이인 강강술래, 학동들이 노는 가마싸움놀이, 원놀이, 동물싸움인 닭싸움, 소싸움 등이 있다.
- **송편** : 올벼로 만든 송편이라 올벼송편이란 말이 생겼다. 송편 속에도 콩, 팥, 밤, 대추 등을 모두 햇것으로 넣는다. 송편을 예쁘게 만들면 예쁜 배우자를 만나고 잘못 만들면 못생긴 배우자를 만나게 된다고 해서 처녀, 총각들은 예쁘게 만들려고 솜씨를 보이고, 또 태중인 태아가 아들인지 딸인지 궁금할 땐 송편 속에 바늘이나 솔잎을 가로 넣고 찐 다음 한 쪽을 깨물어서 바늘의 귀쪽이나 솔잎의 붙은 곳을 깨물면 딸을 낳고 바늘의 끝이나 솔잎 끝 쪽을 깨물면 아들을 낳을 징조라고 점치는 일도 있다.
- **백주, 황계** : 추석 술을 백주라 하며 햅쌀로 빚기에 신도주라고도 한다.
술을 많이 준비하여 이웃을 서로 청하여 나누어 마시고 소놀이패, 거북놀이패들이 왔을 때 대접을 한다.
명절에 어른에게 선물로도 닭을 많이 썼다. 경사가 있을 때도 귀한 손님도 닭을 잡아 대접하였다. 추석에 백주와 황계는 좋은 술과 안주였다.

9월(戌月)

- **중양** : 음력 9월 9일이고 중구(重九)라고도 한다. 중양은 양이 겹쳤다는 뜻으로 3월 3일, 5월 5일, 7월 7일도 다 중양이 될 수 있겠으나 중양이라고 하면 중구만을 가리킨다. 중구 명절 때는 벼수확과 목화 따기 및 콩, 팥, 조, 수수, 깨, 고구마, 감자에 무, 배추 등 김장채소 거두기까지도 겹치는 농번기

였으므로 명절로 즐길 겨를이 없었다. 중구 시기는 단풍이 곱게 물들어 지금도 이 무렵에는 단풍구경꾼들이 매우 많다.

- **등고(登高)** : 음력 9월 9일이다. 등고란 높은 곳에 올라간다는 뜻으로 지금의 소풍으로 이어졌다.
- **한로** : 24절기 절기로 음력 9월, 양력 10월 8일경이다. 공기가 점점 차가와져서 말뜻 그대로 찬이슬이 맺힌다.

세시명절인 중양절과 비슷한 때다. 한로를 전후하여 국화전을 지지고 국화술을 담그며 온갖 모임이나 놀이가 성행한다. 이 무렵 높은 산에 올라가 수유열매를 머리에 꽂으면 잡귀를 쫓을 수 있다는데 이는 수유열매가 붉은색 벽사력을 가졌기 때문이다.

- **국화전** : 〈동국세시기〉와 〈농가월령가〉에 9월 9일 화전이 기록되어 있다. 빛이 누런 국화를 따다가 찹쌀떡을 만드는데 방법은 삼짇날 진달래 화전 만드는 방법과 같다 하였다. 국화꽃은 색깔이 고와 화전을 하면 보기도 좋고 향기도 있어 매우 운치있는 음식이 된다.

10월(亥月)

- **소설(小雪)** : 24절기로 음력 10월, 양력 11월 22일이나 23일 경이다. 살얼음이 잡히고 땅이 얼기 시작하여 점차 겨울 기운이 들지만 아직 따뜻한 햇볕이 간간이 내리쬐어 소춘(小春)이라고도 불린다. 소설 무렵은 심한 바람이 불고 날씨가 차갑다. 이날은 손돌이 죽던 날이라 하고 그 바람을 손돌바람이라고 해 외출을 삼가고 특히 뱃길을 조심한다.
- **입동(立冬)** : 24절기의 하나로 상강과 소설 사이에 들며 음력 10월, 양력 11월 8일 경이다. 입동은 겨울 생활과 밀접한 관계가 있다. 입동을 기준으로 김장을 하기 때문이다. 김장은 입동 전 혹은 입동 직후에 해야 제 맛이 난다. 이때 냇가에서 부녀자들의 무, 배추 씻는 풍경이 장관을 이루었다. 전남에서는 입동 날씨를 보아 그 해 날씨 점을 치는데 입동날 추우면 그 해 겨울은 몹시 춥다. 경남 섬지방에는 입동에 갈가마귀가 날아온다고 하며, 밀양 지방에서는 갈가마귀의 배에 흰색 부분이 보이면 이듬해 목화가 잘 된다고 한다. 제주도에서의 입동 날씨점은 입동에 날씨가 따뜻하지 않으면 그 해 바람이 독하다고 한다. 전국적으로는 10월 10일에서 30일 사이에 고사를 지낸다. 그 해의 새 곡식으로 시루떡을 만들어 토광, 터줏단지, 씨나락섬에 놓았다가 먹고 애쓴 소에게도 가져다주며 이웃과 나누어 먹는다.
- **대설(大雪)** : 24절기로 음력 11월, 양력 12월 7, 8일 경이다. 눈이 많이 내린다는 뜻의 대설이란 이름붙였는데, 이것은 중국의 화북지방을 반영하여 붙여진 것으로 꼭 이 때에 적설량이 많다고는 볼 수 없다. 한편, 이 날 눈이 많이 오면 다음에 풍년이 들고 푸근한 겨울을 난다는 믿음이 전해진다.

11월(子月)

- **동지(冬至)** : 일 년 중 밤이 가장 길고 낮이 가장 짧은 날이다. 동국세시기에 의하면 동짓날을 아세(亞歲)라 했고 민간에서는 '작은 설'이라 하였는데 오늘에도 전해져 동지를 지나야 한 살 더 먹는다 또는 동지 팥죽을 먹어야 진짜 나이를 한 살 더 먹는다는 말을 하고 있다. 애동지에는 팥죽을 쑤지 않는다. 동짓달에 동지가 초순에 들면 애동지, 중순이 들면 중동지, 그믐께 들면 노동지라고 한다. 동지팥죽은 이웃에 돌려가며 서로 나누어 먹기도 한다. 또한 동짓날 부적으로 뱀 '사' 자를 써서 벽이나 기둥에 거꾸로 붙이면 악귀가 들어오지 못 한다고도 전해지고 있으며 또, 동짓날 일기가 온화하면 다음해에 질병이 많아 사람이 죽는다고 하며, 눈이 많이 오고 날씨가 추우면 풍년이 들 징조라고 전한다.

12월(丑月)

- **소한** : 24절기로 음력 12월, 양력 1월 5일 경이다. 절후의 이름으로 보아 대한 때가 일 년 중 가장 추워야 되나 실은 소한 때가 가장 춥다. '대한이 소한 집에 놀러 갔다가 얼어 죽었다' '소한 추위는 꾸어다가도 한다'는 속담은 바로 이런 데서 나온 것이다.
- **대한** : 24절기의 마지막으로 양력 1월 20일경이다. 제주도에서는 이사나 집수리를 비롯한 집안 손질은 언제나 대한 후 5일에서 입춘 전 3일간 일주일에 걸쳐 행한다.
- **토왕용사(土旺用事)** : 입춘, 입하, 입추, 입동의 그 전 18일째 날이다.

이 토왕지절에는 흙기운이 최대로 뻗치는 날이라 흙일을 하면 해롭다고 여겨 하지 않았다.

- **납향** : 음력 섣달 동지 후 세 번 째 미일(未日)이 납일이다. 이 납일에 올리는 제향을 말하며, 다른 이름으로는 납평 또는 가평절이라고도 한다. 납일에 올리는 치성이 납향치성이다. 왕실에서도 종묘사직에 제사를 지냈고, 이날은 납설수를 받고 엿을 고았다. 납향 절기음식으로는 천지만물께 감사하기 위하여 산짐승을 사냥하여 제물로 산돼지, 산토끼를 사용하였다.
- **제석**

1) 1년 중 마지막 날인 섣달 그믐날 밤을 말하며 제야(除夜)라고도 한다.
2) 작은 설이라고도 하며 묵은 세배를 올리는 풍습이 있었다. 예로부터 이 날에는 한 해 동안의 거래관계를 청산하고, 새해 준비에 각 가정에서는 분주했다. 그러나 자정이 지나면 정월 보름까지는 빚을 독촉하지 않는 것이 상례였다.
3) 이날 밤에는 해지킴(守歲)이라 하여 집 안팎에 불을 밝히고, 남녀가 동이 틀 때까지 잠을 자지 않고 밤을 세웠는데 잠을 자면 눈썹이 희어진다는 속설이 있었고, 부뚜막이 헐었으면 고치고, 여자들은 세찬과 차례를 위한 음식을 준비했으며, 남자들은 집 안팎을 깨끗이 청소하고 쓰레기를 모아 태웠는데 이 모든 것이 잡귀를 불사른다는 민간신앙이다.
4) 연말이 가까워지면 마른 생선, 육포, 곶감, 사과, 배 등을 친인척들 사이에 주고받았다.

편지쓸 때 호칭

명칭	한자	풀 이
전상서	前上書	○○께 편지를 올립니다는 뜻으로 첫머리에 쓰이는 문구.
전	展	손아랫 사람에게만 사용하는데 확실한 선후 차이가 때만 사용한다.
귀하	貴下	일반적으로 널리 쓴다. 아주 가까운 분이나 아래 위로 연령 차가 크면 민망하다.
좌하	座下	손위의 일가친척이나 존경하는 선배, 존경하는 가까운 어른께 사용한다.
군 / 양	君 / 孃	몹시 친한 친구나 친한 손아래 사람에게만 사용한다. 요즘은 하대(下對) 호칭으로 간주되므로 조심.
화백	畵伯	화가나 미술가일 경우의 일반적인 호칭. 조각가나 서예가에는 사용하지 않는다.
본가입납	本家入納	자신의 집에 편지를 넣어달라는 뜻.(자식은 부모님 함자를 함부로 사용하지 않는다.)
귀중	貴中	회사나 단체, 기관 등이 보내는 경우에 사용.
입납	入納	○○으로 들여보낸다는 뜻으로 택호(宅號)를 사용하는 경우는 반드시 입납을 쓴다.
재중	在中	서신 이외에 문서나 다른 서류가 동봉되었을 경우.
친전	親展	본인 이외의 다른 사람은 개봉하지 말라는 뜻.
지급	至急	급한 문서이니 수신 즉시 본인에게 신속히 전하라는 뜻.

연령(年齡) 지칭하는 한자어

명칭	한자	연령	풀 이
제해	提孩	2세	어린 아이.
지학	志學	15세	세상의 이치를 접하고 학문에 뜻을 두는 나이.
약관	弱冠	20세	세상에 나갈 준비를 하나 아직은 부족함이 많은 나이.
이립	而立	30세	살아가고자 하는 분야에 스스로 뜻을 세워 세상일에 이바지하는 나이.
불혹	不惑	40세	사물의 이치를 터득하여 세상의 유혹에 흔들림이 없는 나이.
상수	桑壽	48세	상桑 자는 십十이 4개와 팔八이 1개인 글자로 파자破字하여 48세로 봄.
지천명	知天命	50세	하늘의 뜻을 헤아려 알 수 있는 나이. 지명知命이라고도 함.
이순	耳順	60세	인생에 경륜이 쌓여서 남의 하는 말을 받아드림에 막힘이 없는 나이.
화갑	華甲	61세	화華 자는 십十이 6개이고 일一이 1개라고 해석하여 61세를 가리키며, 1주기 갑자인 60년이 돌아왔다고 해서 환갑還甲 또는 회갑回甲이라고도 함.
진갑	進甲	62세	환갑보다 한 해를 더 나아간 해라는 뜻.
미수	美壽	66세	美라는 글자의 모습이 六十六을 위아래로 짜놓은 모습과 비슷한데서 유래.
고희	古稀	70세	두보의 곡강시曲江詩 중, 인생칠십고래희人生七十古來稀에서 유래되었음.
망팔	望八	71세	팔십까지 살 수 있는 희망을 바라본다는 뜻에서 유래.
희수	喜壽	77세	희喜의 초서체가 칠七이 3번 겹쳤다고 해석하여 77세를 의미.
산수	傘壽	80세	산傘 자를 팔八과 십十의 파자破字로 해석하여 80세라는 의미. 세상 이치와 인간도리를 다 스릴 줄 안다는 의미.
망구	望九	81세	구십까지 살 수 있는 희망을 바라본다 하여 반수半睡라고도 함.
미수	米壽	88세	미米 자는 농부가 씨를 뿌리고 추수를 할 때까지 88번의 손길이 필요하다는 데서 유래했다. 또 팔八과 십十과 팔八의 파자破字로 보아 88세다. 축복의 뜻.
졸수	卒壽	90세	졸卒 자의 약자를 구九와 십十으로 파자破字하여 90세로 봄.
망백	望百	91세	100세까지 살 수 있는 희망을 바라본다 하여 망백이라고 표현.
백수	白壽	99세	일백 백百 자에서 한 일一 자를 빼면 흰 백白 자가 된다하여 99세로 봄.
상수	上壽	100세	사람의 수명을 상중하로 볼 때 최상의 수명이라는 뜻. 인간이 살 수 있는 최고의 나이, 귀신 아니면 신선.

결혼기념일의 명칭과 선물류

주년	명칭	한자	풀 이
1주년	지혼식	紙婚式	선물은 종이제품, 결혼서약서에 쓴 잉크도 마르지 않은 초보상태를 뜻함.
2주년	고혼식	藁婚式	면혼식綿婚式선물은 면제품, 이제 겨우 짚(藁)이 건조되듯 서로가 자신의 열정을 가라앉히고 상대방의 의사를 존중하며 소통을 이루어 가는 상태를 뜻함.
3주년	당과혼식	糖菓婚式	선물은 과일, 부부가 서로 노력하여 둘 사이에 열매를 맺는 상태, 서양에서는 candy wedding이라고도 한다.
4주년	혁혼식	革婚式	선물은 가죽제품, 피부(革)를 맞대고 생활한 날이 꽤 되니 서로의 마음을 알아차릴 수도 있다는 상태.
5주년	목혼식	木婚式	선물은 목제품, 상대를 봐도 나무토막처럼 무감각해지니 나무에 물을 주며 가꾸듯 서로에게 관심과 사랑의 배려가 있어야 된다는 뜻.
6주년	동혼식	銅婚式	선물은 구리제품, 푸른 녹이 생기듯 부부가 안 좋은 모습이 드러나니 자신을 돌아보며 초심의 아름다운 빛을 잃지 말라는 뜻.
7주년	화혼식	花婚式	선물은 꽃, 서로에게 정성을 다하여 가꾸니 나무에 꽃이 핀다는 뜻.
8주년	전기기구혼식	電氣器具婚式	선물은 전기기구, 이젠 눈빛만 보아도 상대의 마음을 읽으니 음양의 조화가 이루어지는 상태.
9주년	도기혼식	陶器婚式	선물은 생활도기, 겉의 화려함보다는 뚝배기의 장맛을 깨달아가는 상태.
11주년	강철혼식	鋼鐵婚式	선물은 강철제품, 부부가 쇠를 달구어 담금질로 불순물을 걸러내며 강철을 만들어가는 상태.
12주년	마(견)혼식	麻(絹)婚式	선물은 옷, 이젠 정성을 들여 씨실과 날실로 옷감을 짜듯 정성껏 단단한 가정을 일군다는 상태.
13주년	레이스혼식		선물은 레이스, 부부가 노력하여 일군 가정을 아름답게 꾸미는 상태.
14주년	상아혼식	象牙婚式	선물은 상아제품, 겉모습이 아닌 코끼리의 지혜로 가정을 더욱 실속 있고 부드럽고 아름답게 상아보석처럼 다지는 상태.
15주년	수정혼식	水晶婚式	선물은 크리스탈, 희로애락 속에 모든 일들을 수정처럼 영롱하게 만들어 가는 상태.
20주년	자기혼식	磁器婚式	선물은 도자기, 이젠 나의 투박한 질그릇(陶)이 남의 비싼 도자기보다 오히려 더욱 친근하고 값져서 의미가 있는 상태니 서로에게 상처를 내지 않고 배려하며 살아가야 한다는 뜻.
25주년	은혼식	銀婚式	선물은 은제품, 은쟁반에 서로 얼굴을 비추어 보니 갖은 고초를 함께 겪으며 살아온 세월의 흔적과 상대의 마음까지 보이는 상태.
30주년	진주혼식	眞珠婚式	선물은 진주제품, 조개가 상처를 보석으로 승화시키듯 서로의 상처와 오점을 감싸안고 살아온 세월이 아름답게 영롱한 보석을 탄생시키는 시기.
35주년	산호혼식	珊瑚婚式	선물은 산호, 충만한 바다 속에서 산호가 자라는 듯, 서로에게 넓고 충만한 마음으로 자유를 배려하며 다른 생명체를 바라볼 수 있는 시기라는 뜻.
40주년	벽옥혼식	碧玉婚式	선물은 비취, 빛나는 녹옥(綠玉)색으로 무성한 잎을 드리우듯 다음 세대에게 싱그러움을 전해주는 어른으로서의 두 사람이 되어야 하는 시기.
45주년	홍옥혼식	紅玉婚式	선물은 루비, 잘 익은 사과같이 붉은 보석 홍옥(紅玉)의 지혜로 아직도 남아 있는 열정을 발산하며 남아있는 여생을 서로에게 봉사하기 충분하다는 시기.
50주년	금혼식	金婚式	선물은 금반지, 반세기 세월을 같이 살았으니 서로가 금과 같이 귀한 사람이 되는 시기.
55주년	에메랄드혼식		선물은 에메랄드, 하늘로 돌아가도 부족함이 없어 하늘을 닮아가는 시기.
60주년	회혼식	回婚式	결혼 60년을 맞은 부부가 처음의 의미로 다시 돌아간다는 회혼식.
70주년 75주년	금강석혼식	金剛石婚式	선물은 다이아몬드, 금강석(金剛石)처럼 갈고 닦은 고귀함에 고개가 숙여지니 존경과 찬사를 받기에 부족함이 없고 시간이 지나도 변함없는 다이아몬드처럼 사랑도 영원하다는 뜻.

花

春季之花는 草木香花이며 — 봄의 꽃은 새로 돋아난 풀과 나무들이 뿜어내는 초목 향화(香花)이며,
夏季之花는 綠陰葉花이라 — 여름의 꽃은 만물의 성장과 열기를 푸른 잎으로 가려주는 녹음 엽화(葉花)이다.

秋季之花는 丹楓紅花이며 — 가을의 꽃은 결실을 맺으며 강산을 붉게 물들이는 단풍 홍화(紅花)이며,
冬季之花는 積雪白花이라 — 겨울의 꽃은 온 세상을 흰 눈으로 덮은 적설 속에 피어난 백화(白花)이다.

四季之花는 天地造花이며 — 사계의 꽃은 하늘과 땅이 만들어주는 춘하추동 사계의 조화(造花)이며,
人間之花는 積德仁花이라 — 인간의 꽃은 덕을 쌓고 선을 베풀어 어질게 쌓은 덕 속에서 피는 인화(仁花)이다.

家庭之花는 和睦笑花이며 — 가정의 꽃은 가족들 간의 우애와 화목한 웃음 속에서 피어나는 소화(笑花)이며,
夫婦之花는 愛情百花이다. — 부부의 꽃은 타인의 남녀가 만나 사랑과 정으로 일군 백년가약의 백화(百花)이다.

松隱 金祥洙
광산 김씨 문중 유학자

서기 2026년 병오년 1월
서기 2027년 정미년 4월 **명인책력**

초판인쇄 | 2025년 6월 01일
초판발행 | 2025년 6월 15일

편 저 자 | 명인역학연구소
발 행 인 | 김 송 희
발 행 처 | 도서출판 JMG(자료원,메세나, 그래그래)
주 소 | 인천광역시 부평구 하정로 19번길 39 가동 비01호
(인천광역시 부평구 십정동 389 -16호 성원아트빌 가동 비01호)
전 화 | (032) 463-8338 팩 스 | (032) 463-8339
홈페이지 | www.jmgbooks.kr

I S B N | 979-11-87715-17-7 13440

계좌번호 | 신한은행 110-337-710614 김송희

※ 낙장 파본은 교환해 드립니다.
※ 명인책력연구소는 좋은 원고와 고견을 환영합니다.